박경미의 **수학콘서트 플러스**

박경미의
## 수학콘서트 플러스 (개정증보판)

**초판 1쇄 펴낸날** 2013년 12월 12일 | **초판 31쇄 펴낸날** 2025년 8월 25일

**지은이** 박경미 | **펴낸이** 한성봉
**편집** 안상준 | **디자인** 김숙희 | **본문삽화** 윤유경 | **마케팅** 오주형 | **경영지원** 국지연
**펴낸곳** 도서출판 동아시아 | **등록** 1998년 3월 5일 제1998-000243호
**주소** 서울시 중구 필동로8길 73 [예장동 1-42] 동아시아빌딩
**페이스북** www.facebook.com/dongasiabooks | **전자우편** dongasiabook@naver.com
**블로그** blog.naver.com/dongasiabook | **인스타그램** www.instagram.com/dongasiabook
**전화** 02) 757-9724, 5 | **팩스** 02) 757-9726

ISBN  978-89-6262-076-4   03400

잘못된 책은 구입하신 서점에서 바꿔드립니다.

박경미의

# 수학 콘서트 플러스

박경미 지음

동아시아

## 수학콘서트 플러스를 열며

『박경미의 수학콘서트』가 나온 후 벌써 7년의 세월이 흘렀다. 그 세월 속에 초등학교 6학년이던 아이가 대학교 1학년의 건장한 청년이 되었으니 시간의 흐름이 구체적으로 다가오기는 한다. 그동안 사회 제분야의 변화와 더불어 수학 교육의 패러다임도 변화해왔다. 융합과 통섭이 시대적 화두가 되다 보니 수학을 다른 교과와 연계하여 가르치자는 논의가 등장했고, 그 아이디어는 과학Science, 기술Technology, 공학Engineering, 예술Art, 수학Mathematics을 통합하는 STEAM으로 함축되었다. 또한 사회 전반에서 스토리의 시대가 도래한 가운데 수학 교과서 역시 스토리텔링을 표방하고 있다. 이 책이 STEAM이나 스토리텔링을 염두에 두고 집필된 것은 아니지만, 수학을 중핵으로 여러 분야들을 결합시키고 수학에 인문학적 요소를 가미한 시도는 STEAM과 스토리텔링 수학에 맞닿아 있다고 할 수 있다.

'콘서트'를 콘셉트로 잡게 된 것은 2006년 초판을 낼 무렵 동유럽 여행을 다녀오면서였다. 동유럽 국가들은 음악 애호가인 오스트리아 합스부르크 왕가의 지배하에 있었기 때문에 많은 음악가를 배출했다. 동유럽 여행에서는 음악가와 관련된 다양한 유적이나 역사를 접하게 되므로 동유럽 여행은 일종의 음악 기행이었다. 그런 여행 중에 책을 구상하다 보니 자연스럽게 '수학콘서트'라는 제목과 음악 장르에 따라 악장을 구성하자는 아이디어가 떠올랐다.

사실 수학과 음악의 동형성에 대한 잠재적인 인식은 오래전부터 형성되었다. 예를 들어 수학 원리를 배우고 이를 익히기 위해 연습문제를 풀 때면 하논Hanon을 칠 때와 비슷한 기분이 들었다. 하논에는 체력을 연마하듯 음계와 화음을 연습하고 손가락 훈련을 하는 곡들이 실려 있는데, 교과서의 지루한 연습문제들은 수학의 하논으로 다가왔다.

바흐의 피아노곡은 화려한 디자인의 드레스보다는 무채색의 정장처럼 엄숙하게 여겨져 친해지기 어려웠지만, 언제부터인가 바흐의 음악이 갖는 정교한 구조에 매료되었다. 오른손의 멜로디가 왼손으로 옮아가 양손이 대화를 하듯 호응하는 전개 방식을 이해하게 되면서 바흐 음악의 조직적인 구성이 갖는 아름다움을 느낄 수 있었다. 빈틈없이 잘 조직된 수학의 형식과 바흐 음악의 견고한 구조에서 유사성을 찾은 것이다.

교향악단이나 실내악단의 음악회는 심심치 않게 가보았지만 합창단의 공연을 관람한 것은 최근에 이르러서이다. 합창곡의 여러 성부가 시차를 두고 중층적으로 나타나면서 천상의 소리를 만들어내고 있었다. 정갈한 합창곡을 들으니 고속도로를 달릴 때 무채색 산들이 첩첩이 펼쳐지는 풍광이 떠올랐고, 공리公理와 정의定義에서 출발하여 일련의 정리定理들을 쌓아 올린 수학의 체계가 연상되기도 했다.

모차르트 변주곡을 칠 때면 하나의 주제구가 얼마나 다양하게 변환될 수 있는지 경탄하게 된다. 수학 문제를 풀 때에는 동일한 개념이나 원리를 묻는 문제가 주어진 조건과 구해야 하는 항목을 달리하며 어찌나 다양하게 변신하는지 감탄할 때가 있다. 무한한 변환의 가능성에서 변주곡과 수학 문제의 동질성을 발견할 수 있다.

쇼팽의 연인인 조르주 상드는 강아지를 길렀는데, 상드는 쇼팽에게 강아지를 음악으로 표현해달라고 부탁했다. 강아지 왈츠의 도입 부분에서 반복되는 멜로디는 강아지가 자기 꼬리를 물려고 뱅뱅 도는 귀여운 모습을 표현한 것이다. 수학 문제를 풀거나 증명할 때 한참 진행을 시켰는데 다시 원점으로 돌아오는 미궁에 빠질 때에는 강아지 왈츠의 초반 멜로디가 떠오르곤 했다.

재즈는 악보의 상당 부분이 비어 있어 연주자가 청중과 교감을 이루면서 즉흥적으로 음악을 만들어내는 경우가 많다. 그런 의미에서 재즈의 본질은 자유라고 하는데, 이는 '수학의 본질은 자유'라고 말한 수학자 칸토어Cantor의 생각과 상통한다.

오스트리아의 잘츠부르크의 명물 중의 하나는 '모차르트 초콜릿'이다. 모차르트 초콜릿을 입에 넣으면 달콤한 맛이 입안 가득히 퍼지지만 마지막에는 약간 쓴맛이 난다. 초반에 달콤하다가 마지막이 쓴 초콜릿의 맛은 음악 신동으로 화려하게 데뷔한 어린 시절과 달리 젊은 나이에 쓸쓸하게 세상을 뜬 모차르트의 일생을 표현하는 것이라고 한다. 수학도 '모차르트 초콜릿'과 비슷하지 않을까 싶다. 초등학교에서는 수학을 달콤하게 여기지만, 중학교나 고등학교에 이르러서는 수학의 쓴맛을 경험하는 경우가 많다. 추상화, 형식화, 기호화되어 있는 수학은 쓴맛을 가질 수밖에 없지만, 이 책이 수학의 쓴맛을 중화시키고 단맛으로 돌려놓는 데 일조할 수 있다면 더없이 기쁠 것 같다.

수학을 쉽고 재미있게 풀어 쓴 초등학생과 중학생용 책들이 다양하게 출판되어 있고, 대학생 이상의 지적 욕구를 채워줄 수 있는 수학 전문도서 역시 풍부하지만 수학에 관심이 높은 고등학생에게 적합한 수학 교양서는 흔하지 않다. 그런 요구에 맞추어 이 책은 수학과 일상생활의 관련성을 피상적으로만 전달하는 수준에서 조금 더 나아가 고등학생 이상의 눈높이에 맞추어 수학 내용을 좀 더 심도 있게 다루었다. 가능한 한 쉽게 설명하려고 했지만 부분적으로 어려운 내용이 들어 있는 것은 사실이다. 그런 내용들은 건너뛰면서 읽더라도 전체적인 이해에는 무리가 없을 것이다.

  책에 사적인 감상을 담은 것은 아니지만 현재의 시점에서 초판을 읽어보니 마치 오래전 일기를 대하는 것처럼 쑥스러운 부분이 있었다. 그런 부분들을 수정·보완하고 새로운 내용들을 추가하면서 좀 더 정확성을 높이는 방향으로 개정 작업을 진행했고, 제목을 『박경미의 수학콘서트 플러스』로 정했다. 집필과 개정 과정에서 다양한 인터넷 사이트들을 참고했으므로 이 책은 수많은 사람들과 협업한 결과라고 할 수 있다. 개정증보판이 나오기까지 따뜻한 마음으로 원고를 매만지고 편집해준 안상준 편집팀장님, 김숙희 디자이너님, 박현경 주간님, 한성봉 대표님께 이 글을 통해 깊은 감사의 마음을 전하고 싶다.

박경미

**차례**

**수학콘서트
플러스를 열며** 004

### 제1악장   수학은 만물의 근본이다
**콘체르토** Concerto

수학의 보물상자 _ 소수   013
비밀의 문을 여는 열쇠 _ 암호   032
| 수학사의 미해결 문제 |   058

### 수학은 직관이다
**즉흥곡** Impromptu    제2악장

069   플랫랜드와 4차원 도형 _ 차원
085   우연 속의 필연, 필연 속의 우연 _ 확률
111   | 『팡세』의 기댓값 |

### 제3악장   수학은 아름답다
**왈츠** Waltz

수학과 미술의 하이브리드 _ 명화 속에 깃든 수학   117
수학으로 디자인하다 _ 타일링과 이차곡선   134
| GrafEq로 뽀로로 그리기 |   161

## 제4악장 · 수학은 단순하다
**에튀드 Etude**

세상에서 가장 공정한 수학 법칙 _분배의 법칙  171
모든 것은 단순화할 수 있다 _최대공약수의 비밀  182
바코드는 진화한다 _바코드의 비밀  190
수학의 속기술 _행렬  202
| 수학 분야별로 코끼리를 냉장고에 집어넣는 방법 |  215

## 제5악장 · 수학은 즐겁다
**디베르티멘토 Divertimento**

223  스포츠 경기에도 수학은 숨어 있다 _야구의 수학
235  달력의 파란만장한 변천사 _달력 속의 수학
250  마법의 세계 _마방진
271  | 스도쿠와 라틴방진 |

## 제6악장 · 수학은 진화한다
**랩소디 Rhapsody**

내 안에 또 다른 나 있다 _프랙탈  279
무질서 안에서 질서를 찾다 _라이프 게임과 카오스 게임  302
| 사막에 그려진 아폴로니우스 개스킷 |  319

## 제7악장 · 수학은 조화롭다
**심포니 Symphony**

325  영원히 끝나지 않는 수 _파이
336  천문학자의 수명을 연장시키다 _로그
351  수학은 이성의 음악 _음계 이론
369  | 엽기적인 수학 답안 |

**제1악장**

| 콘체르토 Concerto |

콘체르토는 두 음향체 사이의 대립과 경합을 특징으로 하는 악곡이다. 피아노 협주곡이나 바이올린 협주곡에서 피아노와 바이올린은 독주를 하기도 하고, 때로는 다른 관현악기들과 절묘한 앙상블조화을 이루면서 음악을 만들어낸다. 소수素數는 협주곡의 중심 악기처럼 때로는 독립적으로 연구되기도 하지만, 암호를 비롯한 다양한 주제들과 어울리면서 수학의 발전을 이끌기도 한다.

# 수학은
# 만물의
# 근본이다

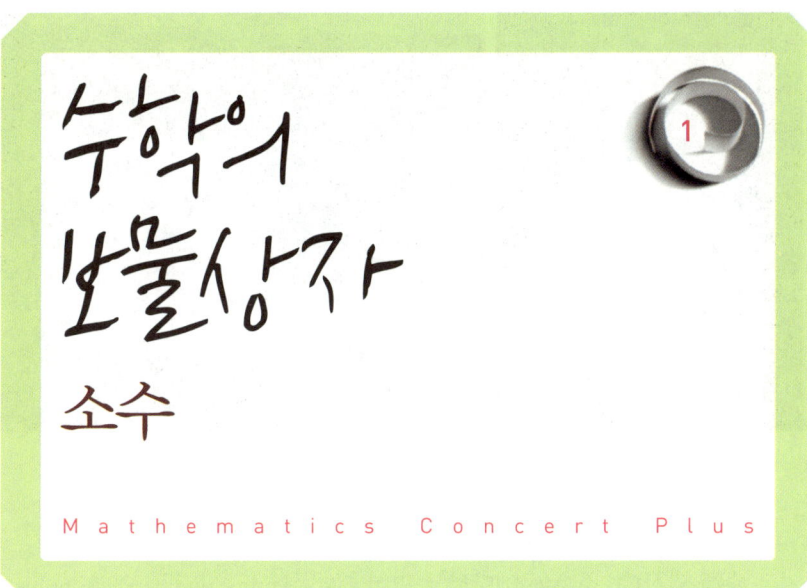

### 베컴의 등번호 23

축구선수들의 등번호는 주전 골키퍼가 1번인 식으로 포지션에 따라 대략 정해져 있다. 하지만 1부터 일련의 번호를 매기지 않고 중간에 빈 번호를 두면서 특정 번호를 부여하는 경우도 있다. 대표적인 예가 데이비드 베컴의 등번호 23이다. 베컴은 2003년 맨체스터 유나이티드에서 레알 마드리드로 옮긴 후 23번을 달았고, 2007년 LA 갤럭시로 이적한 후에도 23번을 고수했다. 어떤 해석에 따르면 전설적인 농구선수 마이클 조던의 등번호가 23번이었기에, 미국 팬들을 유럽 축구로 유인하기 위한 전략이라고 한다. 그렇지만 수학에 관심 있는 사람들은 23이 소수라는 점에 주목한다.

'소수素數'는 2, 3, 5, 7, 11, 13, …과 같이 1과 자기 자신으로만 나누어떨어

레알 마드리드의 베컴          LA 갤럭시의 베컴

지는 수를 말한다. 소수에 해당하는 영어 단어는 prime number인데, prime에는 '중요한'이라는 뜻이 있다. 따라서 데이비드 베컴이나 마이클 조던처럼 팀에서 중요한 역할을 하는 선수는 중요한 수인 소수를 등번호로 선택한다는 해석이 가능하다.

### 영화〈콘택트〉의 소수

〈콘택트Contact〉는 천문학자이자 과학저술가인 칼 세이건Carl Sagan의 동명 소설을 영화화한 것이다. 과학교양서『코스모스』를 통해 이름을 널리 알린 칼 세이건은 유려한 문장으로 국내에도 많은 팬을 거느리고 있다. 과학자가 인문·사회과학 분야의 전문가에 비해 문장력이 없다는 편견을 단번에 날려버린 칼 세이건은 자신이 남긴 유일한 소설『콘택트』가 1997년 영화로 개봉되기 직전인 1996년 12월 세상을 떠나 안타까움을 더했다.

외계인과의 접촉contact을 소재로 한 〈콘택트〉에서는 소수가 영화의 실마리

영화 〈콘택트〉                    소설 『콘택트』

를 제공한다. 여주인공 엘리조디 포스터는 외계에서 보내온 신호음을 분석하여 소수임을 알아낸다. 영화에서 신호음은 파동으로 이루어지는데, 2개의 파동 다음에 시간 간격을 두고 3개의 파동, 그리고 5개의 파동이 이어지는 식이다. 이 신호음들은 2부터 101까지의 소수를 나타내는 것으로, 이를 통해 외계에 소수를 생각할 만큼의 지능을 가진 생명체가 존재함을 알게 된다.

### 소수는 수학의 원자

소수는 자연수를 생성하는 기본 재료가 된다. 소수만 있으면 소수들의 곱을 통해 나머지 수들을 만들어낼 수 있기 때문이다. 마치 원자의 결합을 통해 분자가 만들어지고, 이를 통해 우주의 물질들이 생성되는 것과 유사하다. 소수로 자연수를 만들고, 자연수에서 출발하여 정수·유리수·실수·복소수로 수의 범위를 확장하게 되며, 이러한 수가 수학의 토대를 이룬다는 점에서 소수는 수학의 원자에 비유될 수 있다.

## 수천 년 전 유물에 새겨진 소수

인류가 언제부터 소수에 대해 관심을 갖게 되었을까? 아주 멀리는 기원전 6500년경의 유물인 이상고 뼈Isango bone에서 그 기원을 찾기도 한다. 이 뼈는 세 칸으로 나뉘어 있는데, 그중 한 칸에는 11, 13, 17, 19의 4개의 수가 적혀 있다. 이는 10과 20 사이의 소수로, 수천 년 전 원시인들이 이미 소수에 대한 지식을 가지고 있었을지도 모른다는 추측을 하게 만든다.

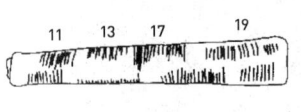

이상고 뼈

인류가 본격적으로 소수를 연구의 주제로 삼은 시기는 고대 그리스 시대로, 기원전 300년경의 수학자 유클리드는 이미 소수가 무한히 많다는 것을 증명했다. 이처럼 소수에 대한 연구는 아주 오래전부터 이루어져왔음에도 불구하고 소수에 대해서는 여전히 많은 미해결 문제가 존재한다.

## 여전히 추측으로 남아 있는 골드바흐의 추측

소수와 관련된 가장 유명한 미해결 문제 중의 하나는 '골드바흐의 추측Goldbach's conjecture'이다. 골드바흐의 추측은 명칭이 말하고 있듯이 '추측'일 뿐 아직 증명되지 못한 상태이다. 프러시아의 수학자 크리스티안 골드바흐Christian Goldbach, 1690~1764는 1742년 레온하르트 오일러Leonhard Euler, 1707~1783에게 '2보다 큰 모든 정수는 세 소수의 합으로 나타낼 수 있다'라는 내용을 편지에 적어 보냈다. 당시 골드바흐는 1을 소수로 간주하였기 때문에 3=1+1+1, 4=1+1+2, 5=1+1+3과 같이 3, 4, 5가 세 소수의 합으로 표현된다고 잘못 생각한 것이다. 그러나 1은 소수가 아니기 때문에 1을 제외하면, 골드바흐가 오일러에게 보낸 내용은 '5보다 큰 모든 정수는 세 소수의 합으로 나타낼 수 있다'로 다시 진술할 수 있다. 이 편지를 받은 오일러는 골드바흐의 추측을 '2보다 큰 모든 짝수는 두 소수의

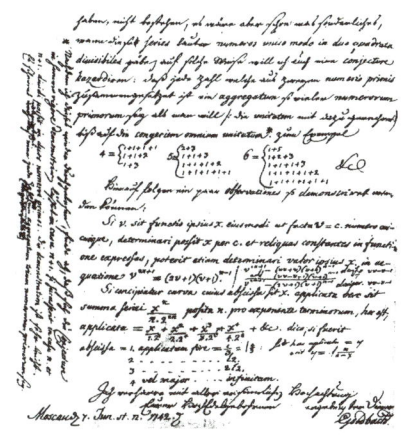

1742년 6월 7일 골드바흐가 오일러에게 보낸 편지

합으로 나타낼 수 있다'라고 좀 더 간단하게 바꾸었다. 이 두 가지 추측을 구분하기 위하여 골드바흐가 오일러에게 적어 보냈던 추측은 '세ternary 소수의 골드바흐 추측' 혹은 '골드바흐의 약한 추측', 그리고 오일러가 제시한 추측은 '두binary 소수의 골드바흐 추측' 혹은 '골드바흐의 강한 추측'으로 부른다. 일반적으로 골드바흐의 추측이라 하면 후자를 말하며, 후자가 증명될 경우 전자가 자동으로 증명되기 때문에 '강한'과 '약한'이라는 수식어가 붙어 있다.

> **골드바흐의 추측**
>
> 2보다 큰 모든 짝수는 두 소수의 합으로 나타낼 수 있다.

골드바흐의 추측이 성립하는지 보기 위해 4=2+2, 6=3+3, 8=3+5와 같이 2보다 큰 짝수를 두 소수의 합으로 나타내볼 수 있지만, 이처럼 구체적인 수를 대상으로 직접 시도해보는 것은 수학적 증명이 아니라 확인 작업일 뿐이다.

실제 $4×10^{18}$까지의 짝수에 대해 이 성질이 성립하는지는 확인했지만, 2보다 큰 '모든' 짝수에 대해서 성립한다는 것을 주장하기 위해서는 연역적 증명이 필요하다. 그런데 이에 대한 증명은 아직 완성되지 못한 채 미해결 문제로 남아 있다. 수학의 미해결 문제들은 대부분 문제를 이해하는 것조차 불가능할 정도로 난해하다. 하지만 골드바흐의 추측은 적어도 그 내용은 쉽게 이해할 수 있기 때문에 수학자가 아닌 일반인들도 많은 관심을 가지고 있다.

### 첸의 정리

골드바흐의 추측에 대한 연구는 중국의 수학자 첸징룬陳景潤, 1933~1996에 의해 큰 도약을 하게 된다. 첸징룬은 골드바흐의 추측을 증명하기 위해 여러 해 동안 연구에 몰두했다. 그러나 안타깝게도 그 추측 자체를 증명하지는 못했고, 그 대신 골드바흐의 추측이라는 강을 건너는 데 큰 도움이 되는 징검다리를 놓게 되었다. 첸징룬은 '충분히 큰 모든 짝수는 하나의 소수, 그리고 두 소수의 곱의 합으로 나타낼 수 있다'라는 '첸의 정리Chen's Theorem'를 1966년에 발표하였고, 1973년에는 이를 증명해냈다. 첸의 정리에 따르면 $16=7+3×3$, $58=3+5×11$, $100=23+7×11$과 같은 식으로 큰 짝수는 하나의 소수와 두 소수의 곱의 합으로 나타낼 수 있다.

첸징룬이 보여준 불굴의 도전 정신과 고도의 집중력은 많은 중국 학생들에게 수학에 대한 관심과 열정을 불어넣어 주었다. 첸징룬은 1996년 타계했는데, 중국은 그해 발견한 소행성에 그의 이름을 붙여 '애스터로이드 7681 첸징룬the Asteroid 7681 Chenjingrun'이라고 이름 붙였다.

### 골드바흐의 수

골드바흐의 추측에 의해 2보다 큰 짝수는 두 소수의 합으로 나타낼 수 있는데, 그 방법은 하나 이상인 경우가 대부분이다. 이때 두 소수의 합으로 나타내는 방법의 수를 '골드바흐의 수Goldbach number'라고 한다. 아래의 그림은 4부터 50까지의 짝수가 어떤 두 소수의 합으로 표현되는지와 그에 따른 골드바흐의 수를 알아본 것이다.

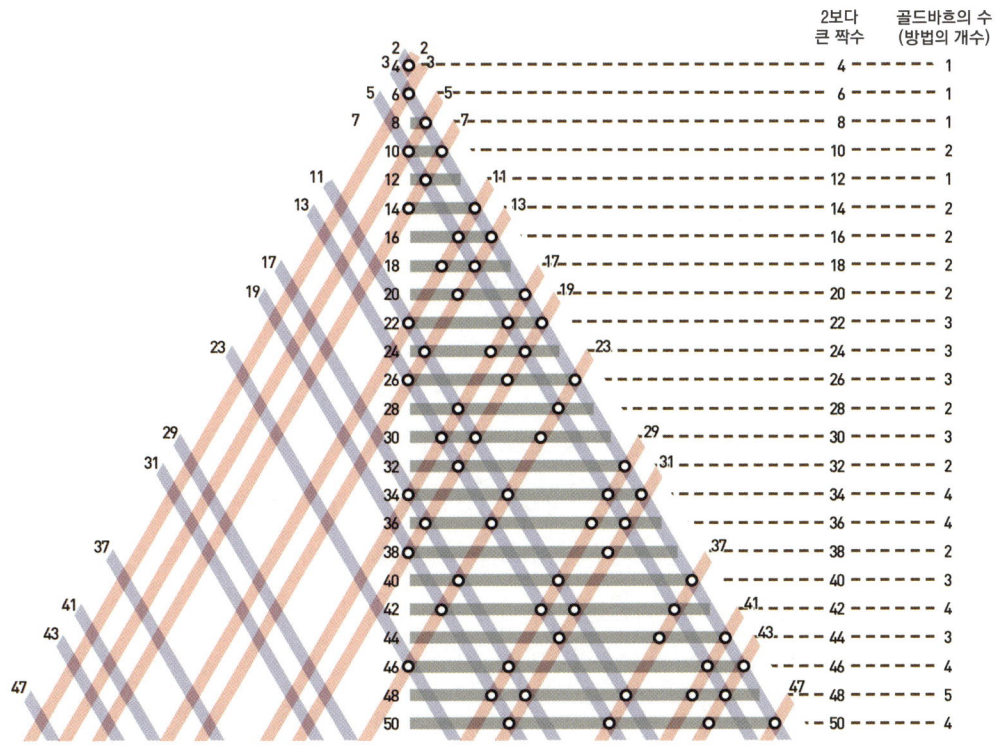

### 쌍둥이 소수와 사촌 소수

'쌍둥이 소수twin prime'는 (3, 5), (5, 7), (11, 13), (17, 19)와 같이 ($p$, $p+2$)가

모두 소수인 경우를 말하는데, 쌍둥이 소수가 무한이 많다는 것도 아직 증명되지 못한 미해결 문제이다. (3, 5)를 제외한 쌍둥이 소수는 (5, 7)=(6−1, 6+1), (11, 13)=(12−1, 12+1), (17, 19)=(18−1, 18+1)과 같이 6의 배수인 6, 12, 18을 중심으로 1을 빼고 1을 더한 형태이다.

'사촌 소수cousin prime'는 $(p, p+4)$가 모두 소수인 경우로, (19, 23), (37, 41)이 그 예가 된다. 쌍둥이 소수와 사촌 소수는 서양에서 붙여진 명칭이지만 쌍둥이 사이의 촌수가 2이고 사촌 간의 촌수가 4라는 점을 고려하면 우리의 촌수와 정확하게 맞아 떨어진다. 이와 유사한 것이 '섹시 소수sexy prime'로, (31, 37), (41, 47)과 같이 $(p, p+6)$인 소수쌍을 말한다. 생뚱맞게 등장한 '섹시sexy' 때문에 어리둥절할지 모르지만 숫자 6six에 해당하는 라틴어 단어가 sex이기 때문에 6의 차이를 갖는 소수쌍에 붙이기에 적절한 이름이다.

쌍둥이 소수뿐 아니라 사촌 소수와 섹시 소수 역시 무한히 많은데, 이를 일반화한 것이 '폴리냑의 추측Polignac's conjecture'이다. 폴리냑의 추측에 따르면 임의의 짝수 $2k$에 대해 $(p, p+2k)$인 소수쌍은 무수히 많다. 그런데 최근 이 추측에 대한 연구가 큰 진전을 이루고 있다. 2013년 4월 중국의 무명 수학자 장이탕張益唐은 두 소수의 차이가 7000만 미만인 소수쌍이 무한히 존재한다는 증명에 성공하였고, 그 결과를《수학연보Annals of Mathematics》에 게재하였다. 이후 불과 3주 만에 차이가 500만인 경우에 대한 증명이 이루어졌고, 2013년 7월에는 그 차이가 5414까지 좁혀졌다. 소수쌍의 차이가 점차 줄어들어 2에 도달하게 되면 쌍둥이 소수가 무한히 많다는 미해결 문제가 마침내 증명되는데, 그리 멀지 않은 미래에 이 증명이 완성될 것으로 기대된다.

폴리냑의 추측은 두 소수를 짝지은 이중소수이고, 세 소수씩 짝지은 삼중소수도 있다. (5, 7, 11)과 같이 $(p, p+2, p+6)$인 삼중소수, 그리고 (5, 7, 11,

13)과 같이 ($p$, $p+2$, $p+6$, $p+8$)인 사중소수도 있으며, 이런 소수들을 총칭하여 '소수 별자리prime constellation'라고 한다.

### 메르센 소수를 찾아라

17세기 프랑스의 성직자이자 수학자인 마랭 메르센Marin Mersenne, 1588~1648은 자신의 이름을 딴 '메르센 소수'를 만들었다. 메르센 소수는 $2^n-1$이 소수가 되는 수를 말한다. 첫 번째 메르센 소수는 $2^2-1=3$이고, 두 번째 메르센 소수는 $2^3-1=7$이다. $2^4-1=15$는 소수가 아니기 때문에 건너뛰고, 세 번째 메르센 소수는 $2^5-1=31$이 된다.

수학자들은 새로운 메르센 소수를 찾으려는 노력을 계속해왔는데, 그 대표적인 모임이 GIMPS Great Internet Mersenne Prime Search, http://www.mersenne.org이다. 1996년 시작된 GIMPS는 회원들에게 소수를 찾는 소프트웨어를 제공하고 회원들의 컴퓨터를 연결하여 공동 작업을 펼친다.

GIMPS 홈페이지

현재까지 밝혀진 가장 큰 메르센 소수는 2013년 1월 미주리주립대학교의 커티스 쿠퍼Curtis Cooper가 발견한 48번째 메르센 소수 $2^{57885161}-1$로, 1700만 자리가 넘는 큰 수이다. GIMPS의 회원인 커티스 쿠퍼는 2005년 43번째 메르센 소수, 2006년 44번째 메르센 소수에 이어 세 번째로 기록을 보유하게 되었다.

### 소수를 만들어내는 만능제조기는 없을까?

소수와 관련된 수학자들의 관심 중의 하나는 소수를 만들어내는 함수, 즉 '소수생성다항식prime generating polynomial'을 찾는 것이다. 소수생성다항식 중 널리 알려진 것은 1772년 오일러가 생각해낸 함수 $f(x)=x^2+x+41$로, $x$에 0부터

| 421 |   | 419 |   |   |   |   |   |   | 409 |   |   |   |   |   |   |   |   |   |
|---|---|---|---|---|---|---|---|---|---|---|---|---|---|---|---|---|---|---|
|   | 347 |   |   |   |   |   |   | 337 |   |   |   |   |   | 331 |   | 401 |   |   |
|   |   | 281 |   |   | 277 |   |   |   | 271 |   | 269 |   |   |   |   |   |   |   |
|   | 349 |   | 233 |   |   |   |   |   |   |   |   | 211 |   |   |   |   |   |   |
|   |   | 283 |   | 173 |   |   | 167 |   |   | 163 |   |   |   |   |   |   |   |   |
|   |   |   | 131 |   |   | 127 |   |   |   |   |   |   |   | 263 |   | 397 |   |   |
|   |   |   |   | 97 |   |   |   |   |   |   |   |   |   |   |   |   |   |   |
|   | 353 | 227 |   |   | 71 |   |   | 67 |   | 89 |   |   |   |   |   |   |   |   |
|   |   |   |   | 53 |   |   |   |   |   |   |   |   |   |   |   |   |   |   |
|   |   | 229 |   |   | 73 |   | 43 |   |   |   | 87 |   | 157 |   |   |   |   |   |
| 431 |   |   | 179 |   | 101 |   |   | 41 |   |   |   |   |   |   |   |   |   |   |
|   |   |   |   | 137 |   |   |   | 47 |   |   |   |   |   | 257 |   |   |   |   |
| 433 |   |   | 181 |   | 103 |   |   |   | 59 |   | 61 |   |   |   |   |   |   |   |
|   | 359 | 233 |   | 139 |   |   | 79 |   |   |   | 83 |   |   |   |   | 389 |   |   |
|   |   | 293 |   |   |   | 107 |   | 109 |   |   |   | 113 |   | 199 |   | 317 |   |   |
|   |   |   |   |   |   |   |   |   |   |   | 149 |   | 151 |   |   |   |   |   |
|   |   |   |   |   |   |   | 191 |   | 193 |   |   |   | 197 |   |   |   |   |   |
|   |   |   |   | 239 |   | 241 |   |   |   |   |   |   |   | 251 |   |   |   |   |
| 439 |   |   |   |   |   |   |   |   | 307 |   |   |   | 311 |   | 313 |   |   |   |
|   |   | 367 |   |   |   | 373 |   |   |   |   |   | 379 |   |   |   | 383 |   |   |

39까지의 정수를 대입했을 때 그 함숫값은 모두 소수가 된다.

$$f(0)=41,\ f(1)=43,\ f(2)=47,\ \cdots,\ f(37)=1447,\ f(38)=1523,\ f(39)=1601$$

41부터 439까지의 자연수를 정사각형에 나선 모양으로 배치하였을 때, $f(x)=x^2+x+41$을 통해 생성한 소수는 위와 같이 모두 대각선에 위치한다.

$f(x)=x^2+x+41$에서 $x$ 대신 $x-40$을 대입하여 정리하면 $f(x-40)=x^2-$

$79x+1601$이 된다. $f(t)=t^2-79t+1601$에서 $t$에 0부터 79까지의 수를 대입하였을 때 그 함숫값이 모두 소수가 되어 80개의 소수를 만들어낸다. 이처럼 다양한 소수생성다항식들이 제안되었지만, 오일러의 제자인 수학자 아드리앵 마리 르장드르Adrien-Marie Legendre, 1752~1833는 유리수 계수를 갖는 다항식이면서 항상 소수를 만들어내는 소수생성다항식이 존재하지 않음을 증명해냈다. 즉, 소수를 만들어내는 만능제조기는 존재하지 않는다.

### 소수 사막

수학자들은 소수의 분포에 주목할 만한 패턴이 있는지 탐구했지만, 특별한 규칙성을 찾지 못했다. 예를 들어 9999900과 10000000 사이에 있는 100개의 수에는 9개의 소수가 존재하지만, 10000000과 10000100 사이에 있는 수에는 2개의 소수만 존재할 뿐이다.

- 9999900과 10000000 사이의 소수

    9999901     9999907     9999929     9999931     9999937
    9999943     9999971     9999973     9999991

- 10000000과 10000100 사이의 소수

    10000019    10000079

수를 나열하였을 때 어떤 구간에는 비교적 많은 소수가 존재하지만, 어떤 구간에는 소수가 존재하지 않는 '소수 사막prime desert'이 나타난다. 이처럼 소수의 분포는 불규칙적이기 때문에, 이제 수학자들은 어떤 수의 범위 안에 몇 개의 소수가 존재하는지 그 밀도에 관심을 갖게 되었다.

### 소수 주사위

$n$보다 작거나 같은 소수의 개수를 나타내는 함수를 $\pi(n)$이라고 하자. 예를 들어 1부터 10까지의 소수는 2, 3, 5, 7로 4개이므로 $\pi(10)=4$이고, 1부터 100까지의 소수는 25개이므로 $\pi(100)=25$이다. 이때 $\dfrac{\pi(n)}{n}$이 의미하는 바는 1부터 $n$까지의 수 중에서 임의로 하나를 선택하였을 때 그 수가 소수일 확률이다.

1부터 100까지의 수에서 임의로 선택한 수가 소수일 확률은 $\dfrac{25}{100}=\dfrac{1}{4}$이고, 정사면체로 만든 주사위에서 각 면이 나올 확률도 $\dfrac{1}{4}$이다. 따라서 1부터 100까지의 자연수에서 임의로 하나의 수를 선택할 때 소수일 확률은 한 면이 소수인 정사면체 주사위를 던져 소수가 적힌 면이 나오는 확률과 같다. 마찬가지로 1부터 1000까지의 자연수에서 임의로 선택한 수가 소수일 확률은 $\dfrac{168}{1000}≒\dfrac{1}{6}$이므로, 한 면이 소수인 정육면체 주사위를 던져 소수가 적힌 면이 나오는 확률과 비슷한 값이 된다. 동일한 방법을 적용하면 1부터 10000, 1000000, 1000000000까지의 수에서 선택한 임의의 수가 소수일 확률은 각각 한 면에 소수가 적힌 정팔면체, 정십이면체, 정이십면체를 던져 소수가 적힌

| $n$ | 100 | 1000 | 10000 | 1000000 | 1000000000 |
|---|---|---|---|---|---|
| $\pi(n)$ | 25 | 168 | 1229 | 78498 | 50847534 |
| $\dfrac{\pi(n)}{n}$ | $\dfrac{25}{100}=\dfrac{1}{4}$ | $\dfrac{168}{1000}≒\dfrac{1}{6}$ | $\dfrac{1229}{10000}≒\dfrac{1}{8}$ | $\dfrac{78498}{1000000}≒\dfrac{1}{12}$ | $\dfrac{50847534}{1000000000}≒\dfrac{1}{20}$ |
| 소수 주사위 | 소수 | 소수 | 소수 | 소수 | 소수 |

면이 나오는 확률에 가까운 값이 된다.

### 소수의 밀도

10부터 10000000000까지 10의 거듭제곱에 대해 $\pi(n)$을 구하고 $\dfrac{n}{\pi(n)}$을 계산하면 다음과 같다.

| $n$ | $\pi(n)$ | $\dfrac{n}{\pi(n)}$ | |
|---|---|---|---|
| 10 | 4 | 2.5 | |
| | | | 1.5 |
| 100 | 25 | 4.0 | |
| | | | 2.0 |
| 1000 | 168 | 6.0 | |
| | | | 2.1 |
| 10000 | 1229 | 8.1 | |
| | | | 2.3 |
| 100000 | 9592 | 10.4 | |
| | | | 2.3 |
| 1000000 | 78498 | 12.7 | |
| | | | 2.3 |
| 10000000 | 664579 | 15.0 | |
| | | | 2.4 |
| 100000000 | 5761455 | 17.4 | |
| | | | 2.3 |
| 1000000000 | 50847534 | 19.7 | |
| | | | 2.3 |
| 10000000000 | 455052512 | 22.0 | |

얼핏 보면 위의 표에 아무런 규칙성이 존재하지 않는 것 같지만, 자세히 분석해보면 $n$이 10배 늘어남에 따라 $\dfrac{n}{\pi(n)}$이 약 2.3 정도씩 늘어남을 알 수 있다. 그런데 이 수는 밑을 e로 하는 자연로그 $\ln 10 = \log_e 10 = 2.30258\cdots$에 가까운

값이 된다. $n$이 작은 수일 때에는 오차가 있지만, $n$이 한없이 커질 때 $\frac{n}{\pi(n)}$의 극한값은 $\ln n$과 거의 일치한다. 이를 '소수 정리prime number theorem'라고 한다.

$$\lim_{n \to \infty} \frac{n}{\pi(n)} = \ln n \qquad \lim_{n \to \infty} \frac{\pi(n)}{\frac{n}{\ln n}} = 1$$

소수 정리는 독일의 천재 수학자 카를 프리드리히 가우스Carl Friedrich Gauss, 1777~1855가 겨우 15세였던 1792년에 생각해낸 것으로, 나중에 가우스는 이를 $\pi(n) \sim \int_2^n \frac{1}{\ln x} dx$로 수정하였다. 이 정리는 결국 1896년 프랑스의 수학자 자크 아다마르Jacques Hadamard, 1865~1963와 발레 푸생Vallée Poussin, 1866~1962에 의해 각각 증명되었다.

## 리만 가설

독일의 수학자 베른하르트 리만Bernhard Riemann, 1826~1866은 가우스의 제자로, 1859년 10쪽짜리 짧은 논문을 발표하였다. 이 논문이 담고 있는 것이 바로 소수와 관련되는 '리만 가설Riemann hypothesis'이다. 수학에서 정리theorem로 증명되지 못한 성질은 '골드바흐의 추측', '케플러의 추측'과 같이 대개 '추측conjecture'이라고 한다. 그런데 리만 가설에는 추측이 아닌 '가설hypothesis'이 붙어 있다. 일반적으로 가설은 어떤 이론을 세우는 데 필수적인 가정인데, 리만 가설은 수학의 다양한

**베른하르트 리만**

성질들을 추론하는 기반이 되기 때문이다.

리만 가설은 현재까지 증명되지 못한 난제 중의 난제로 악명이 높기에, 이에 대한 증명은 고사하고 리만 가설이 무엇인지를 이해하는 것조차도 쉽지 않다. 그렇기는 하지만 리만 가설의 의미 파악에 도전하기 위해 그 출발점이 되는 리만제타함수의 정의부터 알아보자.

$$\zeta(s)=\frac{1}{1^s}+\frac{1}{2^s}+\frac{1}{3^s}+\cdots=\sum_{n=1}^{\infty}\frac{1}{n^s}$$

리만제타함수에서 $s$가 1인 경우는 조화급수로 그 값은 무한대로 발산한다.

$$\zeta(1)=\frac{1}{1}+\frac{1}{2}+\frac{1}{3}+\cdots=\infty$$

$s$가 2일 때는 오일러가 증명한 '바젤 문제'로 그 값은 $\frac{\pi^2}{6}$이 된다. 일련의 자연수를 제곱하여 역수를 취한 후 더한 무한급수의 합은 원주율 π를 제곱한 후 6으로 나눈 값과 같다. 별 관련성이 없어 보이는 리만제타함수와 원주율 π가 만나는 것이다.

$$\zeta(2)=\frac{1}{1^2}+\frac{1}{2^2}+\frac{1}{3^2}+\cdots=\frac{\pi^2}{6}$$

임의의 자연수는 소수의 곱으로 나타낼 수 있으므로, 리만제타함수를 구성하고 있는 단위분수들은 $\frac{1}{60}=\frac{1}{2^2}\times\frac{1}{3}\times\frac{1}{5}$과 같이 소수를 분모로 하는 단위분수들의 곱으로 나타낼 수 있다. 따라서 리만제타함수는 다음과 같이 표현할 수 있다.

$$\zeta(s) = \frac{1}{1^s} + \frac{1}{2^s} + \frac{1}{3^s} + \frac{1}{4^s} + \frac{1}{5^s} + \frac{1}{6^s} + \frac{1}{7^s} + \frac{1}{8^s} + \frac{1}{9^s} + \cdots$$

$$= \frac{1}{1^s} + \frac{1}{2^s} + \frac{1}{3^s} + \frac{1}{2^{2s}} + \frac{1}{5^s} + \frac{1}{2^s 3^s} + \frac{1}{7^s} + \frac{1}{2^{3s}} + \frac{1}{3^{2s}} + \cdots$$

$$= \left(1 + \frac{1}{2^s} + \frac{1}{2^{2s}} + \cdots\right) \times \left(1 + \frac{1}{3^s} + \frac{1}{3^{2s}} + \cdots\right) \times \cdots \times$$

$$\left(1 + \frac{1}{p^s} + \frac{1}{p^{2s}} + \cdots\right) \times \cdots$$

$$= \frac{1}{1-\left(\frac{1}{2}\right)^s} \times \frac{1}{1-\left(\frac{1}{3}\right)^s} \times \cdots \times \frac{1}{1-\left(\frac{1}{p}\right)^s} \times \cdots$$

$$= \prod_{p=\text{소수}} \frac{1}{1-\left(\frac{1}{p}\right)^s} = \prod_{p=\text{소수}} \frac{p^s}{p^s - 1}$$

리만 가설의 내용은 리만제타함수 $\zeta(s)$의 '자명하지 않은 영점 nontrivial zero'의 실수부가 모두 $\frac{1}{2}$이라는 것이다. 소수의 분포는 불규칙적이지만 리만 가설에 따르면 소수로 표현되는 리만제타함수에 어떤 규칙성이 있기 때문에, 이를 증명할 경우 소수의 비밀이 상당 부분 밝혀질 수도 있다.

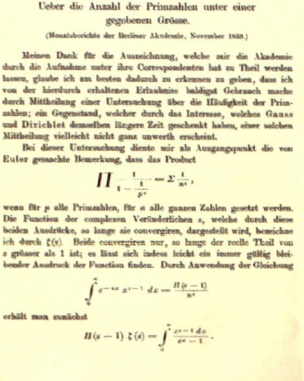

**리만의 논문에 언급된 리만제타함수**

## 리만 가설에 대한 연구

리만 가설에 대해 본격적으로 연구한 대표적인 수학자로 영국의 고드프리 하디Godfrey H. Hardy, 1877~1947와 존 리틀우드John E. Littlewood, 1885~1977를 꼽을 수 있다. 하디와 리틀우드는 당대 최강의 수학자 콤비로 리만 가설을 증명하기 위해 집중적으로 연구를 진행하여 그 결과를 100여 편의 논문으로 발표하기도 했다. 이들이 증명해낸 것은 리만제타함수에서 실수부가 $\frac{1}{2}$인 영점이 무수히 많다는 것으로, 리만 가설 자체는 아니었다. 비유하자면, 그들이 등정한 곳은 리만 가설이 위치하고 있는 산이 아니라 그 옆의 산이었던 것이다. 하디와 리틀우드는 끝내 리만 가설의 증명에 성공하지는 못했고, 증명 과정에서 경험한 좌절감으로 인해 리만 가설이 참이 아니라는 주장을 하기도 했다.

리만 가설은 영화 〈뷰티풀 마인드〉에도 등장한다. 영화의 주인공인 천재 수학자 존 내쉬러셀 크로우는 젊은 시절 리만 가설의 증명에 몰두하였다. 영화에서 내쉬는 리만 가설이 제기되고 100년째 되던 해인 1959년 리만 가설에 대해 강연을 하게 되는데, 이 장면에서 내쉬는 말을 더듬으면서 비정상적인 행태

영화 〈뷰티풀 마인드〉 중 내쉬가 리만 가설에 대해 강연하는 장면

를 보이기 시작한다. 실제 내쉬는 이후 인터뷰에서 그 강연을 기점으로 정신 이상이 시작되었다고 회고하였다. 난해하기 그지없는 리만 가설은 내쉬를 정신분열로 몰고 간 중요한 요인으로 작용한 것이다.

## 리만 가설의 증명은 독이 든 성배

하디와 리틀우드, 내쉬 등 많은 수학자들이 리만 가설에 도전했다가 좌절감을 맛보게 되었고, 점차 리만 가설은 수학자들의 관심으로부터 멀어지면서 암흑기를 겪게 된다. 마치 소수의 비밀을 밝히는 것이 신의 분노를 일으키는 것이 아닌가 하는 두려움이 나돌며 수학계가 리만 가설을 멀리하기 시작했다. 그러다가 1972년 프린스턴대학교에서 수학자 휴 몽고메리Hugh Montgomery와 물리학자 프리먼 다이슨Freeman Dyson이 우연히 만나게 된 것을 계기로 리만 가설의 연구는 전환점을 맞게 된다. 몽고메리는 불규칙한 소수의 배열과는 다르게 리만제타함수의 영점이 비교적 균등하게 배열된 것에 주목했다. 소립자 등 미시 세계를 연구하던 물리학의 대가 다이슨은 원자핵의 에너지 레벨 간격의 수식이 영점의 배열식과 동일함을 발견하게 된다. 만약 이것이 참이라면 소수와 물리학의 세계는 맞닿아 있고, 소수는 대우주를 지배하는 법칙과 관련되면서 우주를 창조한 설계도가 될 수도 있다.

한편 필즈상뛰어난 업적을 남긴 수학자에게 주어지는 국제적인 최고의 상 수상자인 알랭 콘느Alain Connes는 1996년 소수와 비가환기하학noncommutative geometry이 밀접한 관련성을 갖는다는 사실을 알게 되었고, 최근 수학자들은 비가환기하학을 이용해 소수의 비밀에 도전하는 연구를 진행하고 있다.

소수는 공개키 암호를 만드는 기반이므로, 암호 보안 체계를 유지하는 열쇠와도 같다. 그런데 리만 가설이 증명되어 소수의 성질들이 밝혀지면, 소수의 목록이 공개되면서 암호 체계가 위협을 받을 수도 있다. 이런 면에서 리만 가설의 증명은 독이 든 성배를 드는 것이자 판도라의 상자를 여는 것에 비유되기도 한다.

  AT&T나 휴렛팩커드 같은 통신 회사들은 소수와 리만 가설의 연구에 막대한 연구비를 투자하고 있는데, 그 이유는 인터넷 암호 체계가 언제 위태로워질지 그 시점을 알고 싶어 하기 때문이다. 소수는 중학교 1학년이면 배우는 간단한 개념이지만, 많은 미해결 문제들이 존재하여 수학자들의 학문적 관심을 촉발시키고 그에 의해 풍부한 연구가 이루어져 온 '수학의 보물상자'라고 할 수 있다.

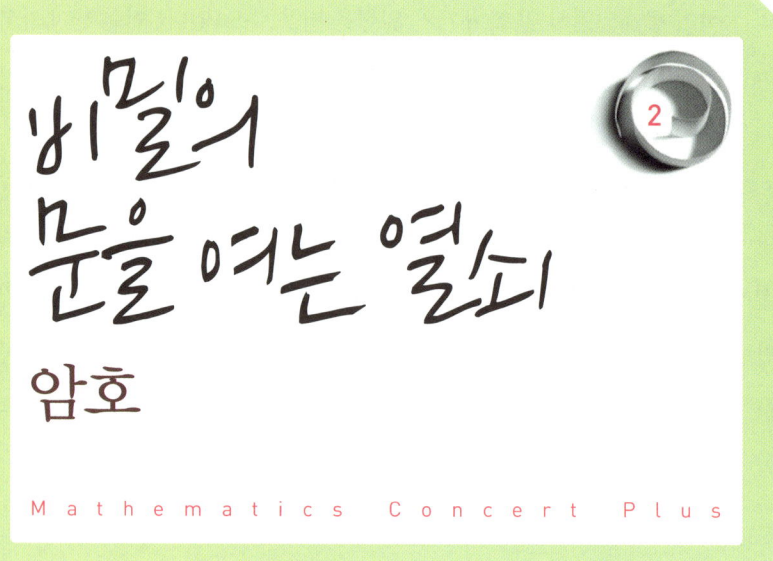

# 비밀의 문을 여는 열쇠
## 암호

Mathematics Concert Plus

### 『다빈치 코드』와 『해리포터』의 애너그램

암호는 소설과 영화의 단골 소재로 등장한다. 대표적인 예로 댄 브라운의 『다빈치 코드』를 들 수 있다. 영화로도 만들어진 『다빈치 코드』는 기독교가 배척한 이교도의 역사를 추적하면서 인류 역사의 비밀을 풀어간다. 이 과정에서 여러 가지 암호를 해독하게 되는데 그중의 하나가 문자의 배열을 바꾸어 암호화하는 '애너그램anagram'이다. 『다빈치 코드』에 포함된 애너그램은 O,

영화 〈다빈치 코드〉

Draconian devil과 Oh, lame saint의 두 가지로, 이는 각각 Leonardo da Vinci와 The Mona Lisa를 의미한다.

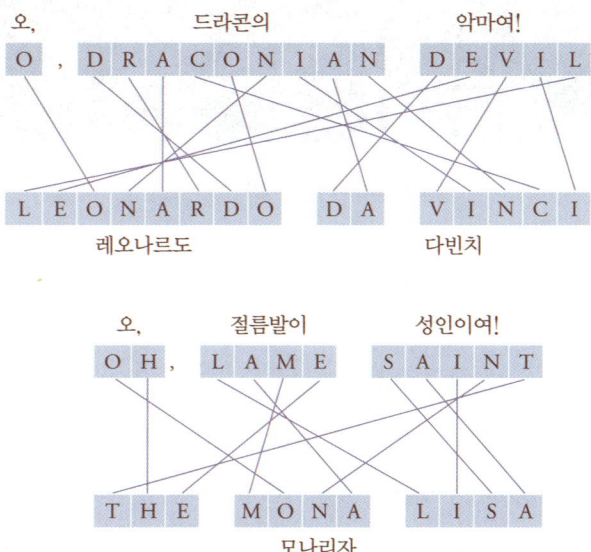

소설 『해리포터』의 등장인물 중의 하나인 Tom Marvolo Riddle도 애너그램에 의해 I am Lord Voldemort로 변환된다. 실제 영화에서는 이 과정이 애니메이션으로 표현된다.

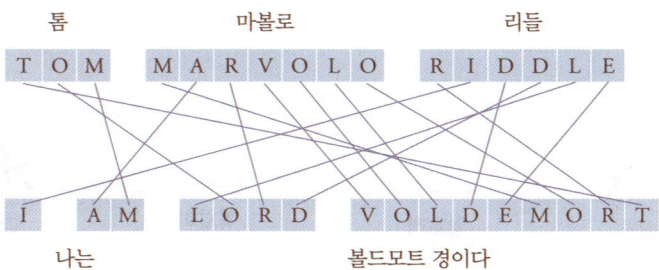

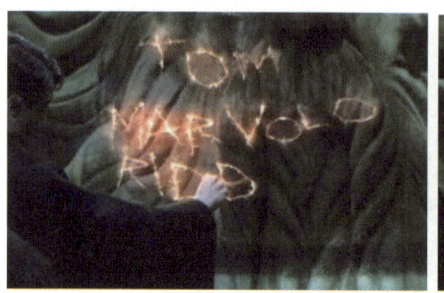 

영화 〈해리포터와 비밀의 방〉

## 생활 도처에서 만나는 암호

정보화 사회가 도래하면서 인터넷 뱅킹, 전자 상거래, 이메일, 회원 전용 사이트 등 하루에도 몇 번씩 비밀번호를 입력하게 된다. 개인의 정보를 보호하기 위해 현대의 생활 전반에서 암호가 광범위하게 사용되고 있는 것이다.

암호를 이해하기 위해서는 몇 가지 기본적인 용어들을 알아둘 필요가 있다. 우리가 쉽게 이해할 수 있는 문장을 '평문plaintext'이라고 하고, 알아보기 어렵도록 변형시킨 문장을 '암호문ciphertext'이라고 한다. 평문을 암호문으로 변형하는 과정을 '암호화encryption', 반대로 암호문을 평문으로 변형하는 과정을 '복호화decryption'라고 한다. 암호문을 평문으로 바꾸는 방법을 모르는 상태에서 암호문에 대한 단편적인 정보들을 종합하여 평문을 알아내는 작업을 '해독cryptanalysis'이라고 한다.

 평문 → 암호문 → 평문
　　　　　　암호화　　　복호화

### 고대 그리스의 전치암호

역사상 가장 먼저 나타난 암호는 문자의 위치를 바꾸어 암호화하는 '전치암호 transposition cipher'이다. 예를 들어 HELP ME I AM UNDER ATTACK도와주세요 공격당하고 있어요이라는 평문을 전치암호로 바꾸기 위해 가로로 한 줄에 5개씩 알파벳을 배열한다.

스키테일

그리고 나서 1열부터 5열까지 위에서부터 아래로 순서대로 적으면 HENTEIDTLAEAPMRCMUAK가 된다. 이렇게 암호화하여 보내면, 원래의 평문을 알아내기 어렵다.

이런 방법은 기원전 400년경 이미 고대 그리스의 스파르타에서 비밀 정보를 교환하기 위한 군사적 목적으로 사용되었다. 전쟁에 나간 군대와 본국에 남아 있는 군대가 같은 굵기의 원통형 막대를 나누어 갖는다. 스키테일Scytale이라는 이 원통형 막대에 폭이 좁고 긴 양피지 리본을 감고 평문을 가로로 쓴 뒤 풀어놓으면, 문자가 뒤섞여 알아보기 어렵다. 이 전치암호를 풀어 평문을 알아내기 위해서는 동일한 굵기의 원통형 막대에 다시 감아보아야 한다.

전치암호로 암호화 할 때 평문의 문자들은 그대로 남아 있고 단지 그 순서가 바뀌게 된다. 따라서 앞서 알아본 『다빈치 코드』와 『해리포터』의 애너그램은 전치암호의 일종이다.

### 치환암호

주어진 문자들의 순서만 바꾸는 전치암호와 달리 '치환암호 substitution cipher'는 각 문자를 다른 문자로 바꾸는 암호화 방식이다. 치환암호에는 하나의 문자가 다른 하나의 문자로 바뀌는 '단일치환암호monoalphabetic substitution cipher'와 하나의 문자가 여러 개의 문자로 바뀌는 '다중치환암호polyalphabetic substitution cipher'가 있다.

### 아트바쉬 암호

단일치환암호 중 가장 간단한 것은 '아트바쉬 암호Atbash cipher'이다. 유대인들은 히브리어의 첫 번째 알파벳인 aleph를 마지막 알파벳인 tav로, 앞에서 두 번째 알파벳인 beth를 끝에서 두 번째 알파벳인 shin으로 바꾸는 식으로 치환했다.

구약성서 예레미야서에는 아트바쉬 암호가 나온다. 예를 들어 예레미야서 25장 26절과 51장 41절에 세삭Sheshakh이 나오는데 이는 바빌론Babylon을 히브리어 알파벳에서 아트바쉬 암호로 변환시킨 것이다.

아트바쉬 암호를 영어 알파벳에 적용시키면 다음과 같다.

| 원래의 알파벳 | A | B | C | D | E | F | G | H | I | J | K | L | M |
|---|---|---|---|---|---|---|---|---|---|---|---|---|---|
| 변환된 알파벳 | Z | Y | X | W | V | U | T | S | R | Q | P | O | N |

위의 아트바쉬 암호에서 low는 old로, glow는 told로 변환된다. 그런데 이러한 규칙을 따른 아트바쉬 암호는 한 가지 방식밖에 없기 때문에 해독되기가 쉽다.

### 카이사르의 이동암호

단일치환암호로 널리 알려진 것은 문자를 일정한 간격으로 이동하는 '이동암호shift cipher'이다. 시저라고도 하는 로마의 황제 율리우스 카이사르Julius

Caesar, BC 100~BC 44가 사용했기 때문에 '카이사르 암호Caesar's cipher'라고도 불린다. 카이사르는 브루투스에게 암살당했는데, 그 상황과 관련된 문장 NEVER TRUST BRUTUS브루투스를 믿지 마라를 예로 들어보자. 문자를 이동하는 간격을 키라고 하는데, 키를 3으로 하여 암호화하면 다음과 같다.

카이사르의 암호

| 원래의 알파벳 | A | B | C | D | E | F | G | H | I | J | K | L | M | N | O | P | Q | R | S | T | U | V | W | X | Y | Z |
|---|---|---|---|---|---|---|---|---|---|---|---|---|---|---|---|---|---|---|---|---|---|---|---|---|---|---|
| 키가 3일 때의 알파벳 | D | E | F | G | H | I | J | K | L | M | N | O | P | Q | R | S | T | U | V | W | X | Y | Z | A | B | C |

| 평문 | N | E | V | E | R | T | R | U | S | T | B | R | U | T | U | S |
|---|---|---|---|---|---|---|---|---|---|---|---|---|---|---|---|---|
| 암호문 | Q | H | Y | H | U | W | U | X | V | W | E | U | X | W | X | V |

이 암호문을 해독하여 평문을 알아내기 위해서는 알파벳을 3개씩 앞으로 옮기는 규칙을 적용하면 된다. 알파벳은 26개이므로 키로 선택할 수 있는 수는 0부터 25까지이지만, 0은 알파벳을 원래대로 보존하는 것이므로 가능한 이동암호의 키는 모두 25가지이다. 이처럼 이동암호는 암호화하는 방법의 수가 제한되어 있어 해독되기 쉬운 단점이 있다.

### 아핀암호

하나의 키를 이용하여 덧셈의 방식으로 알파벳을 옮기는 이동암호는 노출되기 쉽기 때문에, 이어서 등장한 것이 곱셈과 덧셈을 결합하여 암호화하는 '아핀암호 affine cipher'이다.

아핀암호를 이해하기 위해서는 '법'에 대한 이해가 필요하다. 사회과학에서의 '법law'과 달리 수학에서의 '법modulus'은 생소하게 들리지만, 사실은 우리에게 익숙한 개념이다. 예를 들어 오후 2시를 14시라고도 하는데, 이처럼 12로 나누었을 때 나머지가 같은 2와 14를 법 12에 대해 '합동congruent'이라고 하고, $2 \equiv 14 \pmod{12}$라고 표기한다. 이를 일반화하면 다음과 같다.

> $a \equiv b \pmod{n}$
> 
> $a$와 $b$를 $n$으로 나누었을 때 나머지가 같을 때 $a$와 $b$는 법 $n$에 대해 합동

아핀암호에서는 $ax+b \pmod{26}$로 암호화를 한다. 즉, 평문의 알파벳에 해당하는 수를 $a$배 하고 $b$만큼 더한 후 26으로 나눈 나머지에 해당하는 알파벳으로 암호화하는 것이다. 이때 26개의 알파벳 각각이 다른 알파벳으로 일대일대응이 되기 위해서는 26과 서로소 두 수의 최대공약수가 1인 경우 두 수를 '서로소'라고 한다 인 $a$를 선택해야 한다. 만약 $a$와 26이 서로소가 아니라면, $ax+b \pmod{26}$에 의해 치환시켰을 때 여러 개의 알파벳이 한 알파벳에 대응될 수 있기 때문이다. 예를 들어 $a$를 26과 서로소가 아닌 수 2로, $b$를 1로 하여 $2x+1 \pmod{26}$로 치환시킨다고 하자. A부터 Z까지에 0부터 25까지의 수를 부여할 때, 1에 대응되는 B는 $2x+1 \pmod{26}$에 의해 3으로 암호화되고, 14에 대응되는 N 역시

$2x+1\pmod{26}$에 의해 $29\equiv3\pmod{26}$으로 암호화된다. 즉, B와 N이 암호화된 결과가 같아져 혼란의 여지가 생기게 되므로, $a$는 26과 서로소인 수여야 한다.

그렇다면 아핀암호를 만드는 방법은 모두 몇 가지일까? $a$는 26과 서로소이므로 1, 3, 5, 7, 9, 11, 15, 17, 19, 21, 23, 25의 12가지가 있지만, $a$가 1이면 이동암호와 같아지므로 11가지를 사용할 수 있다. 그리고 $b$로는 26가지가 가능하다. 따라서 아핀암호를 만드는 방법은 $26\times11=286$가지가 된다.

암호문으로부터 평문을 알아내는 복호화를 할 때는 암호화의 역과정을 수행하면 된다.

$f(x)=ax+b\pmod{26}$일 때 그 역함수는 $f^{-1}(x)=a^{-1}(x-b)\pmod{26}$으로, 이때 $a \cdot a^{-1}\equiv1\pmod{26}$을 만족하는 수이다.

다음 식을 통해 $f^{-1}(x)$가 $f(x)$의 역함수가 되는지 확인해볼 수 있다.

$f^{-1}(f(x))=a^{-1}(f(x)-b)=a^{-1}(ax+b-b)=a^{-1}\cdot ax\equiv1x\equiv x\pmod{26}$

예를 들어 AFFINECIPHER를 $5x+8\pmod{26}$으로 암호화하면 IHHWV CSWFRCP가 된다.

| 평문 | A | F | F | I | N | E | C | I | P | H | E | R |
|---|---|---|---|---|---|---|---|---|---|---|---|---|
| $x$ | 0 | 5 | 5 | 8 | 13 | 4 | 2 | 8 | 15 | 7 | 4 | 17 |
| $5x+8$ | 8 | 33 | 33 | 48 | 73 | 28 | 18 | 48 | 83 | 43 | 28 | 93 |
| $5x+8\pmod{26}$ | 8 | 7 | 7 | 22 | 21 | 2 | 18 | 22 | 5 | 17 | 2 | 15 |
| 암호문 | I | H | H | W | V | C | S | W | F | R | C | P |

이제 암호화한 과정을 되돌려 복호화를 해보자. $f(x)=ax+b\pmod{26}$일 때 역함수는 $f^{-1}(x)=a^{-1}(x-b)\pmod{26}$이고, $a\cdot a^{-1}\equiv1\pmod{26}$이다. 따라서 $f(x)=5x+8\pmod{26}$일 때, $5\cdot21=105\equiv1\pmod{26}$이므로 $f^{-1}(x)=21(x-8)$

(mod 26)이다. 이를 이용하면 암호문 IHHWVCSWFRCP로부터 평문 AFFINECIPHER를 알아낼 수 있다.

| 암호문 | I | H | H | W | V | C | S | W | F | R | C | P |
|---|---|---|---|---|---|---|---|---|---|---|---|---|
| $x$ | 8 | 7 | 7 | 22 | 21 | 2 | 18 | 22 | 5 | 17 | 2 | 15 |
| $21(x-8)$ | 0 | $-21$ | $-21$ | 294 | 273 | $-126$ | 210 | 294 | $-63$ | 189 | $-126$ | 147 |
| $21(x-8)(\bmod 26)$ | 0 | 5 | 5 | 8 | 13 | 4 | 2 | 8 | 15 | 7 | 4 | 17 |
| 평문 | A | F | F | I | N | E | C | I | P | H | E | R |

## 단일치환암호의 방법의 수

이동암호나 아핀암호와 달리 규칙성을 갖지 않는 치환도 가능하다. 26개 각각의 알파벳을 다른 알파벳으로 일대일대응 시키는 경우의 수를 구해보자. 우선 A를 26개의 알파벳 중의 하나로 바꾸고, B는 A가 변환된 알파벳을 제외한 나머지 25개의 알파벳 중의 하나로 바꿀 수 있다. 이런 식으로 계속하여 26개 각각의 알파벳을 다른 알파벳으로 바꾸는 방법의 수는 26부터 1까지를 내림차순으로 모두 곱한 값에서 1을 뺀 수이다. 26!에는 모든 알파벳을 그대로 유지시키는 경우가 포함되기 때문에 이 한 가지 경우를 제외하는 것이다.

$$26!-1$$
$$=26\times25\times24\times23\times22\times21\times20\times19\times18\times17\times16\times15\times14\times13\times12\times11\times10\times9\times8\times7\times6\times5\times4\times3\times2\times1-1$$
$$=403,291,461,126,605,635,583,999,999$$

이처럼 단일치환암호의 방법의 수는 많지만, 영어에서 각 알파벳이 사용되는 빈도가 다르기 때문에 쉽게 해독될 가능성이 있다. 영어에서 26개의 알파벳이 동등하게 사용된다면 그 사용 빈도는 $\frac{1}{26}$, 약 3.8%가 되어야 한다. 그러나 영어 문장들을 분석하여 알파벳의 사용 빈도를 조사한 결과는 다음과 같이 편중되어 있다.

| A | B | C | D | E | F | G | H | I | J | K | L | M |
|---|---|---|---|---|---|---|---|---|---|---|---|---|
| 8.2 | 1.5 | 2.8 | 4.3 | 12.7 | 2.2 | 2.0 | 6.1 | 7.0 | 0.2 | 0.8 | 4.0 | 2.4 |
| N | O | P | Q | R | S | T | U | V | W | X | Y | Z |
| 6.7 | 7.5 | 1.9 | 0.1 | 6.0 | 6.3 | 9.1 | 2.8 | 1.0 | 2.4 | 0.2 | 2.0 | 0.1 |

(단위: %)

이 조사에 따르면, E의 사용 빈도는 10%를 넘고, J, K, Q, X, Z의 사용 빈도는 1%에도 미치지 못한다. 평문에서 나타난 알파벳의 빈도는 암호문에서의 알파벳 빈도와 일치하기 때문에, 암호문에서 빈번하게 혹은 희박하게 사용된 알파벳을 분석함으로써 치환된 알파벳을 대략 알아낼 수 있다.

### 에드거 앨런 포의 소설에 나타난 치환암호

19세기 미국 소설가 에드거 앨런 포는 독창적인 작품 세계로 주목을 끈다. 그의 단편소설 『황금벌레The Gold-Bug』에는 치환암호가 나온다. 소설에는 보물의 위치와 관련된 정보가 다음과 같은 암호로 표현되어 있는데, 주인공인 레그랜드 주교가 이를 찾는 과정이 자세히 소개된다.

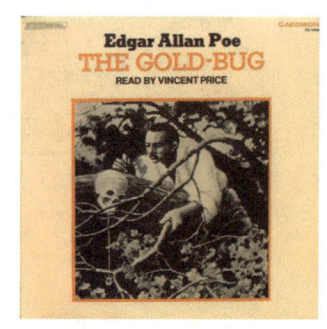

소설 『황금벌레』

53‡‡†305))6*;4826)4‡.)4‡);806*;48†8¶60))85;
1‡(;:‡*8†83(88)5*†;46(;88*96*?;8)*‡(;485);5*†2:*‡(;4
956*2(5*—4)8¶8*;4069285);)6†8)4‡‡;1(‡9;48081;8:8‡1;48†85;4)485†
528806*81(‡9;48;(88;4(‡?34;48)4‡;161;:188;‡?;

위의 문장에 포함된 각 숫자와 기호의 빈도를 조사하면 다음과 같다.

| 숫자와 기호 | 8 | ; | 4 | ‡ | ) | * | 5 | 6 | ( | † | 1 | 0 | 9 | 2 | : | 3 | ? | ¶ | . | — |
|---|---|---|---|---|---|---|---|---|---|---|---|---|---|---|---|---|---|---|---|---|
| 빈도 | 33 | 26 | 19 | 16 | 13 | 12 | 11 | 10 | 8 | 8 | 6 | 5 | 4 | 4 | 3 | 3 | 2 | 2 | 1 | 1 |

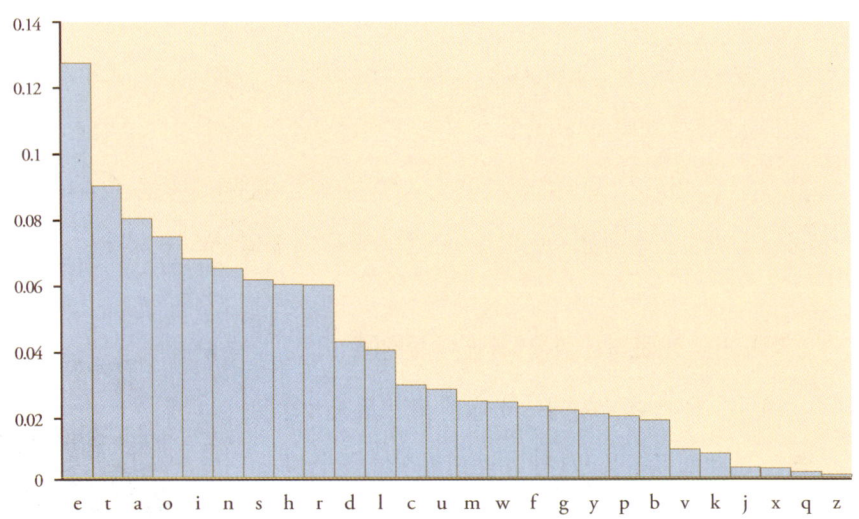

영어 문장에서의 알파벳 사용 빈도 평균

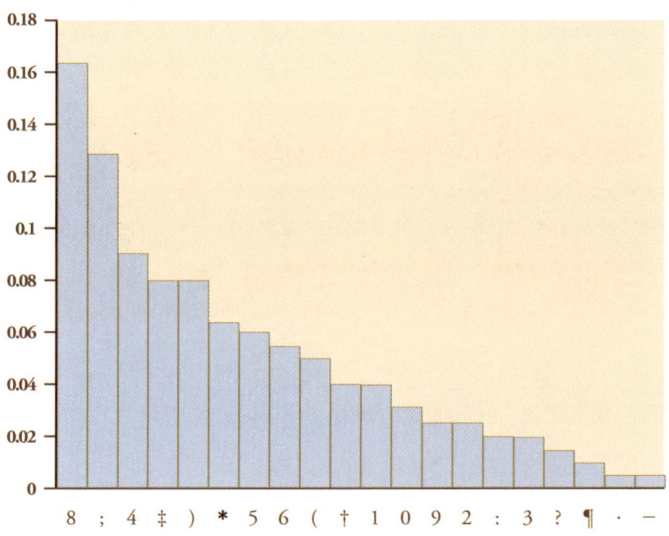

소설 속 암호문에서 숫자와 기호의 사용 빈도

영어 문장에서 가장 빈번하게 나타나는 알파벳은 e이므로, 위의 암호문에서 33번 등장하여 빈도수가 가장 높은 8이 e라고 추측할 수 있다. e를 포함하는 단어이면서 영어 문장에서 가장 빈번하게 사용되는 단어는 the이다. 8이 마지막에 포함된 3개의 숫자와 기호의 결합 중 빈도수가 가장 높은 경우는 ;48이므로 ;가 t, 4가 h라고 추측할 수 있다.

```
53‡‡†305))6*the26)h‡.)h‡)te06*the†e¶60))e5t
1‡(t:‡*e†e3(ee)5*†th6(tee*96*?te)*‡(the5);5*†2:*‡(th
956*2(5*—h)e¶e*th0692e5)t)6†e)h‡‡t1(‡9the0e1te:e‡1the†e5th)he5†
52ee06*e1(‡9thet(eeth(‡?3hthe)h‡t161t:1eet‡?t
```

이 상태에서 더 추론을 해보면, t(ee → tree에서 (가 r을 대신하는 것을, thr ǂ?3h → through에서 ǂ가 o, ?가 u, 3이 g를 대신하는 것을 알 수 있다.

> 5goo†g05))6*the26)ho.)hote06*the†e¶60))e5t
> 1ort:o*e†egree)5*†th6rtee*96*ute)*o(the5);5*†2:*orth
> 956*2r5*—h)e¶e*th0692e5)t)6†e)hoot1ro9the0e1te:eo1the†e5th)he5†
> 52ee06*e1ro9thetreethroughthe)hot161t:1eetout

계속하여 다음으로부터 4개의 알파벳을 추론할 수 있다.

†egree → degree에서 †가 d

5good → A good에서 5가 a

th6rtee* → thirteen에서 6이 i, *가 n

여기까지 11개의 알파벳을 해독했으며 그 결과를 반영하여 적어보면 다음과 같다.

> agoodg0a))inthe2i)ho.)hote0inthede¶i0))eat
> 1ort:onedegree)andthirteen9inute)no(thea);and2:north
> 9ain2ran—h)e¶enth0i92ea)t)ide)hoot1ro9the0e1te:eo1thedeath)head
> a2ee0ine1ro9thetreethroughthe)hot1i1t:1eetout

이러한 과정을 반복하면 평문인 다음 문장을 알아낼 수 있다.

> A good glass in the bishop's hostel in the devil's seat
> forty-one degrees and thirteen minutes northeast and by north
> main branch seventh limb east side shoot from the left eye of the death's-
> head a bee line from the tree through the shot fifty feet out
>
> 주교의 성에 있는 악마의 의자 위에 있는 좋은 안경(망원경)
> 41도 13분 북북동
> 동향의 일곱 번째 굵은 가지 해골의 왼쪽 눈에서 쏜
> 나무에서 직선으로 투하점을 지나 바깥으로 50피트

### 비게네르 암호

단일치환암호에서는 알파벳의 사용 빈도에 따라 해독될 가능성이 있기 때문에, 하나의 알파벳을 특정한 알파벳으로 고정하여 바꾸기보다는 여러 개의 알파벳으로 바꾸는 다중치환암호가 유리하다. 프랑스의 블레제 드 비게네르 Blaise de Vigenère, 1523~1596는 17세의 어린 나이에 외교관 생활을 시작하였는데, 로마의 외교관으로 파견되었을 때 다양한 암호학 책을 접하면서 암호학에 입문하였다. 그 결과 베게네르는 다중으로 암호화하는 '비게네르 암호Vigenère cipher'를 생각해냈다.

간단한 비게네르 암호의 예로 1-2-3-4-5라는 5개의 키를 이용하는 경우를 생각해보자. 키가 1일 때에는 A가 B로, 키가 4일 때는 A가 E로 바뀐다. 햄릿의 유명한 대사 TO BE OR NOT TO BE THAT IS THE QUESTION죽느냐 사느냐, 그것이 문제로다을 5개의 키 1-2-3-4-5를 반복적으로 적용하여 암호화하면 다음과 같다.

| 키 | A | B | C | D | E | F | G | H | I | J | K | L | M | N | O | P | Q | R | S | T | U | V | W | X | Y | Z |
|---|---|---|---|---|---|---|---|---|---|---|---|---|---|---|---|---|---|---|---|---|---|---|---|---|---|---|
| 1 | B | C | D | E | F | G | H | I | J | K | L | M | N | O | P | Q | R | S | T | U | V | W | X | Y | Z | A |
| 2 | C | D | E | F | G | H | I | J | K | L | M | N | O | P | Q | R | S | T | U | V | W | X | Y | Z | A | B |
| 3 | D | E | F | G | H | I | J | K | L | M | N | O | P | Q | R | S | T | U | V | W | X | Y | Z | A | B | C |
| 4 | E | F | G | H | I | J | K | L | M | N | O | P | Q | R | S | T | U | V | W | X | Y | Z | A | B | C | D |
| 5 | F | G | H | I | J | K | L | M | N | O | P | Q | R | S | T | U | V | W | X | Y | Z | A | B | C | D | E |

| 평문 | T O B E O R N O T T O B E T H A T I S T H E Q U E S T I O N |
| --- | --- |
| 키 | 1 2 3 4 5 1 2 3 4 5 1 2 3 4 5 1 2 3 4 5 1 2 3 4 5 1 2 3 4 5 |
| 암호문 | U Q E I T S P R X Y P D H X M B V L W Y I G T Y J T V L S S |

이처럼 비게네르 암호를 적용할 경우, 암호문 UQEITSPRXYPDHXMBV LWYIGTYJTVLSS로부터 평문을 알아내는 것은 상당히 어려우므로, 그만큼 보안성이 높아진다.

## CIA의 크립토스

미국 버지니아 주에 위치한 미국 중앙정보국CIA 뒷마당에는 구리로 만든 S 자 모양의 조형물이 설치되어 있다. 그리스어로 '숨겨진'이라는 뜻을 갖는 조형물 크립토스Kryptos가 유명한 이유는 여기 새겨진 암호 때문이다. 크립토스는 1990년 11월 조각가 짐 샌본Jim Sanborn이 CIA 암호연구소 소장이었던 에드 샤이트Ed Scheidt의 도움을 받아 만든 것이다. 크립토스의 암호는 총 865자의 알파벳과 4개의 물음표로 이루어지며 총 4개 영역으로 구성된다. 댄 브라운은 소설 『로스트 심벌』 127장에서 크립토스를 언급하여 이에 대한 대중의 관심을 높이는 데 기여하기도 했다.

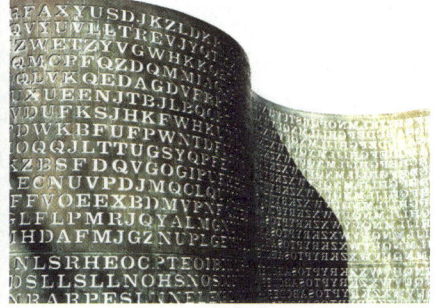

**미국 CIA의 조형물 크립토스**

크립토스의 4개 영역 중 첫 번째와 두 번째 영역에 새겨진 내용은 다중치환 암호인 비게네르 암호를 이용하여 암호화하였고, 세 번째 영역에 새겨진 내용은 전치암호로 암호화한 것이다. 첫 번째부터 세 번째 영역까지의 암호는 1999년 미국의 컴퓨터 전문가 짐 길록리Jim Gillogly가 최초로 해독한 것으로 알려져 있지만, CIA와 미국 국가안보국NSA의 내부에서는 그 이전에 해독하고 외부에 알리지 않았기 때문에 첫 번째 해독자는 아니라고 한다.

### 크립토스를 해독해보자

첫 번째 영역에 적힌 암호문은 다음과 같다.

EMUFPHZ LRFAXY USDJKZL DKR NSH GNFIVJY
QT QUXQB QVYU VLL TREVJY QT MKYRDMFD

비게네르 다중치환암호를 이용한 위의 암호문을 해독해보자. 암호화 과정에서 사용된 키워드는 KRYPTOS와 PALIMPSEST로, 기준이 되는 알파벳의 배열은 KRYPTOSABCDEFGHIJLMNQUVWXZ이다. 이 기본 배열은 A부터 Z까지를 순서대로 배열하지 않고, KRYPTOS의 7개 알파벳을 먼저 적고 26개에서 이를 제외한 19개의 알파벳을 순서대로 적은 것이다.

그리고 가장 왼쪽 칸에는 PALIMPSEST를 세로로 적은 후, 1행은 P에서, 2행은 A에서 시작하는 식으로 10행까지 각각의 기본 배열을 적는다. 그리고 11행 이후에는 1행부터 10행까지의 배열을 반복하는 식으로 표를 만든다.

| 기본 배열 | K | R | Y | P | T | O | S | A | B | C | D | E | F | G | H | I | J | L | M | N | Q | U | V | W | X | Z |
|---|---|---|---|---|---|---|---|---|---|---|---|---|---|---|---|---|---|---|---|---|---|---|---|---|---|---|
| 1행 | P | T | O | S | A | B | C | D | E | F | G | H | I | J | L | M | N | Q | U | V | W | X | Z | K | R | Y |
| 2행 | A | B | C | D | E | F | G | H | I | J | L | M | N | Q | U | V | W | X | Z | K | R | Y | P | T | O | S |
| 3행 | L | M | N | Q | U | V | W | X | Z | K | R | Y | P | T | O | S | A | B | C | D | E | F | G | H | I | J |
| 4행 | I | J | L | M | N | Q | U | V | W | X | Z | K | R | Y | P | T | O | S | A | B | C | D | E | F | G | H |
| 5행 | M | N | Q | U | V | W | X | Z | K | R | Y | P | T | O | S | A | B | C | D | E | F | G | H | I | J | L |
| 6행 | P | T | O | S | A | B | C | D | E | F | G | H | I | J | L | M | N | Q | U | V | W | X | Z | K | R | Y |
| 7행 | S | A | B | C | D | E | F | G | H | I | J | L | M | N | Q | U | V | W | X | Z | K | R | Y | P | T | O |
| 8행 | E | F | G | H | I | J | L | M | N | Q | U | V | W | X | Z | K | R | Y | P | T | O | S | A | B | C | D |
| 9행 | S | A | B | C | D | E | F | G | H | I | J | L | M | N | Q | U | V | W | X | Z | K | R | Y | P | T | O |
| 10행 | T | O | S | A | B | C | D | E | F | G | H | I | J | L | M | N | Q | U | V | W | X | Z | K | R | Y | P |

암호문의 시작은 EMUFPHZ이다. 첫 번째 알파벳 E가 어떤 알파벳을 치환한 것인지 알아내기 위해서는 1행에서 E에 대응하는 기본 배열의 알파벳 B를 찾으면 된다. 두 번째 알파벳 M을 2행에서 찾으면 기본 배열의 E가 대응됨을 알 수 있다. 이런 방식으로 7행까지 각각에 대응되는 기본 배열의 알파벳을

찾으면 된다.

| 암호문 | E | M | U | F | P | H | Z |
|---|---|---|---|---|---|---|---|
| | 1행 | 2행 | 3행 | 4행 | 5행 | 6행 | 7행 |
| 평문 | B | E | T | W | E | E | N |

이런 과정을 거쳐 알아낸 평문과 그 해석은 다음과 같다.

BETWEEN SUBTLE SHADING AND THE ABSENCE
OF LIGHT LIES THE NUANCE OF IQLUSION

미묘한 음영과 빛의 부재 사이에서 맞물림의 미묘한 차이가 존재한다.

이 문장은 조각가가 자신이 만든 크립토스를 보며 떠오른 감상을 적은 것으로 보이는데, 마지막 단어인 IQLUSION은 OCCLUSION을 의미한다.
세 번째 영역은 다단계의 전치암호 과정을 거쳐 암호화한 것으로, 복잡한 해독 과정을 거쳐 알아낸 평문은 다음과 같다.

SLOWLY DESPARATLY SLOWLY THE REMAINS OF PASSAGE
DEBRIS THAT ENCUMBERED THE LOWER PART OF THE
DOORWAY WAS REMOVED WITH TREMBLING HANDS I MADE A
TINY BREACH IN THE UPPER LEFT HAND CORNER AND THEN
WIDENING THE HOLE A LITTLE I INSERTED THE CANDLE AND

PEERED IN THE HOT AIR ESCAPING FROM THE CHAMBER
CAUSED THE FLAME TO FLICKER BUT PRESENTLY DETAILS OF
THE ROOM WITHIN EMERGED FROM THE MIST X CAN YOU SEE
ANYTHING Q?

출입구 아래 부분을 막고 있던 잔해가 천천히 아주 천천히 제거되었다. 나는 떨리는 손으로 무덤의 좌측 상단에 작은 구멍을 만든 후 촛불을 집어넣고 내부를 들여다보았다. 무덤으로부터 뜨거운 바람이 새어나오면서 촛불이 흔들렸으나 곧 무덤이 안개 속에서 명확히 드러났다. 내 눈앞에 보이는 저 물체는 무엇일까?

위의 문장은 1922년 이집트 투탕카멘의 무덤을 발견한 하워드 카터의 일기에서 발췌한 내용으로 알려져 있다.크립토스의 세 번째 영역을 해독한 평문 첫 줄에 나오는 desparatly가 카터의 일기에서는 'desperately'로 기록되어 있다.

## 에니그마와 콜로서스

전쟁 중에는 보안을 철저히 해야 할 군사 기밀이 많아지기 때문에, 암호는 두 번의 세계 대전을 거치면서 급속도로 발전하게 되었다. 제2차세계대전 중에 독일은 '수수께끼'라는 뜻의 암호화 장치 에니그마Enigma를 발명했다. 에니그마는 알파벳 26개를 다른 알파벳으로 바꾸도록 설계된 전기회로를 내장한 원통을 여러 개 이어 붙인 다중치환암호 기계이다. 독일군은 에니그마를 통해 복합적인 방식으로 암호화하였고, 일본은 에니그마를 구입하여 전쟁 기밀을 암호화하였다. 일본은 미국과의 전쟁에서 장기전보다는 기습 공격이 유리

에니그마    콜로서스

하다는 것을 잘 알고 있었고, 1941년 진주만 공습을 성공시킴으로써 태평양 전쟁에서 우위를 차지하고 있었다. 그러나 1942년 미드웨이해전에서는 참패하게 된다. 미드웨이 섬의 미군 기지를 공격한다는 일본의 작전 암호문이 미국 정보국에 의해 해독되었기 때문이다.

연합군이 독일군과 일본군의 정교한 암호를 해독한 것은 제2차세계대전의 종전을 가져온 일등공신이다. 연합군은 에니그마에 대응하기 위해 초기 컴퓨터의 일종인 콜로서스Colossus를 발명했다. 콜로서스의 발명을 주도한 앨런 튜링Alan Turing, 1912~1954이 영국군의 암호 해독 책임자였다는 사실은, 컴퓨터의 발명과 암호 해독 연구가 밀접히 관련되어 있음을 말해준다. 튜링은 독극물이 든 사과를 먹고 스스로 생을 마감한 비운의 천재 과학자로, 그의 이름에는 '컴퓨터의 아버지', '세계 최초의 해커', '인공지능의 선구자' 등 많은 찬사가 따라다닌다.

## 비밀키 암호

현대 암호의 발전은 고급 수학 이론을 암호에 활용함에 따라 가속화되었다. 현대 암호는 크게 '비밀키 암호'와 '공개키 암호'로 구분된다. 비밀키 암호에서 복호화 키는 암호화 키의 역함수이기 때문에, 암호화 키를 알면 그와 대칭적인 복호화 키를 알 수 있어 암호화 키를 비밀로 해야 한다.

비밀키 암호

비밀키 암호는 암호화하는 단위에 따라 '블록 암호'와 '스트림 암호'로 구분된다. 블록 암호는 긴 평문을 일정한 길이의 블록으로 나누어 암호화하는 방식으로, 64비트 단위로 암호화하는 DES<sub>Data Encryption Standard</sub>가 그 대표적인 예이다. 평문을 1비트 단위로 잘라서 암호화하는 스트림 암호는 1960년대 미국과 옛 소련 간의 핫라인에 이용되기도 하였다.

### 공개키 암호

개개인이 비밀 통신을 할 경우에는 비밀키 암호를 사용할 수 있지만, 다수가 통신을 할 때에는 키의 개수가 급증하게 되어 큰 어려움이 따른다. 이런 어려움을 극복하기 위해 나타난 것이 공개키 암호이다. 암호화 키와 복호화 키, 즉 잠그는 열쇠와 여는 열쇠가 다르기 때문에 암호화 키는 공개하고 복호화 키는 각 개인마다 다르게 갖도록 한다. 예를 들어 은행이 수많은 인터넷 뱅킹 이용자 개개인과 모두 다른 암호화 키를 나누어 가질 수 없기 때문에 공개된 암호화 키로 잠그고, 이용자는 각자 자신만의 복호화 키로 열게 된다.

공개키 암호

### RSA 암호

공개키 암호 방식 중에서 가장 유명한 것은 1970년대 말에 개발된 RSA 암호이다. RSA는 이를 처음으로 연구한 수학자 론 리베스트Ron Rivest와 아디 셰미르Adi Shamir, 레오나르드 아델만Leonard Adleman의 성을 본떠 만든 용어이다. 이 세 수학자는 RSA 암호에 대한 연구로 2002년 컴퓨터 공학에서 노벨상이라고 일컬어지는 튜링상Turing award을 받았다.

RSA 암호의 주역인 리베스트, 셰미르, 아델만

### 페르마의 소정리

RSA 암호를 이해하기 위해서는 수학에 대한 일정 수준의 이해가 요구된다. 암호와 관련된 배경 지식으로 '페르마의 소정리'와 '오일러의 정리'를 알아보자. 17세기 프랑스의 수학자 피에르 페르마 Pierre de Fermat, 1601~1665는 그의 이름이 붙은 수많은 정리를 남겼는데, 그중 '페르마의 소정리'는 다음과 같다.

> $p$가 소수이고 $a$와 $p$가 서로소이면 $a^{p-1} \equiv 1 \pmod{p}$이다.
> 즉, $a^{p-1}$을 $p$로 나누면 나머지가 1이다.

이 정리를 확인하기 위해 $p=7$, $a=2$로 놓자. $2^{7-1}=2^6 \equiv 1 \pmod 7$, 즉 $2^6=64$를 7로 나누면 몫이 9이고 나머지가 1이므로, 위의 정리가 성립함을 알 수 있다.

페르마의 소정리를 일반화한 것이 18세기 스위스의 수학자 오일러가 증명한 '오일러의 정리'이다.

> 자연수 $n$에 대해 $a$와 $n$이 서로소이면, 즉 $a$와 $n$의 최대공약수가 1이면 $a^{\phi(n)} \equiv 1 \pmod{n}$이다. ($\phi(n)$은 1부터 $n$까지의 수 중 $n$과 서로소인 자연수의 개수를 말한다.)

오일러의 정리에서 $n$을 소수 $p$로 놓으면 바로 페르마의 소정리가 된다. 소수 $p$는 1부터 $p-1$까지의 모든 자연수와 서로소이기 때문에 $\phi(p)=p-1$이 되기 때문이다. 이제 RSA 암호를 이해할 수 있는 사전 지식을 갖추었으므로 내용 설명으로 들어가자.

### RSA 암호화 과정

RSA 암호화를 위해 2개의 큰 소수 $p$와 $q$를 선택하여 비밀로 한다. 그렇지만 그 곱인 $n=pq$는 공개한다. 한편 $\phi(n)=\phi(pq)=\phi(p)\phi(q)=(p-1)(q-1)$이다. 이제 암호화 키로 쓰이는 수 $b$는 $\phi(n)$과 서로소인 수 중에서 선택하고, $n$과 마찬가지로 공개한다.

평문을 숫자로 표시했을 때 A라고 하면, 암호를 보낼 때에는 $A^b \equiv C \pmod{n}$를 계산하여 C를 보낸다. 암호문을 받은 사람이 복호화하기 위해서는 키 $d$가 필요하다. $d$는 $bd \equiv 1 \pmod{\phi(n)}$, 즉 $bd=1+k\phi(n)$을 만족하는 수이다. 그런데 $d$는 $n$, $b$와 달리 비밀키이다. 암호문 C를 전해 받은 사람은 복호화 키 $d$를 이용하여 다음과 같이 A를 알아낼 수 있다.

$$C^d \equiv (A^b)^d \equiv A^{bd}$$
$$\equiv A^{1+k\phi(n)} \equiv AA^{k\phi(n)} \quad (\because \text{오일러의 정리에 의해 } A^{\phi(n)} \equiv 1 \pmod{n}))$$
$$\equiv A \pmod{n}$$

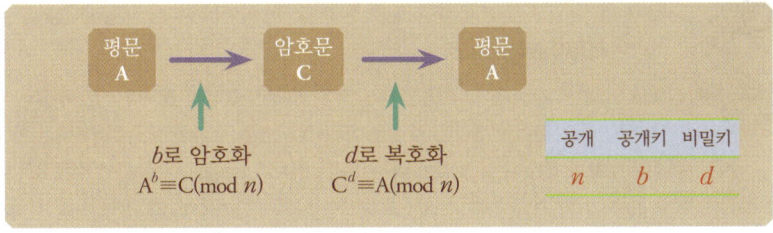

구체적인 수를 가지고 위의 과정을 밟아보자. 계산을 간편화하기 위해 A=2를 암호화한다고 가정하자. 두 소수 $p$와 $q$를 각각 3과 11로 선택하면, $n=3\times 11=33$이다. $\phi(33)=\phi(3)\phi(11)=(3-1)(11-1)=20$이므로 20과 서로소인 수 $b=7$

을 선택하자. 이를 이용하여 암호화하면 $2^7=128\equiv29(\text{mod }33)$이고, 29를 공개된 (33, 7)과 함께 보낸다.

받은 메시지 29를 복호화할 때는 비밀키 $d$를 알아야 한다. $d$는 $7\cdot d\equiv1(\text{mod }20)$을 만족하는 수로, $7\cdot3=21\equiv1(\text{mod }20)$이므로 $d=3$이 된다. 이 키를 알면 $29^3=(2^7)^3=2^{21}=2^{20}\cdot2^1=2^{\phi(33)}\cdot2^1\equiv1\cdot2\equiv2(\text{mod }33)$이므로 처음에 암호화한 수가 2임을 쉽게 알 수 있다. 그러나 $n$을 소인수분해한 $p$와 $q$는 비밀로 되어 있기 때문에, $\phi(n)=(p-1)(q-1)$을 계산할 수가 없고, 따라서 $bd\equiv1(\text{mod }\phi(n))$을 만족하는 $d$를 알아내기 어렵다. 즉, 소인수분해하는 데 오랜 시간이 걸린다는 점 때문에 비밀키 $d$를 밝혀내기 어려운 것이다.

### 수학의 기여

수학의 발전에 따라 다양한 소인수분해 알고리즘이 등장하고 있는데, 그 한 예가 타원곡선 이론을 이용하여 전혀 새로운 방법으로 소인수분해를 하는 '타원곡선 소인수분해법 Elliptic Curve Factorization Method'이다. 또한 타원곡선에 의해

**소인수분해에 걸리는 시간**

RSA 암호는 2개의 큰 소수를 곱하는 것은 쉽지만, 곱해진 결과가 어떤 두 소수의 곱인지 알아내는 것은 어렵다는 성질을 이용한다. 어떤 수 $n$을 소인수분해하는 초보적인 방법은 $\sqrt{n}$보다 작은 수로 일일이 나누어보는 것이다. 예를 들어 30자리 수를 소인수분해하기 위해 $\sqrt{10^{30}}=10^{15}$보다 작은 수로 나누어보면 되는데, 1초에 100만 번 연산을 수행하는 슈퍼컴퓨터라 할지라도 계산하는 데 $\frac{10^{15}}{1000000}=10^9$ 초가 소요되므로 약 30년이 걸린다. 현재 수학자들은 다양한 접근을 통해 소인수분해에 걸리는 시간을 단축시키는 알고리즘 연구를 진행하고 있지만, 주어진 합성수가 어떤 두 소수의 곱인지 알아내는 데에는 슈퍼컴퓨터를 돌려도 여전히 긴 시간이 걸린다. 따라서 소수를 이용한 RSA 암호는 해독되는 데 걸리는 시간을 효율적으로 지연시킬 수 있다.

정의되는 특수한 가산법을 기반으로 한 '타원곡선 암호법Elliptic Curve Cryptography' 도 있다. 타원곡선 암호법은 정보를 타원곡선 위에서 이동시켜 암호화하는데, 타원곡선의 식 자체가 복잡하기 때문에 암호의 위치를 알더라도 해독하기가 어렵다. 차세대 암호인 타원곡선 암호법은 교통카드 등 스마트카드JC카드에 광범위하게 활용되고 있다.

정수론과 전혀 관련성이 없어 보이는 타원곡선이 소인수분해 방법과 암호화 방법을 제공한 것이다. 앞서 소개한 페르마나 오일러도 자신들이 증명한 정리가 암호학에서 핵심적인 역할을 할 것이라고는 상상도 하지 못했을 것이다. 이처럼 수학의 역사를 보면 수학 이론 자체로 완결성을 추구하며 발전해오던 것이 의외의 분야에서 응용되면서 실용적인 가치가 더해지는 경우들이 있다.

암호학cryptography은 수학의 여러 분야 중 정수의 성질을 연구하는 정수론number theory의 한 응용분야이지만, 군론, 가환대수, 타원곡선, 그래프이론, 확률론, 대수기하 등 다양한 분야와 연관되어 있다. 기초과학 중에서도 기초에 해당하는 수학은 일상생활에 즉각적이고 가시적인 도움을 주지 못하는 것으로 보이지만, 수학은 다양한 암호체계를 만들고 암호의 효용성과 안전성을 분석하는 핵심적인 도구를 제공한다. 현대 정보화 사회의 기반을 제공하는 암호학에의 기여만 생각하더라도 수학은 크게 대접받을 자격이 있는 것 같다.

### 힐베르트 문제

1900년 프랑스에서 개최된 제2차 국제수학자대회ICM, International Congress of Mathematics 에서 현대 수학의 아버지라 불리는 독일의 다비트 힐베르트David Hilbert, 1862~1943는 20세기 수학계가 풀어야 할 23개의 문제를 제시하였다. 이를 '힐베르트 문제Hilbert's problem'라고 하는데, 20세기 전반부의 수학사는 이 문제들을 해결하는 과정이라고 할 수 있을 정도로 힐베르트 문제는 수학 발전의 견인차 역할을 했다. 힐베르트의 23개 문제 중 구를 쌓는 방법과 관련된 케플러의 추측을 포함하여 10개는 완전히 증명되었고, 7개는 일부만 해결되었으며, 2개는 미해결 상태이고, 4개는 문제가 불명확한 것으로 판정되었다.

### 밀레니엄 문제

힐베르트 문제가 제기된 후 정확하게 100년 후 문제당 100만 달러약 11억 원의 상금이 걸린 7개의 '밀레니엄 문제millenium problem'가 등장했다. 밀레니엄 문제를 선정하여 발표하고 재정적으로 지원하는 곳은 클레이 수학연구소CMI로, 미국의 억만장자 랜던 클레이Landon T. Clay가 수학 연구를 진흥시키기 위해 세운 연구소이다.

클레이 수학연구소의 로고

밀레니엄 문제로 선정된 7개의 문제는 리만 가설, 푸앵카레 추측, P-NP 문제, 호지 추측, 양-밀스 질량 간극 가설, 내비어-스톡스 방정식, 버츠와 스위너톤-다이어 추측이다. 앞에서 설명한 리만 가설은 힐베르트의 문제 중의 하나였다가 밀레니엄 문제까지 연결된 유일한 경우로, 100년의 시차를 두고 공표된 세기의 난제에 공통으로 포함되어 있다.

일본의 소설이자 영화인 〈용의자 X의 헌신〉, 그리고 이 영화를 한국에서 리메이크한 영화 〈용의자 X〉에서 극의 전개를 이끄는 핵심적인 모티브는 수학 천재, 형사, 물리학자 간의 두뇌싸움이다. 그런 만큼 영화에는 리만 가설과 P-NP 문제, 그리고 4색 문제 등 묵직한 수학 내용이 등장한다. 따라서 수학 문제는 이 영화를 감상하는 중요한 관전 포인트라고 할 수 있다.

### 푸앵카레 추측

'푸앵카레 추측Poincaré conjecture'은 프랑스의 수학자 앙리 푸앵카레Henri Poincaré, 1854~1912가 제기한 위상수학topology 문제이다. 위상수학은 도형과 공간의 연결성, 개폐성과 같이 위상적位相 특성을 연구하는 분야로, 추상성을 특징으로 하는 수학 중에서도 가장 추상적인 주제를 다룬다. 푸앵카레 추측은 위상수학의 문제인 만큼 이해하기 쉽지 않지만, 그 내용은 '닫힌 3차원 공간에서 모든 폐곡선이 수축되어 하나의 점이 될 수 있다면 이 공간은 반드시 구球로 변형될 수 있다'로 진술될 수 있다. 푸앵카레 추측은 고차원 공간을 이해하고 우주의 모양을 추론하여 우주의 신비를 푸는 데 도움이 되는 매력적인 문제이지만, 100여 년 동안 난공불락의 문제로 남아 있었다. 그러다가 2005년 러시아의 수학자 그리고리 페렐만Grigori Perelman이 이를 증명해냄으로써 7개의

푸앵카레 추측이 증명되었음을 소개한 2006년 12월 《사이언스》 표지

밀레니엄 문제 중 최초로 증명된 문제가 되었다.

**그리고리 페렐만**

페렐만은 16세에 국제수학올림피아드에서 만점을 받으며 수학 천재로 등장하였고, 1980년대 말 미국으로 유학하여 1995년에는 스탠퍼드대학교의 교수직을 제안받았지만 거절한 채 러시아로 돌아갔다. 그 후 페렐만은 7년의 고독한 연구 끝에 2002년 푸앵카레 추측에 대한 증명을 발표하였다. 국제수학자연맹이 3년간의 분석 끝에 증명을 인정하였으며, 그 공로로 페렐만은 2006년 필즈상 수상자, 2010년 밀레니엄상의 수상자로 선정되었고 학자로서 최고 영예인 러시아 과학아카데미 정회원 자격도 받았다. 그러나 페렐만은 자신의 증명이 인정되었으면 그것으로 충분하다고 하면서 일체의 상과 상금, 정회원 자격을 모두 거부한 채 상트페테르부르크 외곽의 작은 아파트에서 노모의 연금으로 살아가고 있다. 부와 명예를 초월하여 은둔 생활을 하면서 수학 세계 자체에 몰입하고 연구에 매진하는 페렐만은 진정한 수학자로 기억될 것이다.

## P-NP 문제

밀레니엄 문제 중 'P-NP 문제 P versus NP problem'는 그 내용을 이해하기가 비교적 쉽다. P 문제는 답을 구하기 쉬운 문제이고, NP 문제는 답이 주어지면 맞는지 확인하기는 쉽지만 답을 구하기는 어려운 문제를 말한다. 예를 들어 400명 중에서 100명만 파티에 초청하려 하는데, 주최 측에서 참석자들 사이의 관계를 고려하여 함께 초청하면 안 될 사람들의 목록을 주었다고 하자. 참석자들의 관계를 고려하면서 400명 중 100명을 뽑는 경우들을 찾는 것은 쉽지 않다. 그러나 참석자 목록이 주어지면 조건에 맞게 선정되었는지는 쉽게 확인할 수 있다. 이런 문제가 NP 문제이다. 다소 전문적인 표현을 쓰면 P<sub>Polynomial time</sub> 문제는 해결하는 데 걸리는 시간함수가 다항함수 이하로 정해지는 경우이고, NP<sub>Non-deterministic Polynomial time</sub> 문제는 시간함수가 다항함수로 결정되지 않는 경우를 말한다. P–NP 문제의 요지는 NP 문제가 결국 P 문제로 환원된다는 것이다.

### 페르마의 마지막 정리

수학의 미해결 문제로 가장 널리 알려진 것은 '페르마의 마지막 정리<sub>Fermat's last theorem</sub>'이다. 수학자 페르마가 1637년 제기한 페르마의 마지막 정리는 무려 358년간이나 미해결 문제로 남아 있다가 1995년 앤드루 와일즈<sub>Andrew Wiles</sub>에 의해 증명되었다.

페르마의 마지막 정리는 $n$이 2보다 큰 자연수일 때 $a^n+b^n=c^n$을 만족하는 세 자연수 $a, b, c$가 존재하지 않는다는 것이다. 페르마는 자신이 증명을 알고 있다고 생각하고, 디오판투스의 『산술<sub>Arithmetica</sub>』 문제 II-8 아래에 다음과 같은 주석을 남겼다.

디오판투스의 『산술』 중 페르마의 주석이 담긴 페이지

Cubum autem in duos cubos, aut quadratoquadratum in duos quadratoquadratos, et generaliter nullam in infinitum ultra quadratum potestatem in duos eiusdem nominis fas est dividere cuius rei demonstrationem mirabilem sane detexi. Hanc marginis exiguitas non caperet.

어떤 세제곱수를 두 세제곱수의 합으로 나타낼 수 없으며, 이를 일반화하면 세제곱 이상의 거듭제곱에 대해서도 이러한 성질이 성립한다. 나는 정말 놀라운 증명 방법을 발견했지만, 여백이 좁아서 적지 못한다.

위의 주석으로 유명세를 타게 된 페르마의 마지막 정리는 기원전부터 알려져 있던 피타고라스의 정리에서 차수를 높인 것이다. 다시 말해 피타고라스의 정리는 직각삼각형의 변의 길이 $a, b, c$에서 $a^2+b^2=c^2$과 같이 제곱의 관계가 성립한다는 것이고, 페르마의 마지막 정리는 그보다 높은 차수인 세제곱 $a^3+b^3=c^3$, 네제곱 $a^4+b^4=c^4$ 등에서 이를 만족시키는 자연수가 존재하지 않는다는 것이므로 차이는 있지만, 차수를 제외하면 식의 형태는 동일하다.

### 수학 문제의 증명은 깜깜한 방에 들어가는 것

페르마의 마지막 정리를 증명하기 위한 와일즈의 도전을 담은 BBC 다큐멘터리는 와일즈의 독백으로 시작한다.

> 수학을 한다는 것을 비유하자면 어두운 저택에 들어가는 것과 같습니다. 첫 번째 방, 아주 깜깜한 방에 들어가면 아무것도 보이지 않아 비틀거리고 가구의 여기저기에 부딪히곤 하죠. 그러나 점차 가구들이 어디에 있는지 알아가게 됩니다. 그러다가 6개월 정도의 시간이 지나면 전기 스위치의 위치도 찾게 되죠. 그리고 나서 불을 켰을 때 환해지면서 모든 것이 형태를 드러내게 됩니다.

와일즈는 페르마의 마지막 정리를 증명하기 위해 7년 동안 두문불출하며 증명에만 몰두했다. 1993년 페르마의 마지막 정리의 증명을 발표했지만 약간의 결함이 발견되어 다시 2년 동안 연구를 연장하여 보완함으로써 증명의 완결판을 내놓게 된다. 위의 독백에는 증명을 하기 위해 기나긴 시간 동안 자신과 싸우며 경험한 좌절과 환희가 녹아 있다.

### 볼프스켈상을 수상한 앤드루 와일즈

난공불락의 문제로 악명 높은 페르마의 마지막 정리는 볼프스켈상으로 더욱 대중적인 관심을 받았다. 괴팅겐 왕립과학원은 1908년 파울 볼프스켈Paul Wolfskehl의 유지를 받들어 2007년 9월 13일까지 페르마의 마지막 정리를 증명한 사람에게 10만 마르크의 상금을 주는 볼프스켈상을 제정했는데, 이 기간 내에 증명을 해낸 와일즈는 1997년 이 상을 수상했다. 볼프스켈상이 만들어진 후 명예와 상금을 거머쥐려는 수많은 아마추어 수학자들은 페르마의 마지막 정리에 대한 증

페르마의 마지막 정리에 대한 BBC의 다큐멘터리

명을 괴팅겐 왕립과학원으로 보냈다. 볼프스켈상이 제정된 후 지금까지 수천 개의 잘못된 증명이 접수되었으며, 현재까지도 페르마의 마지막 정리에 대한 새로운 증명을 발견했다고 주장하는 아마추어 수학자들이 심심치 않게 나온다. 페르마의 마지막 정리는 수학 역사상 가장 빈번하게 틀린 증명을 양산해낸 정리로 기록되고 있다.

## 타원곡선과 페르마의 마지막 정리

와일즈가 페르마의 마지막 정리를 증명할 때 이용한 것은 타원곡선의 성질이다. 페르마의 마지막 정리가 성립하지 않는다고 가정하자. 즉, 세 자연수 $a, b, c$가 $x^3+y^3=z^3$을 만족하는 해라면, 타원곡선 $y^2=x(x-a^3)(x+b^3)$을 만들 수 있다. 그런데 이 타원곡선의 두 근의 절댓값 $a^3$, $b^3$을 더해서 세제곱수가 되면 이 타원곡선은 모듈러 형식modular form, 수학에서 특정한 종류의 함수 방정식과 증가 조건을 만족하는 해석함수으로 전환될 수 없고, 타니야마-시무라 추측Taniyama-Shimura conjecture에 의해 이러한 타원곡선은 존재할 수 없게 된다. 따라서 $x^3+y^3=z^3$을 만족하는 자연수 해는 존재하지 않아야 한다. 페르마의 마지막 정리는 정수론의 문제이지만 타원이라는 기하학적 대상을 통해 증명된다. 이처럼 페르마의 마지막 정리에 대한 와일즈의 증명은 수학의 이질적인 분야를 엮어내는 대통합의 증명이라고 할 수 있다.

### 수학자들의 등정

1900년 발표된 힐베르트 문제가 20세기 수학 연구의 이정표가 되었듯이, 21세기를 여는 시점에 발표된 밀레니엄 문제는 현재의 수학자들이 연구를 통해 정복해야 할 산이라고 할 수 있다. 어떤 수학자는 산 입구의 등반로를 마련할 것이고, 그 덕분에 그 다음 수학자는 조금 높은 곳까지 올라갈 것이며, 그런 노력들이 누적되어 결국 누군가는 정상에 도달하게 될 것이다. 목표로 삼아 등정해야 할 거대한 산봉우리의 존재는 수학자에게 지적 희열과 도전감을 주는 연구의 촉매 역할을 할 것이다.

# 제2악장

| 즉흥곡 Impromptu |

즉흥곡은 엄격한 구성적 작법을 따르기보다는 순간적으로 떠올린 악상에 따라 작곡되는 경우가 많다. 그런 의미에서 즉흥곡은 음악적 직관에 충실한 악곡이라고 할 수 있다. 그렇다면 수학에서 가장 직관적 특성이 강한 주제는 무엇일까? 우리가 살고 있는 공간을 규정하는 차원이 아닐까? 그에 반해 인간의 자연스러운 직관에 반하는 역설적인 결과를 제공하는 수학 주제도 있으니, 그것은 바로 확률이다. 이제부터 가장 직관적인 차원과 가장 반직관적인 확률에 대해 알아보자.

# 수학은 직관이다

# 플랫랜드와 4차원 도형

## 차원

Mathematics Concert Plus

### 물리학자가 극찬한 소설

『플랫랜드Flatland』는 제목이 의미하듯 평평한 flat 세계 land, 즉 2차원 평면세계를 중심으로 한 소설로, 부제인 '여러 차원의 이야기 A romance of many dimensions'가 말해주듯이 차원의 문제를 심도 있게 다룬다. 이 소설의 작가는 19세기 영국의 신학자이자 문학가이고 교육자이기도 한 에드윈 애벗 Edwin A. Abbott, 1838~1926 이다. 1884년에 발표된 『플랫랜드』는 물리학에서 4차원 세계가 논의되기 수십 년 전에 정교한 수학적 논리로 4차원 세계를 예측하고 있다는 점에서 과학적 가치도 높은 문학작품이다. 1952년 『플랫랜드』의 2판이 출간되었을 때 추천사를 적은 사람은 아인슈타인의 동료인 바네시 호프만으로, 그는 차원을 다루는 이 소설을 물리학자의 입장에서 극찬했다.

## 『플랫랜드』는 SF의 효시

『플랫랜드』는 1950년대 본격적으로 유행하기 시작한 SF Science Fiction, 과학소설의 효시가 되었다. 지금까지 많은 작가들이 이 소설의 속편을 내놓았는데, 그 대표적인 예는 1965년 디오니스 버거의 『스피어랜드 Sphereland: A fantasy about curved spaces and an expanding universe』, 2001년 이언 스튜어트의 『플래터랜드 Flatterland: Like flatland, only more so』, 2002년 루디 러커의 『스페이스랜드 Spaceland』 등이다. 뿐만 아니라 『플랫랜드』는 여러 편의 애니메이션 영화로 제작될 정도로 다양한 문화 콘텐츠의 원천이 되어왔다.

『플랫랜드』의 저자는 '정사각형 A Square'으로 되어 있다. 이 소설은 영국 빅토리아 여왕 시대의 사회적 모순과 병폐를 신랄하게 비판하고 있기 때문에 필명을 사용한 것이다. 또한 학술 서적과 논문을 다수 저술한 애벗은 비교적 가

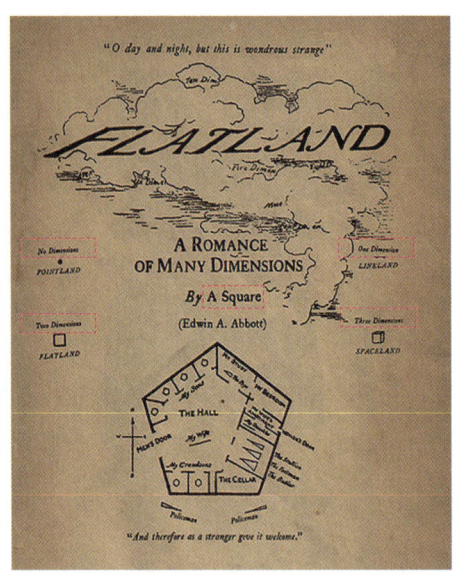

소설 『플랫랜드』의 표지

벼운 내용의 『플랫랜드』가 자신의 학자적 명성에 누가 될까봐 필명으로 발표했다는 해석도 있다. 그러나 아이러니하게도 그에게 유명세를 안겨준 대표작은 바로 이 소설이다.

### 차원의 정의

『플랫랜드』의 표지를 보면 점의 세계인 포인트랜드Pointland는 0차원, 선의 세계인 라인랜드Lineland는 1차원, 평면도형의 세계인 플랫랜드Flatland는 2차원, 입체도형의 세계인 스페이스랜드Spaceland는 3차원이라고 표시되어 있다.

1차원에는 하나의 축이 존재하고, 직선 위의 점 P의 위치는 하나의 좌표 $(a)$로 나타낸다. 2차원에는 직교하는 가로축($x$축)과 세로축($y$축)의 2개가 필요하고, 평면 위의 점 Q의 위치는 $x$좌표와 $y$좌표의 순서쌍 $(a, b)$로 나타낸다. 마지막으로 3차원에는 가로축($x$축)과 세로축($y$축), 그리고 이 두 축에 수직인 제3의 축($z$축)이 추가되며, 공간 위의 점 R의 위치는 $x$좌표, $y$좌표, $z$좌표를 순서대로 열거하여 $(a, b, c)$로 나타낸다.

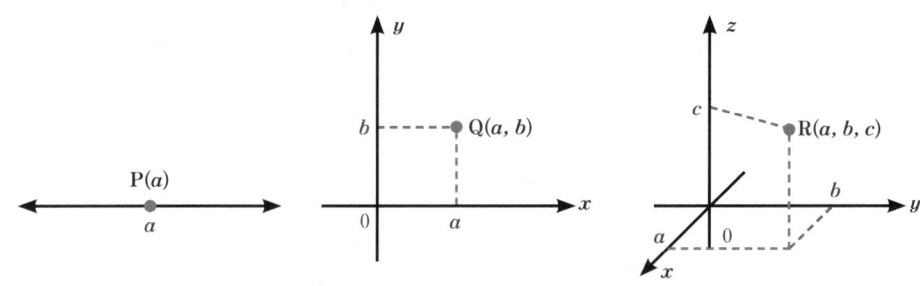

### 여성은 선분, 남성은 평면도형

평면도형들이 사는 가상의 세계를 배경으로 하는 『플랫랜드』는 1부와 2부

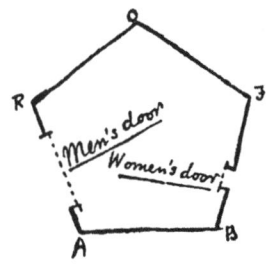

소설 「플랫랜드」 속의 여성과
남성의 출입문

로 구성된다. 1부에서는 플랫랜드에 살고 있는 평면도형 자체에 대한 설명, 그리고 평면도형의 생활과 제도에 대한 이야기가 전개된다. 플랫랜드의 평면도형들은 인간과 마찬가지로 감정을 가지고 생각하며 사회생활을 하는데, 평면도형들의 모양은 성별과 신분에 따라 결정된다.

우선 여성은 넓이가 없는 선분이다. 양끝이 날카로운 선분이 다른 도형과 부딪힐 경우 다칠 수 있으므로, 여성의 행동 지침은 법으로 정해져 있다. 집의 출입구도 성별에 따라 구분된다. 이 소설에 포함된 위의 그림에서 보듯이 남성은 왼쪽으로 난 문으로, 여성은 오른쪽으로 난 문으로 출입해야 한다.

1차원 선분으로 표현되는 여성과 달리 남성은 넓이를 갖는 평면도형이다. 하층계급은 이등변삼각형, 중간계급은 정삼각형, 전문직은 정사각형이나 정오각형, 귀족은 정육각형 이상의 정다각형으로 신분이 높을수록 변의 수가 많아진다. 이 소설이 집필될 당시 영국의 성직자들은 매우 높은 지위를 갖고 지나친 특권을 누리고 있었는데, 정다각형에서 변의 수가 많아지면 원의 모양에 가까워지기 때문에 성직자를 원으로 표현했다.

중간계급    전문직    귀족    성직자

이등변삼각형인 하층계급에서 신분이 낮아지면 등변을 이루는 두 변의 길이와 밑변의 길이의 차이가 크고 꼭지각이 작아지게 된다. 이처럼 이등변삼각형의 모양이 뾰족해지면 선분에 가까워지므로 남성 최하층 계층과 여성은 맞닿아 있다. 저자 자신은 양성평등에 대한 의식이 투철했지만, 당시 지배적이던 성차별적 이데올로기를 비판적으로 드러내기 위해 여성은 평면도형보다 한 차원 낮은 선분으로 표현한 것이다.

남성 하층계급 / 신분이 낮아질수록 삼각형은 뾰족해진다 / 여성

### 플랫랜드에서는 평면도형을 선분으로 인식

플랫랜드의 평면도형들은 서로를 평면도형이 아닌 선분으로 식별한다. 2차원과 3차원을 대비시키면서 유추적으로 생각해보면 이해하기 쉽다. 3차원 공간에 살고 있는 인간은 매 순간 눈에 담기는 2차원적 정보를 종합하여 3차원 입체를 추론한다. 정육면체는 보는 방향에 따라 정사각형, 직사각형, 육각형 등 여러 모양이 되는데 이를 종합하여 정육면체의 모양을 머릿속에서 완성하는 것이다. 즉, 3차원 입체가 2차원 평면에 투영된 모양을 통해 그 입체를 인

**여러 방향에서 본 정육면체**

식하는 것이다.

3차원에서 성립한 이 논리를 한 차원을 낮추어 적용하면, 2차원 평면도형들은 서로를 1차원적 선분으로 보게 된다.

| 차원 | 3차원 | 2차원 |
|---|---|---|
| 모양의 인식 방법 | 입체도형이 2차원에 투영된 평면도형의 정보를 종합하여 3차원 입체도형을 인식 | 평면도형이 1차원에 투영된 선분의 정보를 종합하여 2차원 평면도형을 인식 |

실제 3차원 공간에서 동전을 보면 원으로 보이지만, 점차 동전이 놓인 평면에 가까운 위치에서 보면 타원 모양으로 납작해지다가, 평면에서는 원이 선분으로 보인다.

3차원 공간에서 바라본 원 → 3차원에서 2차원으로 가까워질수록 납작해짐 → 2차원 평면에서 바라본 원은 선분

### 실패로 돌아간 색채 법안

2차원 평면도형들은 서로를 선분으로만 식별해야 하기에, 색깔로 도형을 확인할 수 있도록 하는 법안을 제정하려는 움직임이 일어난다. 이러한 색채 법안은 사회변동을 초래했고, 하층계급의 반란이 일어나지만 결국 이 폭동은 진압된다. 이 소설은 색채 법안을 제정하지 못하도록 탄압하는 것을 통해 영국 빅토리아 여왕 시대의 민중에 대한 억압을 우회적으로 드러낸다. 뿐만 아

니라 신분에 따라 남성이 다른 모양의 도형이 되는 것을 통해 지나치게 경직된 신분 구조를 비판하고, 과다한 특권을 누리는 성직자들을 매끈한 모양의 원으로 설정한 것에도 비판 메시지가 담겨 있다.

### 『걸리버 여행기』와의 유사점

『플랫랜드』와 같이 사회적 비판 의식을 반영한 소설로 조나단 스위프트의 『걸리버 여행기』를 꼽을 수 있다. 『걸리버 여행기』는 대개 간추려진 동화판으로 읽히지만, 원작에는 사회 풍자적인 내용이 많아 출판 당시 금서로 지정될 정도였다. 사회 비판적이라는 점 이외에도 두 소설은 공통점을 갖는다. 『걸리버 여행기』가 『플랫랜드』보다 150년 먼저 출판되기는 했지만 둘 다 영국 작가의 작품이다. 또한 『걸리버 여행기』가 소인국과 대인국을 넘나드는 상상의 나래를 제공한 것처럼 『플랫랜드』는 여러 차원을 옮겨 다니면서 사고를 확장시켜준다. 『걸리버 여행기』는 거대한 우주를 작은 입자들의 운동으로 환원시킨 뉴턴의 이론에 대한 비판 메시지를 담고 있다는 점에서 과학적 가치도 높은데, 이는 차원의 문제를 심도 있게 다룬 『플랫랜드』와 상통하는 또 다른 점이다. 『플랫랜드』는 전 세계적으로 수많은 어린이들을 매료시킨 『걸리버 여행기』만큼 널리 알려져 있지는 않지만, 소설의 완성도라는 면에서 결코 뒤지지 않는 수작이다.

### 케임브리지대학교에서 웬트브리지대학교로

『플랫랜드』에서 찾아볼 수 있는 위트 있는 아이디어 중의 하나는 주인공이 일하는 대학교를 웬트브리지Wentbridge로 이름 붙인 것이다. 케임브리지Cambridge대학교는 come의 과거형인 came과 발음이 같은 cam을 포함하고 있으므로, go의 과거형인 went를 포함하여 Wentbridge로 바꾼 것이다. 이런 언어적 유희가 소설을 읽는 또 하나의 재미를 준다.

| 현재형 | 과거형 | 대학 명칭 |
|---|---|---|
| come | came ⇒ cam | Cambridge |
| go | went | Wentbridge |

### 0차원과 1차원의 방문

『플랫랜드』의 2부는 주인공이 1999년 마지막 날 꾸는 꿈으로 시작된다. 소설에서는 1999년의 마지막 날이 새로운 세기가 시작되기 전날이라고 되어 있지만, 실제 21세기는 2001년부터 시작되니 정확하지는 않은 기술이다. 꿈속에서 주인공인 정사각형은 1차원인 라인랜드와 0차원인 포인트랜드를 차례로 방문하여 그들이 사는 세계보다 높은 차원의 플랫랜드가 존재함을 알려주려고 여러 가지 시도를 하지만, 1차원과 0차원의 도형들은 생각의 한계를 뛰어넘지 못한다.

### 3차원 입체도형 구와의 만남

이번에는 스페이스랜드의 구Sphere가 플랫랜드를 방문하여 3차원 세계에 대해 설명한다. 주인공인 정사각형은 라인랜드나 포인트랜드의 도형들이 그랬듯이 처음에는 3차원 세계의 존재를 믿지 못한다. 구는 가로와 세로뿐 아니라 높이라는 새로운 방향을 추가하면 3차원이 됨을 설명하지만 2차원 평면세계에 익숙한 주인공은 이해하지 못한 것이다. 이에 구는 평면을 관통하면서 구의 단면인 원의 크기가 변화하는 것을 보여주었고, 비로소 정사각형은 구의 존재를 어렴풋이 인식하고 2차원보다 높은 차원의 세계가 있다는 것을 인정하게 된다.

정사각형은 새로이 알게 된 3차원 세계의 복음을 플랫랜드의 사람들에게 널리 알리려 했지만, 불온한 사상을 전파한다는 이유로 재판에 회부되어 종신형을 선고받게 된다. 소설의 마지막은 투옥 후 7년이 경과한 시점으로, 정사각형은 차원의 진리를 알리기 위해 감옥에서 글을 남기기로 결심하면서 대단원의 막을 내리게 된다.

### 『플랫랜드』가 던지는 메시지

『플랫랜드』는 차원에 대한 체계적인 수학적 설명과 더불어 중요한 메시지를 제공한다. 첫째는 평면도형들을 통해 당시 영국 사회의 모순을 지적한 비판의 메시지이고, 둘째는 인식의 한계를 뛰어넘으라는 메시지이다. 가로와 세로를 갖는 2차원 평면에 높이를 추가하면 3차원 입체가 된다. 그렇다면 3차원에 새로운 요소를 추가하면 4차원이 될 수 있다. 2차원에 갇혀 있는 플랫랜드의 평면도형들이 가로와 세로가 아닌 제3의 방향을 생각하기 어려웠듯이, 3차원 세계를 사는 인간은 4차원을 그려보기 어렵다. 즉, 자신이 속해 있는 세계를 메타적<sub>어떤 범위나 경계를 넘어서거나 아우르는 것</sub>으로 바라보고 인식의 범위를 확장시키는 것은 그만큼 어려운 일이다. 현재 익숙한 세계만이 유일한 현실적 가능성이라고 보는 사고의 관성을 뛰어넘으려면 대담한 발상의 전환이 필요하다.

### 4차원 도형 그려보기

 4차원 도형을 시각화하기는 어렵지만, 1차원 선분에서 2차원 평면도형으로, 또 2차원 평면도형에서 3차원 입체도형으로 차원을 높인 과정을 적용시키면 4차원 도형을 추론할 수 있다. 예를 들어 4차원 공간에서는 꼬인 위치에 있는 2개의 평면이 존재할 수 있는데, 낮은 차원에서부터 차근차근 따져가면 유추 가능하다. 2차원 평면에서는 두 직선이 일치하거나 평행하지 않다면 반드시 한 점에서 만난다. 그러나 3차원 공간에서의 두 직선 중에는 일치하거나 평행하지 않으면서 만나지도 않는 꼬인 위치가 가능하다. 여기서 한 차원을 높여보자. 3차원 공간에서 두 평면은 일치하거나 평행하지 않는다면 반드시 만나지만, 4차원 공간에서는 꼬인 위치에 있는 두 평면이 존재할 수 있다. 다음에서 그려볼 4차원 도형에서는 꼬인 위치에 있는 면이 나타나게 된다.

### 초사면체

 2차원 평면도형의 기본은 3개의 꼭짓점을 갖는 삼각형이고, 3차원 입체도형의 기본은 4개의 꼭짓점을 갖는 사면체이다. 그렇다면 4차원 도형의 기본은 5개의 꼭짓점을 갖는 도형이라고 유추할 수 있다. 한편 2차원의 변이나 3차원의 모서리는 2개의 꼭짓점을 연결하여 만들어진다. 즉, 사면체의 모서리의 개수는 4개의 꼭짓점에서 2개를 선택하는 경우의 수와 같고, 이는 조합 combination $_4C_2=6$을 이용하여 구할 수 있다. 사면체를 이루는 삼각형 면의 개수는 4개의 꼭짓점에서 3개를 선택하는 경우의 수와 같고, 조합 $_4C_3=4$를 이용하여 구할 수 있다. 이 방법을 4차원에 적용해보자. 4차원 기본 도형은 5개의 꼭짓점을 가지므로, 모서리의 개수는 $_5C_2=10$이고, 삼각형 면의 개수는 $_5C_3=10$이다. 또한 4차원 기본 도형이 포함하는 사면체는 4개의 꼭짓점으로 이루어져 있으므로, 사면체의 개수는 $_5C_4=5$이다.

> 서로 다른 $n$개에서 $r$개를 택하는 조합의 수는
> $$_nC_r = \frac{n!}{r!(n-r)!} \quad (단, 0 \leq r \leq n)$$

1차원 도형은 선분, 2차원 도형은 다각형, 3차원 도형은 다면체이고, 4차원 도형은 초다면체라고 한다. 2차원 평면도형은 변의 개수에 따라 $n$각형, 3차원 입체도형은 면의 개수에 따라 $n$면체라고 하는 것처럼, 4차원 도형은 포함하고 있는 입체의 개수에 따라 $n$-cell이라고 부른다. 여기서 만든 4차원 도형은 5개의 사면체를 포함하므로 5-cell 혹은 5포체pentachoron라고 한다. 또한 이 4차원 도형은 3차원 도형인 사면체, 즉 피라미드를 한 차원 높인 것이기 때문에 초사면체hyperpyramid라고도 한다.

| 차원 | 1차원 | 2차원 | 3차원 | 4차원 |
|---|---|---|---|---|
| 도형의 분류 | 선분 | 다각형 | 다면체 | 초다면체 |
| 도형의 명칭 | 선분 | 삼각형 | 사면체 | 초사면체 |
| 모양 | — | △ | △ | △ |
| 꼭짓점의 개수 | 2 | 3 | 4 | 5 |
| 모서리(변)의 개수 | 1 | 3 | 6 | 10 |
| 삼각형의 개수 |  | 1 | 4 | 10 |
| 사면체의 개수 |  |  | 1 | 5 |

### 초입방체

이번에는 $(n-1)$차원 도형을 움직여 $n$차원 도형을 만드는 과정을 통해 4차원 도형을 구성해보자. 1차원 선분을 선분과 수직 방향으로 움직이면 2차원 정사각형이 만들어지고, 정사각형을 면과 수직 방향으로 움직이면 3차원 정육면체를 만들 수 있다. 이와 유사한 과정을 적용하면, 3차원 정육면체를 움직여 4차원 도형을 만들 수 있다.

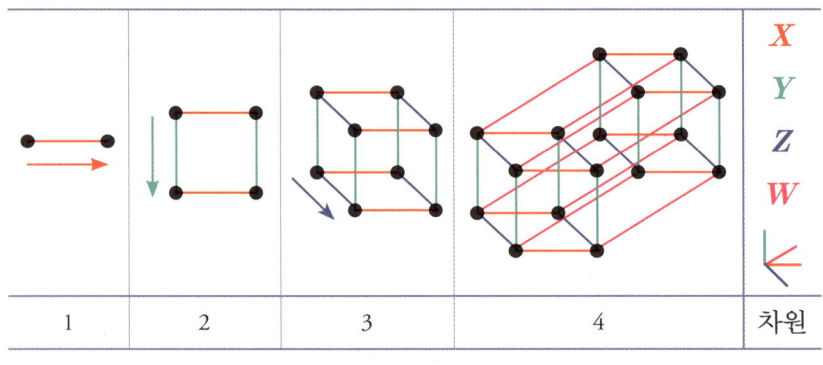

꼭짓점의 개수는 선분이 2개, 정사각형이 4개, 정육면체가 8개이므로 2배씩 증가한다. 이 규칙에 따를 때 새로 만들어지는 4차원 도형의 꼭짓점의 개수는 16개가 된다. 다음에 제시한 4차원 도형의 이미지는 3차원에 표현한 것이므로 불완전하기는 하지만, 모서리의 개수가 32개임을 육안으로 확인할 수 있다. 여기서 만든 4차원 도형이 포함하고 있는 육면체의 개수는 8개이므로 8-cell 혹은 8포체 octachoron라고 한다. 또한 이 4차원 도형은 정육면체 cube에서 출발한 것이기 때문에 초입방체 hypercube라고도 한다.

| 차원 | 1차원 | 2차원 | 3차원 | 4차원 |
|---|---|---|---|---|
| 도형의 분류 | 선분 | 다각형 | 다면체 | 초다면체 |
| 도형의 명칭 | 선분 | 정사각형 | 정육면체 | 초입방체 |
| 모양 | — | □ | ▭ | ▣ |
| 꼭짓점의 개수 | 2 | 4 | 8 | 16 |
| 모서리(변)의 개수 | 1 | 4 | 12 | 32 |
| 사각형의 개수 | | 1 | 6 | 24 |
| 육면체의 개수 | | | 1 | 8 |

### 초입방체 그랑드 아르슈

초입방체는 그 자체로 아름답기 때문에 건축물에 이용되기도 한다. 파리 서쪽 라데팡스 지역에 위치한 신개선문 '그랑드 아르슈Grande Arche'는 초입방체 모양이다. 1989년 7월 14일 프랑스혁명 200주년을 기념해 세운 그랑드 아르슈의 높이는 105미터로, 파리 중심에 위치한 개선문 크기의 2배이다.

프랑스 파리의 그랑드 아르슈

### 초입방체의 전개도

3차원의 정육면체를 펼치면 2차원 전개도가 되는 것처럼 4차원의 초입방체를 펼치면 3차원 전개도가 된다. 초입방체의 전개도는 다음과 같이 8개의 정육면체들로 이루어져 있다.

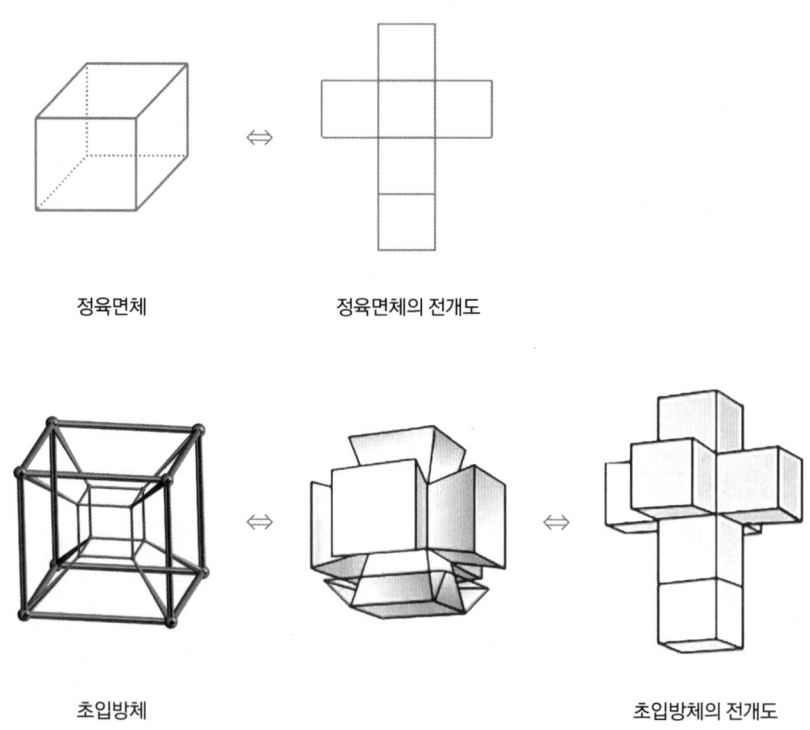

정육면체 　　　정육면체의 전개도

초입방체 　　　　　　　　　초입방체의 전개도

　3차원 공간에서 4차원 초입방체를 상상하기는 어렵지만, 탄력이 좋은 고무 재질로 이루어졌다고 생각하고 상상력을 발휘해보자. 3차원 전개도로부터 4차원 초입방체를 만들기 위해서는 중간 그림에서 가장 아래쪽에 있는 정육면체로 전체 도형을 뒤집어씌우면 된다. 3차원 전개도는 동일한 크기의 8개의 정육면체로 이루어져 있지만 초입방체로 만드는 과정에서 정육면체들은 축소되거나 늘어나면서 모양이 변화된다.

### 달리의 미술 작품

초현실주의 미술가 살바도르 달리는 작품 〈십자가에 못 박힌 예수: 초입방체Crucifixion: Corpus Hypercubus〉에서 십자가를 초입방체의 3차원 전개도로 표현했다. 4차원 세계에 종교적 의미를 담는다면, 비가시적인 영적인 세계라고 할 수 있다. 달리는 4차원 초입방체를 펼친 3차원 전개도로 예수가 못 박힌 십자가를 표현함으로써, 예수가 승천하여 4차원의 영적인 세계로 간다는 메시지를 던지려고 한 것이 아닐까 추측해본다. 실제 달리는 〈4차원을 찾아서〉라는 그림을 통해서도 차원에 대한 남다른 관심을 보여주었다.

달리의 작품 〈십자가에 못 박힌 예수: 초입방체〉(왼쪽)와 〈4차원을 찾아서〉(오른쪽)

### 4차원의 초다면체

3차원에는 정사면체, 정육면체, 정팔면체, 정십이면체, 정이십면체의 5가지 정다면체가 존재한다. 4차원에는 5가지 정다면체를 출발점으로 한 5개의 초다면체와 24-cell을 합해 모두 6가지 초다면체가 존재한다.

| 도형의 명칭 | | 꼭짓점의 개수 | 모서리의 개수 | 면의 개수 | 입체의 개수 |
|---|---|---|---|---|---|
| 초사면체 | 5-cell | 5 | 10 | 10개의 삼각형 | 5개의 사면체 |
| 초입방체 | 8-cell | 16 | 32 | 24개의 사각형 | 8개의 육면체 |
| 초팔면체 | 16-cell | 8 | 24 | 32개의 삼각형 | 16개의 사면체 |
| 24-cell | | 24 | 96 | 96개의 삼각형 | 24개의 팔면체 |
| 초십이면체 | 120-cell | 600 | 1200 | 720개의 오각형 | 120개의 십이면체 |
| 초이십면체 | 600-cell | 120 | 720 | 1200개의 삼각형 | 600개의 사면체 |

4차원 초다면체들은 상상하기조차 어려울 정도로 복잡하지만, 다음과 같이 아름다운 대칭적인 모양을 갖는다.

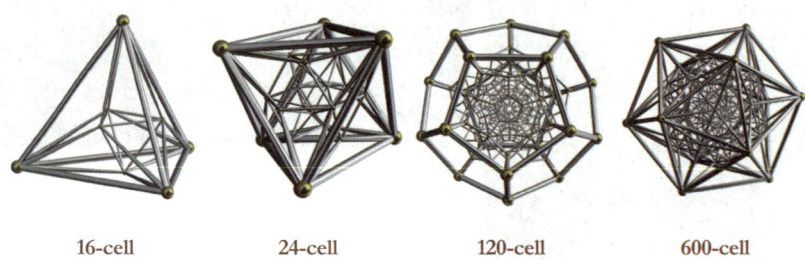

16-cell     24-cell     120-cell     600-cell

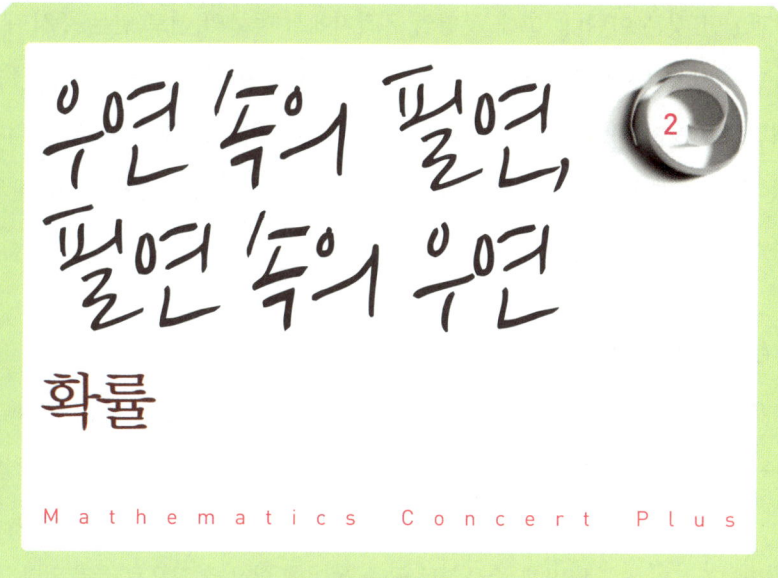

## 수학의 역사에 늦게 등장한 확률

　수학의 역사를 접할 때마다 경이로움을 느끼는 이유 중 하나는 이미 수천 년 전에 상당한 수준의 수학이 발달했다는 점이다. 예를 들어 기원전 300년경에 저술된 유클리드의 『원론』을 보면 이미 고대 그리스 시대에 기하학의 체계적인 이론화가 이루어졌음을 알 수 있다. 삼각함수에 대한 연구는 천체를 관측하는 가운데 이미 기원전부터 이루어졌고, 삼차방정식의 해법은 16세기에 알려져 있었다. 이처럼 웬만한 수학 개념과 원리에 대한 탐구는 꽤 오래전부터 이루어져 왔음에도 불구하고 유독 예외적인 분야가 있으니, 그것이 바로 확률이다.

　확률이 수학 연구의 사각지대에 놓여 있었다고 해서 인간의 사고가 확률과 무관했던 것은 아니다. 고대 문명의 유적지에서 동물의 뼈로 만든 주사위가 출토되었다는 사실은 확률이 일찍이 역사에 등장했다는 점을 입증한다. 기원전 49년 카이사르는 루비콘 강을 건너 로마로 진격하면서 "주사위는 던져졌다"라는 유명한 말을 남겼는데, 이로부터 당시 주사위가 상용되었음을 알 수 있다.

### 우리나라의 주사위: 목제주령구

우리나라 유적지에서도 다양한 주사위가 출토되었다. 신라 왕경<sub>신라의 수도인 경주</sub> 유적에서는 상아로 만든 정육면체 주사위가 발견되었고, 경주 안압지에서 출토된 통일신라 시대의 유물인 '목제주령구木製酒令具'는 14면체 주사위로 궁중 놀이에 활용된 것으로 추측된다. 주사위를 던졌을 때 각 면이 나올 확률이 같아야 하므로, 주사위의 모양은 대부분 정다면체이다. 여러 정다면체 중에서도 정육면체 주사위가 가장 애용되지만, 그 이외에 정사면체, 정팔면체, 정십이면체, 정이십면체로도 주사위를 만들 수 있다. 목제주령구는 6개의 정사각형 면과 8개의 육각형 면으로 이루어져 있는데, 정다면체는 아니지만 정사각형 면과 육각형 면의 넓이가 거의 같기 때문에 주사위로 사용하기에 적합하다.

**목제주령구**

**5가지 정다면체 모양의 주사위**

### 확률은 신의 영역인가

이러한 주사위 유물에서 알 수 있듯이 인류는 역사의 시작과 더불어 확률적 상황을 경험해왔다. 주술적인 종교 의식에서 신성한 판단을 내리기 위해 주사위를 던지거나 항아리에서 구슬을 꺼내는 것은 모두 확률적 행위이다. 그러나 당시에는 그런 행위의 결과가 신의 의지에 따라 결정된다는 믿음을 가지고 있었기 때문에 확률에 대한 연구는 신을 모독하는 것으로 간주되었다. 인간이 감히 신의 뜻을 분석할 수 없다는 생각은 확률에 대한 개념화를 방해하는 중요한 요인으로 작용하였다.

수학 지식의 절대성과 확실성을 믿었던 플라톤은 『파이돈Phaidon』에서 확률에 대한 논의를 사기라고 규정지었다. 확률은 절대성과 확실성을 갖는 다른 수학 주제들과 구별되는 특성을 갖기 때문이다. 일반적으로 법칙이란 '필연성'을 갖는 것인데, 확률은 '우연성'을 다루기 때문에, 우연을 연구하는 확률에 대한 필연적인 법칙은 모순적으로 들리는 면도 있다. 그런 연유에서인지 확률은 수학의 역사에서 상당히 늦게 등장했다.

### 도박사 드 메레, 수학자 파스칼에게 묻다

확률은 도박과 밀접한 관련을 맺으면서 발전하였다. 도박을 즐겼던 16세기의 수학자 지롤라모 카르다노Girolamo Cardano, 1501~1576는 『게임의 가능성에 대한 책』을 내놓으면서 확률을 체계적으로 다루기 시작했다. 확률 연구에 있어

드 메레의 본명은 앙투안 공보Antoine Gombaud로, 드 메레는 메레Méré에서 태어났다는 의미로 붙여진 이름이다. 드 메레는 도박사로 알려져 있지만, 원래는 문학가였다.

파스칼 우표

또 하나의 결정적인 계기를 제공한 것은 17세기 프랑스의 슈발리에 드 메레Chevalier de Méré, 1607~1684이다. 드 메레는 자신의 수학적 지식을 이용하여 도박에서 큰 성공을 거두었지만, 다음 두 가지 문제 상황은 해결하기 어려웠다. 결국 1654년 드 메레는 친구이자 수학자인 블레즈 파스칼Blaise Pascal, 1623~1662에게 이 문제들을 해결해달라고 의뢰하였다.

### 드 메레의 첫 번째 문제

드 메레의 문제 중 첫 번째는 1개의 주사위를 4번 던졌을 때 적어도 한 번 6이 나오는 것에 내기를 걸면 유리한데, 2개의 주사위를 24번 던졌을 때 적어도 한 번 (6, 6)이 나오는 것에 내기를 거는 것은 왜 불리한가 하는 문제였다. 드 메레는 6가지 경우가 있는 주사위 1개를 4번 던지는 것과 36가지 경우가 있는 주사위 2개를 24번 던지는 것은 6:4=36:24로 비가 같기 때문에, 이를 경우의 수로 하는 확률은 같아진다고 생각하였다. 그러나 실제로는 2개의 주사위를 24번 던져서 적어도 한 번 (6, 6)이 나오는 경우에 돈을 걸어 손해 보는 일이 많았기 때문에, 드 메레는 그 이유를 궁금해했고 파스칼에게 문의한 것이다.

파스칼은 다음과 같이 두 가지 상황에 대한 확률을 계산하였다. 1개의 주사위를 4번 던져 적어도 한 번 6이 나올 확률은 전체 사건의 확률인 1에서 1개의 주사위를 4번 던져 한 번도 6이 나오지 않을 확률 $\left(\frac{5}{6}\right)^4$을 제외한 $1-\left(\frac{5}{6}\right)^4 ≒ 0.518$이 된다. 마찬가지 방법으로 계산하면, 2개의 주사위를 24번 던져 적어도 한 번 (6, 6)이 나올 확률은 $1-\left(\frac{35}{36}\right)^{24} ≒ 0.491$이므로, 근소한 차이지만 전자의 확률이 높다. 2개의 주사위를 $n$번 던져서 적어도 한 번 (6, 6)이 나올 확률은 $p=1-\left(\frac{35}{36}\right)^n$이고, $1-\left(\frac{35}{36}\right)^{25}≒0.506$므로 확률이 $\frac{1}{2}$보다 높아지기 위해서는 적어도 25번 던져야 한다.

### 드 메레의 두 번째 문제

드 메레의 두 번째 문제는 '점수 문제problem of points'로 불린다. 게임에서 동일한 실력을 가지고 있는 두 사람이 같은 액수의 판돈을 걸고 게임을 하여 특정한 점수를 얻는 사람이 판돈을 모두 갖기로 했다. 그런데 불가피한 상황이 발생하여 게임을 중단했을 때 판돈을 어떻게 나누어 가져야 하는가 하는 문제이다. 실제 이 문제는 1494년 루카 파치올리Luca Pacioli가 자신의 저서에서 언급하면서 관심을 받기 시작했다. 예를 들어 5점으로 승패를 가리는데 두 사람의 점수가 4점, 3점인 상태에서 게임을 중단했다고 할 때, 파치올리는 두 사람의 점수인 4:3으로 판돈을 나누어야 한다고 생각했다. 그러나 이 문제에 대한 파스칼의 답은 판돈을 3:1로 분배하는 것이다.

두 사람 A와 B의 점수가 각각 4점과 3점일 때, 게임의 승패가 결정되는 5점까지는 각각 1점과 2점이 부족하므로, 승부를 가리기 위해서는 최대 두 번의 게임을 더 해야 한다. 이때 발생할 수 있는 경우는 두 번 모두 A가 이기거나, A가 이기고 그 다음에 B가 이기거나, B가 이기고 그 다음에 A가 이기거나, 두 번 모두 B가 이기는 모두 네 가지이다. 이러한 네 가지 중 최종적으로 A가 이기는 경우는 앞의 세 가지이고 B가 이기는 경우는 마지막 한 가지이다. 따라서 판돈 역시 그에 따라 3:1로 나누어야 한다는 것이 파스칼의 설명이었다.

물론 이 해법에 대해서는 이의가 제기될 수도 있다. 예를 들어 100점으로 승부를 가리는 게임에서 A와 B의 점수가 각각 99점과 98점이라고 하자. 이 경우 역시 승부를 가리기 위해서는 최대 두 번의 게임이 더 이루어져야 하므로 점수가 4점과 3점인 경우와 동일하게 판돈을 3:1의 비로 나누게 된다. A와 B가 99점과 98점으로 팽팽한 승부를 펼쳤는데도 여전히 A와 B의 판돈 분배의 비를 3:1로 하는 것은 A에게 지나치게 유리한 결정으로 보이는 면이 있다. A와 B의 점수의 비가 4:3이나 99:98이라는 사실에 주목하여 비례적 사고를 하면 판돈을 3:1로 분배하는 것이 불합리하게 보일 수 있으나, 3:1의 분배가 수학적으로는 정확한 결론이다.

점수문제의 풀이는 일반화할 수 있다. 두 사람의 점수가 승패가 결정되는 점수에서 $n$점, $m$점 부족하다면, 승부를 내기까지는 최대 $(n+m-1)$번의 게임을 더 해야 하며, 이때 가능한 경우는 $2^{n+m-1}$가지가 된다. 이 중에서 A와 B가 이기는 경우를 따져서 판돈을 분배하면 된다. A와 B의 점수가 4점과 3점, 혹은 99점과 98점인 경우 승패가 결정되는 점수 5점이나 100점으로부터 각각 1점과 2점이 부족하므로, 승부를 가리기까지는 최대 $(1+2-1)$번의 게임을 더 해야 한다. 이처럼 두 번의 게임을 했을 때 가능한 경우는 AA, AB, BA, BB이다. 이 중에서 A가 이기는 경우가 세 번, B가 이기는 경우가 한 번이므로 3:1로 분배하게 되는 것이다.

### 심슨의 패러독스

불확실성과 우연 현상을 다루는 확률은 논리적이고 결정론적이며 인과 관계가 뚜렷한 다른 수학 주제와 확연히 구별되는 특성을 지닌다. 그런 연유에서인지 확률에는 유난히 많은 패러독스paradox, 참이라고도 거짓이라고도 말할 수 없는 모순된 관계가 존재한다.

확률 및 통계와 관련된 유명한 패러독스 중의 하나가 '심슨의 패러독스

Simpson's paradox'이다. 심슨의 패러독스란 '부분'에서 성립한 대소 관계가 그 부분들을 종합한 '전체'에 대해서는 성립하지 않는 모순적인 경우를 말한다. 심슨의 패러독스는 1951년 이 현상을 설명한 에드워드 심슨Edward H. Simpson의 이름을 따서 만든 용어로, 부분을 전체로 합치면서 나타나는 패러독스이므로 '합병 패러독스amalgamation paradox'라고도 한다.

심슨의 패러독스는 1973년 미국 버클리대학교 대학원에 지원한 학생들의 성별 합격률을 통해 널리 알려지게 되었다. 버클리대학교 대학원에 지원한 남녀 학생들의 합격률을 전공별로 보면 대부분의 전공에서 여학생의 합격률이 남학생보다 높았지만 전체적인 합격률에서는 남학생이 훨씬 높아지는 현상이 나타나면서 이 패러독스가 주목받게 되었다. 만일 여학생은 경쟁이 치열하여 합격률이 낮은 과에 대거 지원하고 남학생은 경쟁이 덜하여 합격률이 높은 과에 다수 지원하면 이런 반전 현상이 나타날 수 있다.

### 야구 타율로 알아보는 심슨의 패러독스

간단한 예를 통해 심슨의 패러독스를 알아보자. 어느 시즌 프로야구 경기의 결과가 다음과 같다고 하자. 타자 A는 시즌 전반기에 10번 타석에 나와 4번 안타를 쳐서 0.4의 타율을, 후반기에는 100번 타석에 나와 25번 안타를 쳐서 0.25의 타율을 보였다. 이에 반해 타자 B는 전반기와 후반기에 각각 100번, 10번 타석에 나왔고 타율은 각각 0.35, 0.2였다. 비교해보면 전반기와 후반기 모두 타자 A의 타율이 타자 B의 타율보다 높다. 이제 전·후반기 타율을 종합하여 비교해보자. 타자 A의 전체 타율은 0.264이고, 타자 B의 전체 타율은 0.336이므로, 전·후반기를 종합해서 볼 때에는 타자 B의 타율이 타자 A의 타율보다 높다.

|  | 타자 A |  | 타자 B |
| --- | --- | --- | --- |
| 전반기 | $\dfrac{4}{10}=0.4$ | > | $\dfrac{35}{100}=0.35$ |
| 후반기 | $\dfrac{25}{100}=0.25$ | > | $\dfrac{2}{10}=0.2$ |
| 전체 | $\dfrac{29}{110}=0.264$ | < | $\dfrac{37}{110}=0.336$ |

이 상황을 부등식으로 나타내보자. 전반기의 타자 A와 타자 B의 타율을 각각 $\dfrac{a_1}{a_2}$, $\dfrac{b_1}{b_2}$, 후반기의 타자 A와 타자 B의 타율을 각각 $\dfrac{a_3}{a_4}$, $\dfrac{b_3}{b_4}$라고 하자. 또 전반기의 타율에서 $\dfrac{a_1}{a_2}>\dfrac{b_1}{b_2}$이고 후반기의 타율에서 $\dfrac{a_3}{a_4}>\dfrac{b_3}{b_4}$임이 성립한다고 하자. 그런데 분수의 덧셈을 할 때, 분모끼리 분자끼리 더하는 것이 아니기 때문에 $\dfrac{a_1+a_3}{a_2+a_4}>\dfrac{b_1+b_3}{b_2+b_4}$가 성립한다는 보장이 없다. 즉, 부등식으로 나타내보면 심슨의 패러독스가 역설적인 결과가 아님을 알 수 있다.

타율을 그래프로 표현해보아도 대소 관계가 바뀌는 것을 이해할 수 있다.

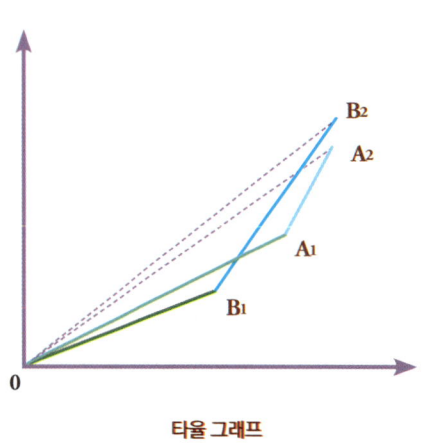

**타율 그래프**

타자 A의 전반기 타율을 $\overline{OA_1}$의 기울기, 타자 B의 전반기 타율을 $\overline{OB_1}$의 기울기라고 하자. 다음 그래프에서 $\overline{OA_1}$의 기울기가 $\overline{OB_1}$의 기울기보다 크다. 타자 A와 타자 B의 후반기 타율을 각각 $\overline{A_1A_2}$와 $\overline{B_1B_2}$의 기울기라고 할 때, $\overline{A_1A_2}$의 기울기가 $\overline{B_1B_2}$의 기울기보다 크다. 그러나 타자 A와 타자 B의 전체적인 타율에 해당하는 $\overline{OA_2}$와 $\overline{OB_2}$의 기울기를 비

교해 보면, $\overline{OB_2}$의 기울기가 $\overline{OA_2}$의 기울기보다 크다는 것을 알 수 있다.

## 미국 메이저리그의 실제 타율에 나타난 심슨의 패러독스

심슨의 패러독스는 미국 메이저리그의 실제 기록에서도 찾아볼 수 있다. 야구선수 데이비드 저스티스David Justice와 데릭 지터Derek Jeter의 1995년과 1996년의 타율, 그리고 2년 동안의 타율을 비교해보면 심슨의 패러독스가 나타난다. 1995년 애틀랜타 브레이브스의 저스티스는 411번 타석에 나와 104안타를 쳐서 타율이 0.253이고, 뉴욕 양키스의 지터는 48타수 12안타로 타율이 0.250이다. 1996년에는 저스티스가 140타수 45안타로 타율이 0.321이고, 지터는 582타수 183안타로 타율이 0.314이다. 2년 모두 저스티스의 타율이 지터의 타율보다 높지만, 2년의 기록을 종합할 때는 반전이 일어난다. 2년 통산 630타수 195안타로 타율이 0.310인 지터가 551타수 149안타로 타율이 0.270인 저스

데이비드 저스티스

데릭 지터

티스보다 더 높아진 것이다. 그 이유는 저스티스는 1995년에, 지터는 1996년에 타석에 선 횟수가 상대적으로 많아, 연도별로 출전 횟수가 편중되어 있기 때문이다.

|  | 데이비드 저스티스 |  | 데릭 지터 |
|---|---|---|---|
| 1995년 | $\frac{104}{411}=0.253$ | > | $\frac{12}{48}=0.250$ |
| 1996년 | $\frac{45}{140}=0.321$ | > | $\frac{183}{582}=0.314$ |
| 2년 통산 | $\frac{149}{551}=0.270$ | < | $\frac{195}{630}=0.310$ |

### 의학 연구 결과에 나타난 심슨의 패러독스

1986년 의학 학술지 《British Medical Journal》에 발표된 결석 치료 실험 결과에서도 심슨의 패러독스를 찾아볼 수 있다. 신장 결석을 치료하는 방법 A와 방법 B가 있고, 이 두 가지 방법을 각각 작은 결석이 있는 환자와 큰 결석이 있는 환자에게 적용했을 때 치료율이 다음과 같았다.

|  | 방법 A |  | 방법 B |  |
|---|---|---|---|---|
| 작은 결석 | $\frac{81}{87}=0.931$ ❶ | > | $\frac{234}{270}=0.867$ ❷ |
| 큰 결석 | $\frac{192}{263}=0.730$ ❸ | > | $\frac{55}{80}=0.688$ ❹ |
| 전체 | $\frac{273}{350}=0.780$ | < | $\frac{289}{350}=0.826$ |

앞에서와 마찬가지로 방법 A의 치료율은 작은 결석과 큰 결석에 대해 모두 방법 B보다 높지만 전체적인 결과에서는 방법 B의 치료율이 높아지는 반전을 보인다. 그 원인을 생각해보자. 이 실험 이전에 의사들은 방법 A는 큰 결석에, 방법 B는 작은 결석에 더 적절한 치료 방법이라고 판단하고 있었다. 따라서 치료 방법과 결석의 크기에 따른 네 가지 경우 중에서 적용 사례는 ❷와 ❸에 집중되어 있다. 이와 같이 각 경우에 대한 빈도가 편중되어 있을 때에는 심슨의 패러독스가 나타날 수 있다.

### 기본비율무시 오류

확률과 관련하여 인간의 자연스러운 직관에 역행하는 결과를 경험하게 되는 또 다른 예가 '기본비율무시 오류 base rate fallacy, base rate neglect'이다. 기본비율무시 오류란 확률을 구하는 상황과 관련하여 비율 정보가 주어졌지만, 확률을 계산할 때에는 그 비율을 고려하지 않는 경향을 말한다.

### 뺑소니 택시 문제

기본비율무시 오류에 대한 대표적인 예로 뺑소니 택시의 색깔과 관련된 다음 상황을 생각해보자.

어느 도시에서 택시가 사람을 치고 도망간 뺑소니 사고가 발생했다. 이 도시에는 주황색 일반택시와 검은색 모범택시가 있는데, 그 비율은 각각 90%와 10%라고 한다. 사고 당시 다행히 목격자가 있어 뺑소니 차량이 검은색 모범택시라고 증언하였다. 이 목격자의 진술이 어느 정도 타당한지 알아보기 위하여 유사한 조건에서 실험을 해보았더니 목격자가 정확하게 색을 구별할 확률은 80%였다. 목격자의 증언대로 뺑소니 차량이 검은색 모범택시일 확률은 얼마로 추정할 수 있을까?

위의 상황에서 목격자가 색을 정확하게 구별할 수 있는 확률은 80%나 되기 때문에 뺑소니 차량이 검은색 택시일 확률이 높다고 생각하기 쉽다. 그러나 계산을 해보면 실제로 뺑소니 차량이 검은색 택시일 확률은 약 31%밖에 되지 않는다.

이 도시에서 운행되고 있는 주황색 택시와 검은색 택시의 비율이 각각 90%, 10%이므로, 100대의 택시가 있다고 가정할 때 주황색 택시는 90대, 검은색 택시는 10대이다. 목격자가 색깔을 정확하게 말할 확률이 80%이므로 검은색 택시 10대 중 80%인 8대는 검은색으로 올바르게 말하고, 목격자가 색깔을 잘못 말할 확률이 나머지 20%이므로 주황색 택시 90대 중 20%인 18대는 검은색으로 틀리게 진술한다. 이 가지 사실을 종합하면 목격자가 검은색이라고 증언했을 때 뺑소니 택시가 검은색일 확률은 26대 중 8대인 $\frac{8}{26}$≒31%가 된다.

| 택시의 색깔 분포 \ 목격자의 진술 | 주황색 | 검은색 | 계 |
|---|---|---|---|
| 주황색 | 72대 | 18대 | 90대 |
| 검은색 | 2대 | 8대 | 10대 |
| 계 | 74대 | 26대 | |

위의 상황에서 주어진 정보는 '택시의 색깔별 비율'과 '목격자가 정확하게 색을 말할 확률'의 두 가지이다. 그렇지만 판단을 할 때에는 택시의 색깔 분포

라는 기본 비율은 무시한 채 목격자 진술의 정확성이라는 한 가지 측면에 치중하기 때문에 뺑소니 차량이 검은색 택시일 확률이 높다고 생각하는 경향이 있다.

### 테러리스트 색출 문제

인구가 100만인 어느 도시에 100명의 테러리스트가 살고 있고, 나머지 999900명은 무고한 일반시민이라고 하자. 이 도시의 치안 담당국에서는 테러리스트를 색출하기 위해 감시카메라를 통해 얼굴을 인식하고 테러리스트로 판정될 경우 알람이 울리는 소프트웨어를 개발했다. 그리고 이 소프트웨어가 테러리스트를 정확하게 식별할 확률이 99%라고 한다.

테러리스트를 정확하게 식별하여 알람이 울리는 경우는 100명의 99%인 99명이 되고, 1%인 1명은 잘못 식별하여 알람이 울리지 않는다 false negative. 한편 테러리스트가 아닌 999900명 중에서 99%인 989901명은 테러리스트가 아닌 것으로 정확하게 식별하지만, 1%인 9999명은 테러리스트로 잘못 식별한다false positive. 이제 종합해보면, 알람이 울렸을 때 실제로 테러리스트일 확률은 $\frac{99}{10098}$ ≒ 0.0098 로 1% 미만이다.

|  | 알람이 울림 | 알람이 울리지 않음 | 계 |
|---|---|---|---|
| 테러리스트 | 99명 | 1명 | 100명 |
| 테러리스트 아님 | 9999명 | 989901명 | 999900명 |
| 계 | 10098명 | 989902명 | 1000000명 |

테러리스트를 식별하는 소프트웨어의 정확도가 99%이므로, 테러리스트일 때 알람이 울릴 확률은 99%이지만, 알람이 울렸을 때 테러리스트일 확률은 1%에도 미치지 않는 것이다. 99%와 1%라는 큰 차이는 이 도시 인구 100만 중 테러리스트는 겨우 100명밖에 되지 않는 낮은 비율에서 기인한다. 알람이 울렸을 때 테러리스트일 확률이 높다고 생각하는 경향은 그 도시에 있는 테러리스트 비율을 고려하지 않고 판단하는 기본비율무시 오류로 인해 생긴 것이다.

### 조건부확률

조건부확률conditional probability이란 어떤 사건이 일어난 조건하에서 다른 사건이 일어날 확률을 말하는데, 사건 A가 일어났을 때 사건 B의 조건부확률을 $P(B|A)$라고 표시한다. 위의 예에서 테러리스트인 사건을 T, 알람이 울리는 사건을 A라고 할 때, 조건부확률의 기호로 표현하면 테러리스트일 때 알람이 울릴 확률은 $P(A|T)$, 알람이 울렸을 때 테러리스트일 확률은 $P(T|A)$가 된다.

$P(A|T)$가 99%이므로 $P(T|A)$도 높을 것으로 예상되지만, $P(T|A)$는 1% 미만인 것이다.

### 거래를 합시다: 몬티 홀 문제

조건부확률과 관련된 유명한 예가 '몬티 홀 문제'이다. 몬티 홀Monty Hall은 미국의 유명한 TV 프로그램 '거래를 합시다Let's make a deal'의 사회자이다. 그의 이름을 딴 몬티 홀 문제의 상황은 다음과 같다.

TV 프로그램 〈거래를 합시다〉

쇼 프로그램의 무대 위에는 3개의 문이 있다. 3개의 문 중 1개의 문 뒤에는 승용차가, 나머지 2개의 문 뒤에는 염소가 있다. 출연자는 3개의 문 중에서 하나를 선택하는데, 승용차가 있는 문을 선택하면 승용차를 경품으로 받지만, 염소가 있는 문을 선택하면 아무것도 받지 못한다.

A, B, C 3개의 문 중에서 출연자가 문 A를 선택하였다고 하자. 문 B와 문 C 중 적어도 하나의 문 뒤에는 염소가 있다. 어느 문 뒤에 염소와 승용차가 있

는지 이미 알고 있는 진행자는 염소가 있는 문을 열어 출연자에게 보여주고 처음 선택을 유지할 것인지 아니면 바꿀 것인지 묻는다. 이때 출연자는 어떻게 하는 것이 더 유리할까?

하나의 문을 선택한 상태에서 진행자가 나머지 2개의 문 중 하나를 열어 염소가 있음을 보여주었을 때, 승용차는 원래 선택한 문이나 선택하지 않은 또 다른 문 중 하나에 있으므로 경품을 받을 확률은 $\frac{1}{2}$이 될 것 같다. 그러나 잘 생각해보면 원래의 문 뒤에 승용차가 있을 확률은 $\frac{1}{3}$이고, 진행자가 열어주었던 문이 아닌 제3의 문에 승용차가 있을 확률은 $\frac{2}{3}$이므로 선택을 바꾸는 것이 더 유리하다. 왜 그런지 두 가지 방법으로 생각해보자.

### 표로 나타내면

3개의 문 중에서 하나의 문 뒤에 승용차가, 나머지 2개의 문 뒤에 염소가 있는 경우는 다음과 같이 세 가지이다. 문 A를 선택하고 그 선택을 고수했을 경우 확률은 $\frac{1}{3}$이다.

| 문 A | 문 B | 문 C | 처음에 선택한 문 A를 고수했을 때의 결과 |
|---|---|---|---|
| 승용차 | 염소 | 염소 | 경품 |
| 염소 | 승용차 | 염소 | 꽝 |
| 염소 | 염소 | 승용차 | 꽝 |

이번에는 선택을 바꾸는 경우를 생각해보자. 출연자가 문 A를 선택한 상태에서 진행자가 문 B나 문 C 중 염소가 있는 문을 열어 보여주었을 때 출연자

는 또 다른 문으로 선택을 바꾸게 된다. 다음 표에서 보듯이 제3의 다른 문을 선택하게 되면 확률은 $\frac{2}{3}$로 높아진다.

| 문 A | 문 B | 문 C | 진행자가 열어준 문 | 출연자의 선택 | 선택을 바꾸었을 때의 결과 |
|---|---|---|---|---|---|
| 승용차 | 염소 | 염소 | 문 B<br>문 C | 문 A → 문 C<br>문 A → 문 B | 꽝 |
| 염소 | 승용차 | 염소 | 문 C | 문 A → 문 B | 경품 |
| 염소 | 염소 | 승용차 | 문 B | 문 A → 문 C | 경품 |

### 조건부확률을 이용하여 계산하면

조건부확률을 이론화한 수학자는 토머스 베이즈Thomas Bayes, 1702-1761로, 그는 조건부확률을 계산하는 베이즈의 정리Bayes' theorem를 제시했다. 다음은 베이즈의 정리를 간단하게 적은 식으로, 이를 이용하여 몬티 홀 문제의 확률을 구해보자.

사건 A가 일어났을 때 사건 B가 일어날 조건부확률 P(B|A)는

$$P(B|A) = \frac{P(B)P(A|B)}{P(A)} \quad \text{(단, } P(A)>0\text{)}$$

문 A, B, C 뒤에 승용차가 있을 확률을 각각 P(A), P(B), P(C)라고 할 때, 그 값은 동일하게 $\frac{1}{3}$이다. 진행자가 문 A, B, C를 열어줄 확률을 각각 P(OA), P(OB), P(OC)라고 하자. 출연자가 문 A를 선택한 상태에서 진행자가 문 B나 C를 열어서 보여주었을 때 여전히 문 A를 고수하는 경우, 문 A 뒤

에 승용차가 있을 확률은 P(A|OB) 또는 P(A|OC)이다. 앞의 식을 이용하면 P(A|OB)=$\dfrac{P(OB|A)P(A)}{P(OB)}$ 이고, 이를 계산하기 위해 필요한 확률들을 우선 구해보자.

만약 출연자가 문 A를 선택하였을 때 승용차가 문 A 뒤에 있으면 진행자는 문 B 또는 C를 열 것이기 때문에 P(OB|A)=$\dfrac{1}{2}$, P(OC|A)=$\dfrac{1}{2}$이다. 출연자가 문 A를 선택하였을 때 승용차가 문 B 뒤에 있으면 진행자는 그 문을 열지 않을 것이기 때문에, P(OB|B)=0이다. 한편 승용차가 문 C 뒤에 있으면 진행자는 반드시 문 B를 열어야 하기 때문에 P(OB|C)=1이다. 이를 종합하면 출연자가 문 A를 선택하였을 때 P(OB)를 구할 수 있다.

$$P(OB) = P(A)P(OB|A)+P(B)P(OB|B)+P(C)P(OB|C)$$
$$= \left(\dfrac{1}{3}\times\dfrac{1}{2}\right)+\left(\dfrac{1}{3}\times 0\right)+\left(\dfrac{1}{3}\times 1\right)=\dfrac{1}{2}$$

동일한 방식으로 P(OC)=$\dfrac{1}{2}$임을 계산할 수 있다. 따라서

$$P(A|OB)=\dfrac{P(A)P(OB|A)}{P(OB)}=\dfrac{\dfrac{1}{3}\times\dfrac{1}{2}}{\dfrac{1}{2}}=\dfrac{1}{3}$$

$$P(A|OC)=\dfrac{P(A)P(OC|A)}{P(OC)}=\dfrac{\dfrac{1}{3}\times\dfrac{1}{2}}{\dfrac{1}{2}}=\dfrac{1}{3}$$

이번에는 출연자가 문 A를 선택하였고 진행자가 문 B나 C를 열어서 보여준 후 출연자가 제3의 문으로 선택을 바꾸었을 때 그 문 뒤에 승용차가 있을 확률을 구해보자. 진행자가 문 B를 열어서 보여주었고 그에 따라 출연자가

문 C로 선택을 바꾸었을 때 문 C 뒤에 승용차가 있을 확률은 P(C|OB)이다.

$$P(C|OB)=\frac{P(C)P(OB|C)}{P(OB)}=\frac{\frac{1}{3}\times 1}{\frac{1}{2}}=\frac{2}{3}$$

진행자가 문 C를 열어서 보여주었고 그에 따라 출연자가 문 B로 선택을 바꾸었을 때 문 B 뒤에 승용차가 있을 확률은 P(B|OC)이다.

$$P(B|OC)=\frac{P(B)P(OC|B)}{P(OC)}=\frac{\frac{1}{3}\times 1}{\frac{1}{2}}=\frac{2}{3}$$

위의 두 가지 경우를 종합하면, 출연자가 처음에 선택한 문을 그대로 유지할 때 그 문 뒤에 승용차가 있을 확률은 $\frac{1}{3}$ 이지만, 진행자가 열어준 문을 확인한 후 제3의 문으로 선택을 바꾸었을 때 나중에 선택한 문 뒤에 승용차가 있을 확률은 $\frac{2}{3}$ 이다. 따라서 선택을 바꾸는 것이 유리하다.

## 메릴린에게 물어보세요

미국의 잡지 《퍼레이드 Parade》에는 〈메릴린에게 물어보세요 Ask Marilyn〉라는 코너가 있다. IQ 228로 기네스 최고 IQ 보유자인 메릴린 사반트 Marilyn vos Savant 가 독자들의 다양한 질문 사항에 답하는 코너이다. 1990년 몬티 홀 문제가 이 코너에 질문으로 올라왔고, 메릴린은 선택을 바꾸면 확률이 $\frac{1}{3}$ 에서 $\frac{2}{3}$ 로 높아지기 때문에 유리하다고 답하였다. 그런데 이로 인해 엄청난 항의 편지를 받게 되었고, 이에 대한 논란이 이 잡지에서 1991년까지 지속되었다. 이처럼 몬티 홀 문제는 미국에서 큰 논란을 불러일으켰던 유명한 문제로, 상식에 비추어 잘 이해가 되지 않기 때문에 '몬티 홀 딜레마'라고도 한다.

잡지 《퍼레이드》와 〈메릴린에게 물어보세요〉 코너

### 영화 〈21〉

몬티 홀 문제는 영화 〈21〉에도 등장한다. 2008년 제작된 영화 〈21〉은 소설 『MIT 수학천재들의 라스베이거스 무너뜨리기』를 기반으로 제작되었는데, 이 소설은 MIT 학생들이 블랙잭으로 돈을 따기 위해 라스베이거스의 카지노에 진출한 실화를 바탕으로 한다. 영화의 주인공인 MIT의 학생 벤은 미키 교수의 비선형방정식 수업에서 몬티 홀 문제에 대해 명쾌하게 답한다. 이를 통해 벤의 천재성을 확인한 미키 교수는 그를 블랙잭 팀에 합류시킨다.

블랙잭은 가지고 있는 카드의 합이 21 또는 21보다 작으면서 21에 가까운 사람이 이기는, 비교적 단순한 게임이다. 영화의 제목이 21인 이유도 블랙잭을 중심으로 이야기가 진행되기 때문이다. 블랙잭을 할 때 카드의 A는 1 또는 11로 계산할 수 있고, 10, J, Q, K는 10으로 계산하며, 2부터 9까지는 카드에 적힌 숫자대로 계산한다. 딜러는 카드를 시계 방향으로 1장씩 나누어주고 이를 두 번 반복하여 참가자 모두가 2장씩 갖도록 한다. 딜러의 첫 번째 카드를 엎어놓은 것 이외에는 모든 참가자의 카드는 공개된다. 처음에 받은 2장의 카드가 A와 10J, Q, K 포함으로 합이 21이 될 때를 '블랙잭'이라고 한다. (영화의 포스터에는 A와 J 카드가 보이므로 블랙잭이다.) 블랙잭이 아닌 경우 참가자는 카드의 합이 21에 가까워지도록 딜러로부터 카드를 더 받을 수 있다. 이처럼 참가자는 선택권을 갖는 데 반해, 딜러는 처음에 가진 2장의 합계가 16점 이하이면 반드시 카드를 더 받아야 하고, 17점 이상이면 추가할 수 없다.

영화 《21》

카지노에서 블랙잭을 할 때에는 카드 섞는 데 걸리는 시간을 절약하기 위해 대개 6벌의 카드 52장×6벌=312장를 모두 섞어서 카드통에 담고 1장씩 빼면서 게임을 한다. 일반적으로 블랙잭을 할 때 7 이하의 낮은 숫자 카드가 많이 남아 있으면 딜러에게 유리하고, 10, J, Q, K, A의 높은 숫자 카드가 많이 남아 있으면 참가자에게 유리하다. 따라서 이미 나온 카드를 기억하는 카드 카운팅을 한다면 앞으로 나올 카드를 확률적으로 예측하여 승률을 높일 수 있다. 그런데 게임을 할 때 나온 카드를 모두 기억하는 것은 불가능하므로, 현실적인 방법은 2, 3, 4, 5, 6의 낮은 숫자 카드는 +1점, 7, 8, 9의 중간 숫자 카드는 0점, 10, J, Q, K, A의 높은 숫자 카드는 −1점으로 정해놓고, 카드가 나올 때마다 값을 따져 점수를 계산하는 것이다. 낮은 숫자의 카드가 많이 나와 점수가 커지면 높은 숫자의 카드가 많이 남아 있음을 의미하므로 참가자가 이길 확률이 높아진다. 즉, 카드 카운팅을 통해 계산한 점수는 어떤 사건이 일어난 조건하에서 다른 사건이 일어날 확률을 뜻하는 조건부확률을 반영하는 값이 된다.

### 추이성이 성립하지 않는 주사위

수학에서는 A가 B보다 크고, B가 C보다 클 때 A는 C보다 커지는 대소 관계의 추이성transitivity이 일반적으로 성립한다. 그러나 확률에서는 그러한 추이성이 성립하지 않는 경우가 많다. 추이성이 성립하지 않는 예로 다음과 같이 수가 적혀 있는 정육면체 주사위를 생각해보자.

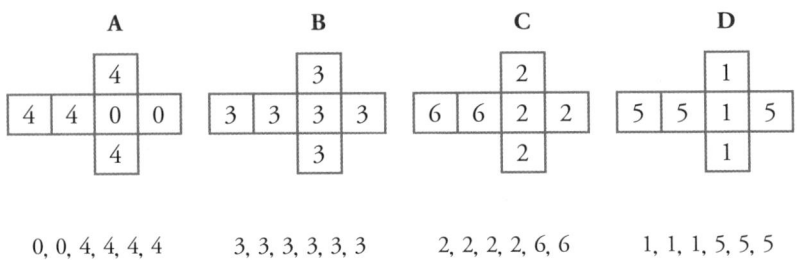

주사위 2개를 던져 나온 눈의 값이 큰 쪽이 이긴다고 하자. 주사위 A의 눈의 값이 주사위 B의 눈의 값보다 클 확률은 $\frac{2}{3}$이다. 주사위 A의 6개 면 중 4개의 면에 4가 적혀 있으며, 4가 나오면 주사위 B의 눈의 값인 3보다 크기 때문이다.

주사위 B의 눈의 값이 주사위 C의 눈의 값보다 클 확률 역시 $\frac{2}{3}$이다. 주사위 B를 던졌을 때는 항상 3이 나오므로 주사위 C의 눈의 값은 2가 되어야 이기는데, 6개 면 중 4개의 면에 2가 적혀 있으므로 확률은 $\frac{2}{3}$가 된다.

주사위 C와 D의 눈의 값을 비교하는 것은 다소 복잡하다. 주사위 C에서 6이 나올 확률은 $\frac{1}{3}$이고 이때는 주사위 D의 눈의 값과 상관없이 항상 주사위 C가 이긴다. 한편 주사위 C에서 2가 나올 확률은 $\frac{2}{3}$이고, 이때는 주사위 D에서 1이 나와야 하는데 그 확률은 $\frac{1}{2}$이다. 종합하면 주사위 C가 이길 확률은 $\left(\frac{1}{3} \times 1\right) + \left(\frac{2}{3} \times \frac{1}{2}\right) = \frac{2}{3}$이다.

주사위 D와 주사위 A의 눈의 값의 비교도 비슷한 방법으로 할 수 있다. 주사위 D에서 5가 나올 확률은 $\frac{1}{2}$이고, 이때는 주사위 A의 눈의 값과 상관없이 항상 주사위 D가 이기게 된다. 주사위 D에서 1이 나올 확률은 $\frac{1}{2}$이고, 이때는 주사위 A에서 0이 나와야 되는데 그 확률은 $\frac{1}{3}$이다. 종합하면 주사위 D가 이길 확률은 $\left(\frac{1}{2} \times 1\right) + \left(\frac{1}{2} \times \frac{1}{3}\right) = \frac{2}{3}$이다.

결과적으로 볼 때 주사위 A가 B를 이길 확률, 주사위 B가 C를 이길 확률, 주사위 C가 D를 이길 확률은 각각 $\frac{2}{3}$이다. 따라서 주사위 A가 D를 이길 확률이 높을 것 같지만, 반대로 주사위 D가 A를 이길 확률이 $\frac{2}{3}$로 더 높아진다.

### 상트페테르부르크의 역설

분야별로 명문 가문이 있다. 케네디 가문과 록펠러 가문은 각각 정치와 사업의 명문가이다. 정치와 사업은 부모와 자본의 후광에 의존할 수 있기 때문에 가문의 전통을 이어가기가 상대적으로 쉽다. 반면 고도의 지성과 끊임없는 연구를 필요로 하는 학문 분야에서는 대대로 명성을 이어가기 쉽지 않다. 그럼에도 불구하고 수학계를 주름잡는 가문이 있었으니, 바로 스위스의 베르누이Bernoulli 가문이다. 베르누이 가문은 17, 18세기를 주름잡은 야콥, 요한,

다니엘 베르누이 등 다수의 수학자를 배출하여, 유전학자들의 관심을 끌 정도였다. 수학계에서 베르누이 가문은 요한 제바스티안 바흐를 위시하여 150년 동안 음악계를 평정했던 바흐 가문에 견줄 만하다.

야곱 베르누이 ----- 형제 ----- 요한 베르누이

아들

다니엘 베르누이

다니엘 베르누이 Daniel Bernoulli, 1700~1782는 베르누이 가문의 일원으로, 1738년 '상트페테르부르크의 역설 St. Petersburg paradox'을 내놓았는데, 그 내용은 다음과 같다.

동전 1개를 뒷면이 나올 때까지 던진다. 첫 번째에 뒷면이 나오면 1원, 두 번째에 처음으로 뒷면이 나오면 2원, 세 번째에 처음으로 뒷면이 나오면 $2^2$원, $n$번째에 처음으로 뒷면이 나오면 $2^{n-1}$원을 받게 된다. 이런 게임을 하는 도박장이 있다면 처음에 얼마를 내고 입장하는 것이 공정한가?

이 게임의 기댓값을 계산해보자. 동전을 던져 첫 번째에 뒷면이 나올 확률은 $\frac{1}{2}$이고 1원을 받는다. 두 번째에서 처음으로 뒷면이 나오려면 첫 번째는 앞면이 나오고 두 번째에는 뒷면이 나와야 하므로 확률은 $\frac{1}{2^2}$이고, 이때 2원을 받는다. 이런 방식을 계속해갈 때 $n$번째에서 처음으로 뒷면이 나올 확률은 $\frac{1}{2^n}$이고 이때 $2^{n-1}$원을 받게 된다. 이 게임의 기댓값을 계산해보면 다음과 같이 무한이 된다.

$$E = 1 \cdot \frac{1}{2} + 2 \cdot \frac{1}{2^2} + \cdots + 2^{n-1} \cdot \frac{1}{2^n} + \cdots$$

$$= \frac{1}{2} + \frac{1}{2} + \cdots + \frac{1}{2} + \cdots$$

$$= \infty$$

이와 같이 이 게임의 기댓값을 직접 구할 수도 있지만 예상되는 게임의 길이를 통해서도 이 게임의 기댓값을 계산할 수 있다. 동전을 한 번 던져 게임이 끝날 확률은 $\frac{1}{2}$, 두 번 던져 게임이 끝날 확률은 $\frac{1}{2^2}$, $n$번 던져 게임이 끝날 확률은 $\frac{1}{2^n}$이다. 예상되는 게임의 길이를 $S$라 놓으면,

$$S = 1 \cdot \frac{1}{2} + 2 \cdot \frac{1}{2^2} + 3 \cdot \frac{1}{2^3} + \cdots + n \cdot \frac{1}{2^n} + \cdots \quad ❶$$

$$\frac{1}{2}S = \quad 1 \cdot \frac{1}{2^2} + 2 \cdot \frac{1}{2^3} + \cdots + (n-1) \cdot \frac{1}{2^n} + \cdots \quad ❷$$

❶ 식에서 ❷ 식을 빼면

$$\frac{1}{2}S = \frac{1}{2} + \frac{1}{2^2} + \frac{1}{2^3} + \cdots + \frac{1}{2^n} + \cdots = \frac{\frac{1}{2}}{1 - \frac{1}{2}} = 1$$이므로

$S = 2$가 된다.

이처럼 예상되는 게임의 길이가 2라면, 즉 주사위를 두 번 던져 게임이 끝난다면 이 게임의 기댓값은 $2^{2-1} = 2^1 = 2$가 되어야 하므로, 앞에서 구한 기댓값인 무한과는 큰 차이가 있다.

### 패러독스가 있어 더 매력적인 확률

지금까지 살펴본 대로 확률에는 유독 많은 패러독스들이 존재한다. 논리적 과정을 따라 증명하거나 계산하여 하나의 값을 결정하는 수학의 여타 분야와 달리 확률은 불확실성과 모호함을 그 본질로 하므로, 인간의 직관과 큰 괴리를 보이거나 모순적으로 보이는 결과들을 얻게 된다. 이처럼 확률에서 논리와 직관이 충돌한다는 점은 확률을 이해하기 어려운 분야로 만들기도 하지만 그만큼 확률에 대한 매력을 높이는 요인이 되기도 한다.

## 『팡세』의 기댓값

17세기 프랑스의 수학자이자 철학자인 파스칼은 자신의 저서 『팡세Pensées, 명상록』에서 신의 존재를 믿어야 하는 이유를 확률의 기댓값을 이용하여 설명하였다. 기댓값은 어떤 사건이 일어날 확률에 그 사건으로부터 얻게 되는 이득을 곱해서 계산한다. 인간이 신의 존재를 믿을 때 신이 존재한다면 인간은 천국에 감으로써 무한한 이득을 얻게 되므로 그 기댓값은 양의 무한대($+\infty$)가 된다. 인간이 신의 존재를 믿을 때 신이 존재하지 않는다면 기댓값은 0이 된다.

이번에는 인간이 신의 존재를 믿지 않는 경우를 생각해보자. 인간이 신의 존재를 부정하는데 만약 신이 존재한다면 지옥에 가게 되므로 기댓값은 음의 무한대($-\infty$)가 된다. 인간이 신의 존재를 믿지 않을 때 신이 존재하지 않는다면 기댓값은 역시 0이 된다. 이 네 가지 경우들을 종합적으로 고려할 때 신이 존재한다고 믿는 것의 기댓값이 더 크다.

|  | 신이 존재함 | 신이 존재하지 않음 |
| --- | --- | --- |
| 신의 존재를 믿음 | $+\infty$ (천국) | 0 (종교적 신념이 있는 삶) |
| 신의 존재를 믿지 않음 | $-\infty$ (지옥) | 0 (종교적 신념이 없는 삶) |

어찌 보면 궤변으로 들리기도 하지만, 파스칼은 인간이 신의 존재를 믿는지와

신이 존재하는지를 각각 두 가지 경우로 나누고 이때 나타나는 경우들을 네 가지로 분류한 후 각각의 기댓값을 따짐으로써, 신의 존재를 믿어야 하는 이유를 명료하고 설득력 있게 설명하였다.

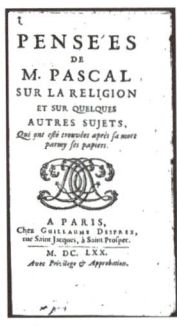 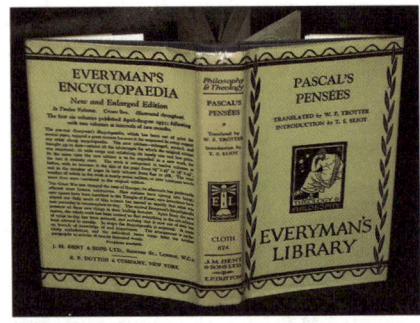

 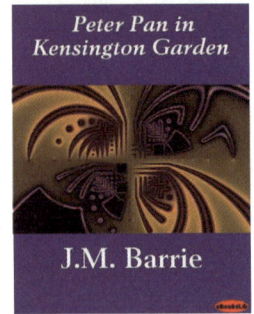 

『팡세』의 책 표지들

18세기를 대표하는 수학자 오일러의 일화 역시 수학이 어떤 주장을 정당화하는 강력한 도구로 사용됨을 보여준다. 이 일화는 공식적인 기록이라기보다는 여러 수학사 책을 통해 야사처럼 알려지게 되었는데, 그래도 개연성은 높아 보인다. 당시 러시아의 캐서린 여제는 무신론無神論을 전파하고 다니는 프랑스의 계몽주의 철학자 드니 디드로Denis Diderot, 1713~1784를 못마땅하게 여겼다. 이에 디드로에 대적할 인물을 물색하다가 독실한 기독교 신자인 오일러를 낙점하고,

**오일러와 디드로**

오일러에게 신의 존재에 대해 디드로와 논쟁을 해줄 것을 요청하였다. 오일러는 디드로를 만나자마자 난데없이 "$\frac{a+b^n}{n}=x$입니다. 따라서 하느님은 존재합니다. 그렇지 않습니까?"라고 말했다.

사실 이 수식에는 $a, b, n, x$에 대한 조건이 명시되지 않았기 때문에 수학적으로 아무런 의미가 없는 문자들의 나열일 뿐이었다. 하지만 이 수식에 대해 어떠한 해석도 할 수 없던 디드로는 수학식을 내세우며 신의 존재를 주장하는 오일러에 아무런 반박도 하지 못했다. 이처럼 코미디 같은 상황이 벌어지게 된 원인은, 일반적으로 수학으로 설명하면 확실성이 보장된다고 생각하기 때문이다.

# 제3악장

| 왈츠 Waltz |

왈츠는 19세기 유럽에서 유행한 경쾌한 춤곡이다. 왈츠를 듣고 있으면 마치 음악이 춤추는 듯한 환상에 빠지게 된다. 만약 수학이 춤을 춘다면? 글쎄… 아름다운 모양을 만들어내지 않을까? 수학은 교과서에만 갇혀 있는 따분한 존재라고 여기기 쉽지만, 다양한 디자인을 만들어내는 마술을 부리기도 한다.

# 수학은 아름답다

# 수학과 미술의 하이브리드
## 명화 속에 깃든 수학

Mathematics Concert Plus

### 라파엘로의 〈아테네 학당〉

이탈리아의 화가이자 건축가인 산치오 라파엘로 Sanzio Raffaello, 1483~1520는 미켈란젤로, 레오나르도 다빈치와 더불어 르네상스 3대 천재 예술가로 꼽힌다. 바티칸 박물관의 시스티나 성당에 소재하고 있는 라파엘로의 프레스코 벽화 〈아테네 학당 School of Athens〉은 르네상스 미술품으로 가장 주목받는 작품 중의 하나이다. 1510년경에 그려진 〈아테네 학당〉의 배경 좌우에는 예술과 지혜를 상징하는 아폴론과 아테나의 대리석 조각상이 있고, 플라톤, 아리스토텔레스, 소크라테스, 피타고라스, 유클리드 등 고대 그리스를 대표하는 54명의 학자가 출연한다. 사실 이들은 고대 그리스의 학자라고 통칭되지만 활동한 시기는 수백 년까지 차이가 나므로 동시에 모이는 것은 불가능하다. 하지만 상상 속에서 이 학자들을 한 장소에 모아놓은 라파엘로의 재기가 돋보인다.

〈아테네 학당〉에 나오는 인물들의 면면을 분석해보면 수학에 조예가 깊은 학자가 많다. 고대 그리스에서는 학문이 분화되지 않아 철학자가 수학자와 천문학자 등을 겸직하는 경우가 많았으니, 당시의 학자들이 직간접적으로 수학적 업적을 남긴 것은 어찌 보면 당연하다고 할 수 있다.

### 플라톤과 아리스토텔레스

〈아테네 학당〉의 구도에는 나름대로 원칙이 있다. 라파엘로는 플라톤, 아리스토텔레스, 소크라테스 등 인문학 위주의 학자들은 상단부에 놓고, 하단부에는 주로 자연과학을 연구한 학자들을 배치했다. 〈아테네 학당〉에서는 손가락으로 하늘을 가리키는 플라톤과 땅을 가리키는 아리스토텔레스가 여러 학자들 사이에서 중심을 이루고 있다. 플라톤과 아리스토텔레스는 각각 자신의 대표 저서라고 할 수 있는 『티마이오스Timaeus』와 『니코마코스 윤리학Nicomachean Ethics』을 들고 있다.

"서양의 2000년 철학은 모두 플라톤의 주석에 불과하다"라는 영국의 철학자 화이트헤드의 말처럼, 플라톤Plato, BC 427~347의 철학은 서양 철학의 원류라고 할 수 있다. 플라톤은 '이데아'와 '현상', '이성'과 '감성', '정신'과 '육체'를 이분법적으로 구분하고, 전자를 우위에 두었다. 본질적이고 영원한 최고선의 경지인 이데아idea를 추구하는 플라톤은 〈아테네 학당〉에서 위를 지향하는 이상론자로 묘사된다. 그에 반해 플라톤의 제자 아리스토텔레스Aristoteles, BC 384~322는 엄격한 관념론의 틀에서 벗어나 인간의 감각과 경험을 중시했다. 이처럼 인식과 실제를 연결하려는 아리스토텔레스는 아래를 가리키는 현실론자로 표현된다.

〈아테네 학당〉(위)과 시에라리온에서 1983년 발행한 우표들(피타고라스, 유클리드, 프톨레마이오스)

플라톤은 수학자는 아니었지만 수학의 중요성을 설파하였다. 플라톤은 자신이 세운 아카데미아의 정문에 '기하학을 모르는 자는 이 문을 들어오지 말라'라는 현판을 내걸었으며, 저서 『국가』에서 '기하학은 아래로 향하는 우리의 영혼을 위로 향하도록 철학적인 마음가짐을 만들고 영혼을 진리로 이끌어가는 학문'이라고 규정하기도 했다. 한편 플라톤의 '동굴의 비유'에 따르면, 교육을 받기 전의 사람들은 쇠사슬에 묶인 채 동굴 속에 갇혀서 그 벽에 비친 그림자를 실재인 양 착각하고 살아간다. 교육은 이런 사람들을 동굴 밖으로 이끌어내는 과정이며, 인간이 수학을 공부해야 하는 본질적인 이유는 수학을 현실에서 유용하게 써먹기 위해서가 아니라 수학이 영혼을 진리와 빛으로 이끌어주는 학문이기 때문이라고 갈파했다.

### 소크라테스, 피타고라스, 히파티아

플라톤의 왼편에서 토론을 벌이고 있는 무리 중 녹색 옷을 입고 옆모습을 드러낸 사람이 소크라테스Socrates, BC 469~399이다. 소크라테스는 플라톤의 '대화편'에 나오는 노예 소년과의 대화를 통해 '산파법'의 전형을 보여주었다. 소크라테스는 노예 소년에게 넓이가 4인 정사각형의 넓이를 2배인 8로 하려면 정사각형의 한 변의 길이를 얼마로 해야 하는지 묻는다. 노예 소년은 변의 길이를 2배로 하면 된다고 답했고, 소크라테스는 그 답의 오류를 지적한다. 소크라테스는 아무것도 직접 가르쳐주지 않은 채 일련의 질문을 통해 노예 소년이 스스로 깨닫고 답을 알아내도록 안내한다. 여기서 소크라테스는 직접적인 가르침보다는 인간의 영혼에 내재해 있던 지식을 상기하도록 도와주는 산파의 역할을 하는데, 이는 가장 이상적인 교육 방법 중의 하나이다.

그림의 왼쪽 아래에 앉아 공책에 무언가를 적고 있는 사람이 피타고라스Pythagoras, BC 570?~495?이다. 피타고라스가 적은 것을 그 뒤에 앉은 사람이 열심히 베껴 적고 있지만 피타고라스는 눈치 채지 못한 채 열중하고 있다. 피타고라스는 '만물은 수로 되어 있다'라는 생각에 기초하여 수 하나하나에 각별한 의미를 부여하고 신비화하는 수비주의numerology 경향에 빠지기도 했다. 또한 이 세상의 모든 것은 두 수의 조화로운 비로 나타낼 수 있는 '유리수'라고 생각했기 때문에 두 수의 비로 표현할 수 없는 '무리수'를 불경하게 여기고 인정하지 않았다.

피타고라스의 오른쪽 뒤에 있는 흰 옷을 입은 가녀린 여인은 라파엘로가 사랑했던 여인이라는 설도 있지만, 최초의 여성 수학자인 히파티아Hypatia, 370?~415라는 해석이 더 유력하다. 히파티아는 현재의 이집트인 알렉산드리아의 수학자이자 천문학자인 테온Theon의 딸로 태어났다. 아버지로부터 수학을 배운 히파티아는 수학, 천문학, 철학 분야에서 천재성을 드러낸 신플라톤주의자이다. 독신이었던 히파티아에게 구애를 하는 사람이 많았지만 히파티아는 '나는 진리와 결혼을 했다'라고 일언지하에 거절하며 연구에 몰두했다. 히파티아가 알렉산드리아에서 큰 인기를 누리게 되자 점차 견제를 받게 되었고, 결국은 이교異敎의 선포자라는 이유로 잔인하게 살해당한다. 히파티아 이후에는 주목할 만한 그리스의 수학자가 없었기에, 역사가들은 히파티아의 죽음을 그리스 수학의 종말로 기록한다.

## 유클리드와 프톨레마이오스

그림의 오른쪽 아래에 허리를 구부리고 컴퍼스로 도형을 그리고 있는 사람이 유클리드Euclid, BC 330?~275?이다. 그리스의 수학자들은 눈금이 없는 자와 컴퍼스만으로 도형을 그려내는 작도에 대해 많은 연구를 했는데, 이 그림에서 유클리드는 작도에 심취해 있다.

유클리드 옆에 위치하면서 지구의를 들고 뒷모습을 보이는 사람이 천문학자이자 지리학자인 프톨레마이오스Klaudios Ptolemaios, 90?~168?이다. 프톨레마이오스는 영어식 발음으로 톨레미Ptolemy라고 하는데, 그는 수학에도 조예가 깊어 '톨레미의 정리'를 내놓기도 했다. 그 옆에 천구의를 들고 있는 사람이 조로아스터Zoroaster로, 그리스어 발음으로는 차라투스투라Zarathustra라고 한다. 니체의 『차라투스투라는 이렇게 말했다』에 나오는 초인이자 조로아스터교의 창시자이다.

〈아테네 학당〉을 보는 재미 중의 하나는 '월리를 찾아라!'처럼 그림 속에 숨어 있는 인물을 찾는 것이다. 조로아스터 바로 옆에 검정 모자를 쓰고 있는 사람이 바로 화가 자신인 라파엘로이다. 라파엘로는 얼굴 부위만 드러낸 채 정면을 응시하면서 위대한 사상가들을 감상하고 있다.

## 원근법과 사영기하학

르네상스 시대의 도래에 따라 인본주의 사상이 파급되면서, 인간은 눈에 포착된 그대로를 그림으로 표현하게 되었다. 중세 시대에는 신의 음성을 듣는 청각에 우선순위를 두었지만, 르네상스 시대에는 인간의 눈에 비친 장면을 시각적으로 표현하는 것이 더 중요해졌다. 인간이 인식하는 3차원의 입체를 2차원 평면에 담아내기 위해서는 가까이 있는 것을 크게, 멀리 있는 것을 작게 그려야 한다. 이를 위한 체계적인 방법이 바로 원근법이다. 〈아테네 학

### 톨레미의 정리

사각형 ABCD가 원에 내접할 때, 사각형의 대변의 길이의 곱의 합은 대각선의 길이의 곱과 같다. 즉, $\overline{AB} \cdot \overline{CD} + \overline{AD} \cdot \overline{BC} = \overline{AC} \cdot \overline{BD}$가 성립한다. 또 역으로 사각형 ABCD에서 위의 등식이 성립하면, 이 사각형은 원에 내접한다.

톨레미의 정리의 특수한 경우가 피타고라스의 정리이다. 사각형 ABCD가 직사각형이면, $\overline{AB} = \overline{CD}$, $\overline{AD} = \overline{BC}$, $\overline{AC} = \overline{BD}$가 되어 위의 식은 $\overline{AB}^2 + \overline{BC}^2 = \overline{AC}^2$이 된다.

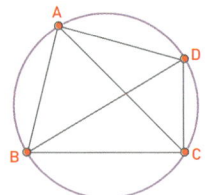 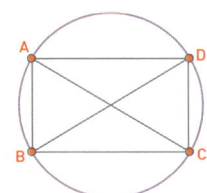

〈아테네 학당〉의 소실점

당〉에 많은 등장인물이 있으면서도 산만하게 보이지 않는 이유는 플라톤과 아리스토텔레스를 구심점으로 시선이 모아지기 때문이다.

원근법에서는 3차원 공간인 실세계에서 만나지 않는 평행선이 2차원 평면으로 표현된 그림에서는 만나도록 표현하는데, 그 만나는 점을 '소실점vanishing point'이라고 한다. 〈아테네 학당〉에서는 소실점이 플라톤과 아리스토텔레스의 중간에 위치한다.

### 1점·2점·3점 투시

원근법에 따른 그림은 소실점의 개수에 따라 1점 투시, 2점 투시, 3점 투시로 구분할 수 있다. 1점 투시는 물체의 한 면을 정면에서 볼 때 생기며, 소실점이 하나이다. 다음 그림의 1점 투시에서 정육면체의 12개 모서리 중 수평 방향 4개, 그리고 수직 방향 4개의 모서리들은 각각 평행하고, 실제로는 평행하지만 평행하지 않게 보이는 4개의 모서리를 연장했을 때 소실점에서 만나게 된다.

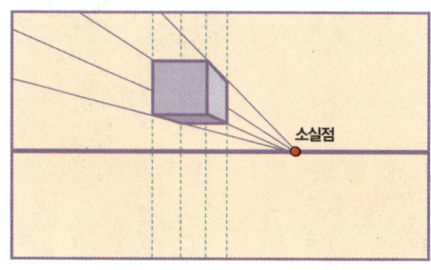

**1점 투시**

2점 투시는 물체의 한 모서리를 공유하는 두 면을 정면에서 바라볼 때 생기며, 소실점이 2개이다. 다음 그림의 2점 투시에서 정육면체의 12개 모서리 중 수직 방향 4개의 모서리들은 평행하고, 나머지 8개 중 4개씩의 모서리를 연장했을 때 각각 소실점에서 만나게 된다. 이렇게 생긴 2개의 소실점은 일직선상에 위치한다.

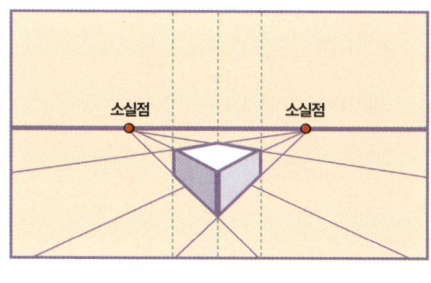

**2점 투시**

3점 투시는 위에서 내려다보거나 아래에서 올려다볼 때 생기며, 소실점이 3개이다. 정육면체의 12개 모서리는 4개씩 세 그룹으로 나뉘어 각각 소실점에서 만나게 되며, 3개의 소실점 중 2개는 일직선상에 위치한다. 조감도 鳥瞰圖, bird eye's view란 단어가 의미하는 바와 같이 하늘에서 새가 본 듯이 그린 것이고,

이와 대비되는 충감도蟲瞰圖, worm's view는 땅속에서 벌레가 본 듯이 아래에서 바라보며 그린 것으로, 3점 투시는 조감도 혹은 충감도에서 나타난다.

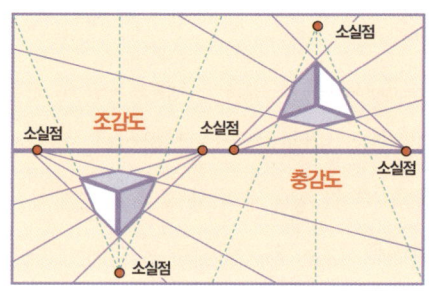

**3점 투시**

〈아테네 학당〉의 아래쪽 중앙에는 헤라클레이토스가 육면체 탁자에 기대어 팔을 괴고 있다. 이 육면체의 모서리의 연장선들을 그어보면 2개의 소실점이 생긴다. 오른쪽 방향의 연장선에 의해 만들어지는 소실점은 그림 바깥에

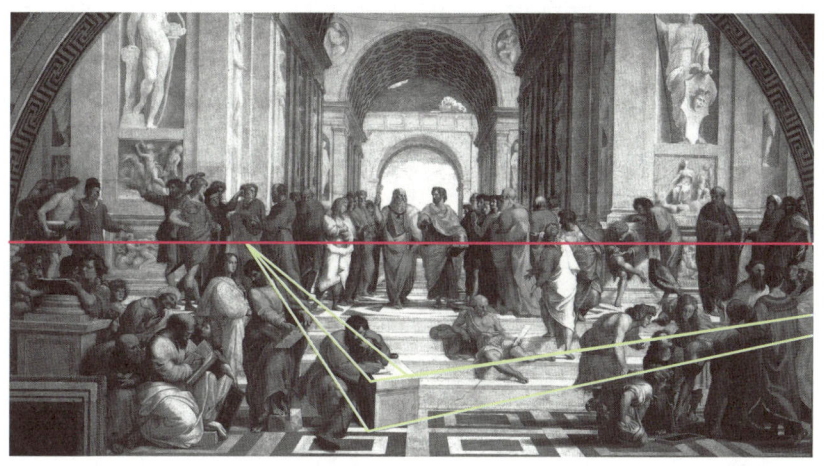

**〈아테네 학당〉의 2점 투시**

생기는데, 왼쪽에 생긴 소실점과 동일한 수평선상에 위치한다. 이는 2점 투시에 해당한다.

### 소실점과 무한원점

사영기하학projective geometry은 도형을 사영射影, projection변환시킬 때 불변으로 유지되는 성질을 연구하는 기하학의 한 분야이다. 원근법으로 그림을 그릴 때 역시 3차원 입체를 2차원 평면에 투사 혹은 사영시키는 것이므로, 원근법은 사영기하학과 관련이 깊다. 원근법에서 '소실점'에 대응되는 것이 사영기하학의 '무한원점point at infinity, ideal point'이다. 유클리드 기하학에서는 평행한 두 직선을 아무리 연장해도 만나지 않지만, 사영기하학에서는 평행한 두 직선이 만나게 되며 그 점이 바로 무한원점이 된다.

사영기하학에서 중요한 개념은 여러 개의 직선이 한 점에서 만나는 공점concurrent, 그리고 점들이 한 직선 위에 있는 공선collinear이다. 원근법에서 대응되는 선들이 한 점, 즉 소실점에서 만나고, 2점 투시와 3점 투시에서 2개의 소실점이 한 직선 위에 있는 것들은 사영기하학과의 관련성을 보여준다.

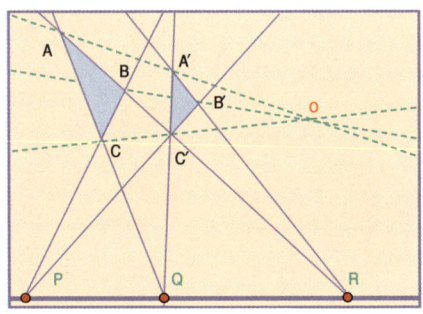

**데자르그의 정리**

사영기하학에서 기본이 되는 성질은 프랑스의 수학자이자 공학자인 지라르 데자르그Girard Desargues, 1591~1661가 증명한 '데자르그의 정리'이다. 두 삼각형 ABC와 A′B′C′에서 꼭짓점 A와 A′, B와 B′, C와 C′를 연결한 직선이 한 점 O에서 만나면, 3쌍의 대변 BC와 B′C′, AC와 A′C′, AB와 A′B′의 연장선의 교점 P, Q, R은 한 직선 위에 있다. 또 이 정리의 역逆도 성립하는데, 이 2개의 정리를 합쳐 데자르그의 정리라고 한다.

### 복비 불변과 쌍대의 원리

사영기하학의 핵심을 이루는 성질 중의 하나가 사영변환을 시켰을 때 복비複比, cross ratio가 불변이라는 성질이다. 일반적으로 공간의 네 점 A, B, C, D에 대해 복비 [A, B, C, D]는 다음과 같이 정의한다.

$$[A, B, C, D] = \frac{\frac{AC}{AD}}{\frac{BC}{BD}} = \frac{AC \cdot BD}{AD \cdot BC}$$

직선 $l$ 위의 네 점 A, B, C, D가 직선 위의 네 점 A′, B′, C′, D′로 사영되었을 때 [A, B, C, D] = [A′, B′, C′, D′]이다.

또한 사영기하학에서는 '쌍대의 원리dual principle'가 성립한다. 쌍대의 원리란 쌍을 이루는 2개의 명제가 있을 때 한 명제가 성립하면 다른 명제도 성립하는 성질을 말한다. 사영기하학에서 어떤 성질이 성립할 때, 그 성질에서 점

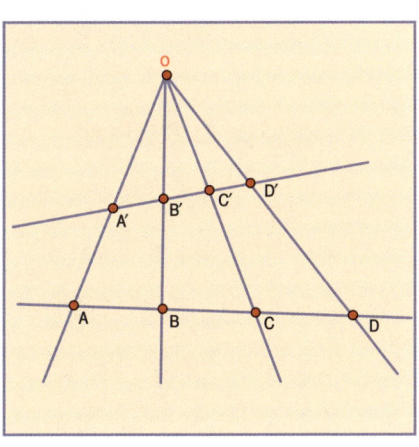

**복비 불변**

을 직선으로 바꾸어도 마찬가지로 성립한다. 간단한 예가 '서로 다른 두 점은 한 직선을 결정한다'와 '평행하지 않은 두 직선은 한 점에서 만난다'이다. 쌍대의 원리가 적용되는 '파스칼의 정리'와 '브리앙숑의 정리'를 예로 들어 비교해 보자. 파스칼의 정리와 브리앙숑의 정리에서는 '내접하는'과 '외접하는', '대변의 연장선의 교점'과 '마주보는 꼭짓점을 연결하는 선분', '한 직선 위에 있음'과 '한 점에서 만남'이 각각 대응됨을 알 수 있다.

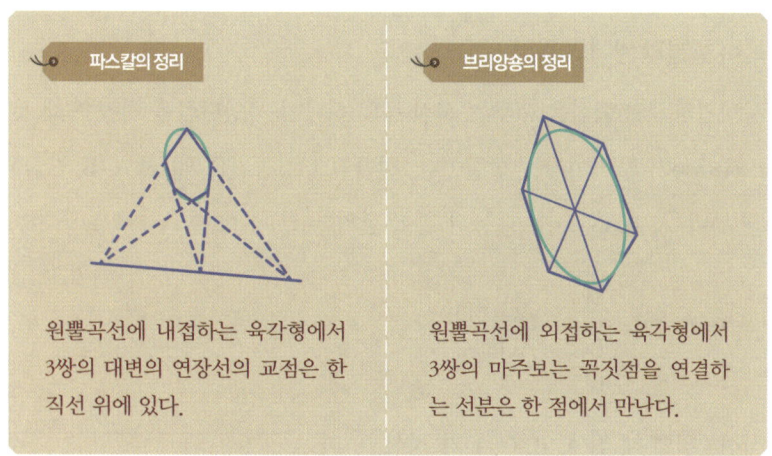

**파스칼의 정리**
원뿔곡선에 내접하는 육각형에서 3쌍의 대변의 연장선의 교점은 한 직선 위에 있다.

**브리앙숑의 정리**
원뿔곡선에 외접하는 육각형에서 3쌍의 마주보는 꼭짓점을 연결하는 선분은 한 점에서 만난다.

### 다빈치의 〈최후의 만찬〉

원근법이 적용된 또 하나의 불후의 명작이 레오나르도 다빈치Leonardo da Vinci, 1452~1519의 〈최후의 만찬〉으로, 이 그림에서 소실점은 예수의 머리에 위치한다. 〈최후의 만찬〉에서 예수 뒤의 3개의 창문은 그리스도교의 삼위일체를, 3명씩 4개의 무리를 이룬 열두 제자는 4개의 복음서와 새 예루살렘의 열두 문을 상징하는 것이라고 해석된다. 이 그림은 예수가 당신의 제자 중 한 명이 해가 뜨기 전에 배신할 것이라는 폭탄선언을 하는 순간, 충격과 분노와 두려

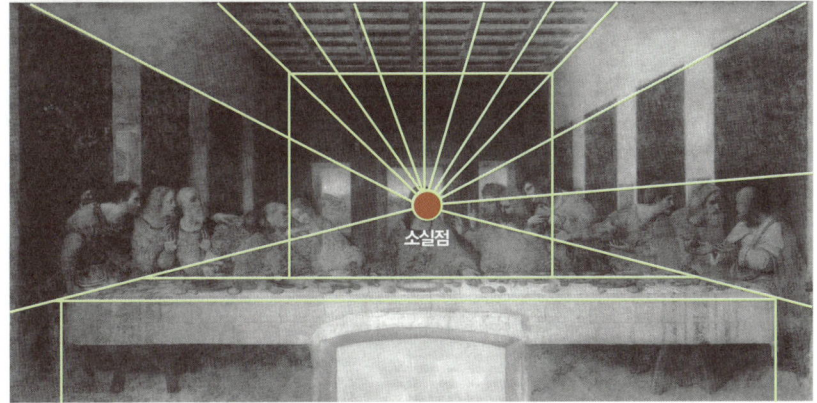

〈최후의 만찬〉에 표현된 원근법

움을 나타내는 열두 제자의 반응을 포착한 것이다.

그림에서 왼쪽부터 네 번째, 다섯 번째, 여섯 번째가 각각 유다, 베드로, 요한이다. 배신을 하게 될 유다는 열두 제자 중 유일하게 얼굴에 검은 그림자를 띠고 있으며, 베드로는 화가 난 표정이고, 요한은 혼절할 듯 창백한 얼굴을 하고 있다. 소설 『다빈치 코드』에서는 다빈치가 사도 요한이 아니라 막달라 마리아를 그린 것이라고 주장하면서, 요한을 '흐르는 듯한 붉은 머리칼과 섬세하게 모아 쥔 손'을 가진 것으로 묘사한다. 그림에서 요한은 청순가련하게 그려졌기에 막달라 마리아를 숨겨놓은 것이라는 주장이 나름 설득력 있게 들린다.

### 완전수, 부족수, 과잉수

〈최후의 만찬〉에서 제자들의 위치는 피타고라스학파가 정의한 완전수, 부족수, 과잉수의 관점에서 해석될 수 있다. 어떤 수의 진약수자기 자신을 제외한 약수의 합이 자기 자신의 수가 되는 수를 '완전수perfect number'라고 하는데, 6의 진약수 1, 2, 3을 더하면 6이 된다. 예수의 제자 중 가장 많은 사랑을 받은 것으로 보이는 사도 요한은 그림의 왼쪽으로부터 여섯 번째, 그러니까 완전수에 해당하는 자리에 앉아 있다.

한편 진약수의 합이 그 자신의 수보다 작아지는 수를 '부족수deficient number'라고 한다. 예를 들어 8의 진약수 1, 2, 4를 더하면 8보다 작으므로 부족수이다. 그림에서 예수를 제외하고 왼쪽에서 여덟 번째에는 예수의 부활을 믿지 않았던 의심 많은 제자 도마가 앉아 있다. 여기서 여덟 번째라는 자리는 부족한 제자임을 암시한다고 볼 수 있다.

마지막으로 12의 진약수 1, 2, 3, 4, 6을 더하면 12보다 커지는데, 이런 수를 '과잉수abundant number'라고 한다. 예수는 열두 제자를 두었으므로 제자가 충분히 많다는 의미로 해석할 수 있다.

### 완전수에 대한 니코마코스의 가설

고대 그리스인들은 완전수에 대한 관심을 가졌고, 처음 4개의 완전수인 6, 28, 496, 8128까지 알고 있었다. 이를 토대로 100년경의 수학자 니코마코스

Nicomachus, 60?~120?는 다음과 같은 세 가지 가설을 세웠다.

> $n$번째 완전수는 $n$자리 수이다.
> 완전수의 끝자리에는 6과 8이 교대로 나타난다.
> 모든 완전수는 짝수이다.

첫 번째 가설과 관련하여, 당시까지 밝혀진 완전수 6, 28, 496, 8128은 각각 1자리, 2자리, 3자리, 4자리 수이므로, $n$번째 완전수는 $n$자리 수라고 추측할 수 있다. 그러나 다섯 번째 완전수인 33550336이 알려지면서 이 가설이 성립하지 않는다는 것이 밝혀졌다. 두 번째 가설과 관련하여, 첫 번째부터 다섯 번째 완전수에서는 6과 8이 교대로 나타나지만, 여섯 번째 완전수인 8589869056을 발견하면서, 이 가설은 기각되었다. 현재까지 세 번째 가설은 참인 것으로 받아들여지고 있지만 아직 증명되지 못하였다.

| 완전수 | 연속된 자연수의 합 | 연속된 홀수의 세제곱의 합 | $2^{n-1}(2^n-1)$ |
|---|---|---|---|
| 6 | 1+2+3 |  | $2^1(2^2-1)=2\cdot3$ |
| 28 | 1+2+3+4+5+6+7 | $1^3+3^3$ | $2^2(2^3-1)=4\cdot7$ |
| 496 | 1+2+3+ ⋯ +29+30+31 | $1^3+3^3+5^3+7^3$ | $2^4(2^5-1)=16\cdot31$ |
| 8128 | 1+2+3+ ⋯ +125+126+127 | $1^3+3^3+5^3+⋯+11^3+13^3+15^3$ | $2^6(2^7-1)=64\cdot127$ |
| 33550336 | 1+2+3+ ⋯ +8189+8190+8191 | $1^3+3^3+5^3+⋯+123^3+125^3+127^3$ | $2^{12}(2^{13}-1)=4096\cdot8191$ |

완전수를 위의 표와 같이 정리해보면 6을 제외한 완전수는 1부터 연속된 홀수의 세제곱의 합으로 표현됨을 알 수 있다. 또한 표에서 완전수는 1부

터 연속된 자연수의 합으로 나타낼 수 있다. 등비수열의 합의 공식을 적용하면 1부터 $(2^n-1)$까지 일련의 자연수의 합은 $\frac{2^n(2^n-1)}{2}=2^{n-1}(2^n-1)$이 되므로, $2^{n-1}(2^n-1)$ 형태의 완전수는 1부터 $(2^n-1)$까지 연속된 자연수의 합으로 표현됨을 알 수 있다. 이 완전수는 2의 거듭제곱인 $2^{n-1}$과 소수인 $(2^n-1)$의 곱이 된다. 여기서의 소수 $(2^n-1)$은 제1악장에서 소개한 메르센 소수로, 완전수 $2^{n-1}(2^n-1)$과 일대일로 대응된다. 이와 관련된 다음 정리는 오일러가 증명한 것이다.

> $n$이 짝수인 완전수일 필요충분조건은 $2^{n-1}(2^n-1)$로 표현되는 것으로 이때 $(2^n-1)$은 소수이다.

이 정리는 앞에서 제시한 니코마코스의 세 번째 가설과 비슷하게 들리기는 하지만, 약간의 차이가 있다. 니코마코스의 가설에서는 모든 완전수가 짝수라는 점을 주장한 것이고, 오일러가 증명한 성질은 짝수인 완전수일 조건이기 때문이다.

### 완전수와 관련된 개념들

완전수와 관련된 몇 개의 개념들을 알아보기 위해 기호를 한 가지 도입하자. $n$의 모든 약수의 합을 $\sigma(n)$이라고 하면, $n$이 완전수이기 위한 필요충분조건은 $\sigma(n)=2n$이다. 완전수에서 진약수의 합이 $n$이므로 약수에 자기 자신 $n$을 포함시키면 전체 약수들의 합은 $2n$이 된다.

완전수와 유사한, 그래서 '근완전수 almost perfect number'라는 명칭 붙은 수는 $\sigma(n)=2n-1$을 만족하는 경우를 말한다. 예를 들어 16의 약수를 모두 더하면

1+2+4+8+16=31=32-1이므로 16은 근완전수이다. 현재까지 알려진 근완전수는 모두 $2^n$의 형태이지만, 근완전수가 항상 $2^n$의 형태라는 것은 아직 증명되지 못한 미해결 문제이다.

'반완전수semiperfect number'는 진약수의 전체 합이 그 자신의 수가 되는 것이 아니라 진약수들의 일부 합이 그 자신의 수가 되는 경우를 말한다. 예를 들어 20의 진약수인 1, 2, 4, 5, 10을 모두 더하면 20보다 커지지만, 그중의 일부인 1, 4, 5, 10을 더하면 20이 된다. 따라서 20은 반완전수이다.

완전수를 세분화한 것이 '$k$중 완전수multiperfect number'이다. $k$중 완전수란 $\sigma(n)=kn$이 되는 경우를 말한다. 예를 들어 120의 약수를 모두 더하면 360, 즉 $\sigma(120)=360=3\times 120$이므로 120은 3중 완전수이다. 앞서 소개한 완전수는 $\sigma(n)=2n$이므로 엄밀하게 말하면 2중 완전수이다.

### 수학과 미술의 이종교배

언뜻 생각하기에 수학과 미술은 꽤 거리가 먼 분야로 여겨진다. 따뜻한 감성의 결정체인 미술, 그에 반해 냉철한 이성과 논리로 무장한 수학은 영원히 만나지 않을 평행선처럼 요원하게만 느껴진다. 하지만 수학과 미술도 교감을 나눌 수 있다. 〈아테네 학당〉과 〈최후의 만찬〉을 수학의 관점에서 해석하다 보면, 수학과 미술이라는 이질적인 분야의 이종교배가 가능하다는 생각이 든다.

# 수학으로 디자인하다
## 타일링과 이차곡선

Mathematics Concert Plus

### 알함브라 궁전의 모자이크 무늬

필자의 학창 시절, FM 라디오의 심야 방송에서 자주 흘러나오던 기타곡이 〈알함브라 궁전의 추억〉이었다. 당시의 중·고등학생들은 섬세하면서도 아련한 멜로디의 기타 선율에 젖어 알함브라 궁전에 대한 상상의 나래를 펴곤 했다. 타레가가 작곡한 기타곡으로 더욱 유명해진 알함브라 궁전은 스페인 안달루시아 주의 그라나다에 위

알함브라 궁전의 전경

알함브라 궁전의 모자이크 무늬

치한 이슬람 궁전이다. 이슬람교에서는 우상 숭배를 금지하여 사람이나 동물 모양의 그림을 그릴 수 없기 때문에, 알함브라 궁전은 기하학적인 아라베스크 무늬를 이용하여 벽과 바닥, 천장을 장식하였다.

명품 브랜드 회사에서 새로운 상품을 기획할 때면 디자이너를 알함브라 궁전으로 출장을 보낼 정도로, 알함브라 궁전을 장식한 다채로운 모자이크 무늬는 디자인의 아이디어를 제공하는 원천이 되어왔다. 독특한 기하학적 모양을 작품 세계에 반영한 네덜란드의 미술가 에스허르 M. C. Escher 역시 알함브라 궁전에서 작품의 영감을 얻었다고 한다.

### 정규 타일링

기하학적 도형을 반복적으로 배열하여 틈이나 겹침 없이 평면이나 공간을 완벽하게 덮는 것을 '테셀레이션 tessellation'이라고 한다. 라틴어로 tessella는 작은 정사각형을 뜻하는데, 테셀레이션의 기본 형태는 정사각형을 이어붙이는 것이기 때문이다. 또한 테셀레이션은 우리말로 '쪽매맞춤'이라고 하는데, 그 예는 욕실의 타일, 전통 조각보, 퀼트 등 생활 주변에서 쉽게 찾아볼 수 있다.

우리나라의 전통 조각보

테셀레이션 중 가장 간단한 경우는 한 가지 정다각형을 이용하는 것으로, 이를 '정규 타일링regular tiling'이라고 한다. 정삼각형의 한 내각은 60°이므로, 한 꼭짓점에 정삼각형 6개가 모이도록 배치하면 360°가 된다. 이 경우 정삼각형의 꼭짓점을 중심으로 정삼각형 6개가 모이므로 (3, 3, 3, 3, 3, 3)으로 표시하자. 한 내각의 크기가 90°인 정사각형을 한 꼭짓점에 4개씩 모으면 360°가 되며, 이 경우는 (4, 4, 4, 4)가 된다.

(3, 3, 3, 3, 3, 3)　　　　　　　　(4, 4, 4, 4)

### 허니콤: 최소의 재료로 최대의 부피를

한 내각의 크기가 120°인 정육각형을 각 꼭짓점에 3개씩 모으면, 마찬가지로 360°가 된다. 이 경우는 (6, 6, 6)으로 나타낼 수 있다. 이처럼 정육각형들을 연결시켜 평면을 채우는 방식은 벌집의 단면에서 찾아볼 수 있는데, 벌꿀의 집 모양과 관련되기 때문에 허니콤honeycomb이라고 한다.

정다각형의 한 변의 길이를 1로 고정하고, 정삼각형, 정사각형, 정육각형의 둘레의 길이와 넓이를 구하면 다음과 같다.

| 정다각형 | 정삼각형 | 정사각형 | 정육각형 |
|---|---|---|---|
| 한 변의 길이 | 1 | 1 | 1 |
| 둘레의 길이 | 3 | 4 | 6 |
| 넓이 | $\dfrac{\sqrt{3}}{4}$ | 1 | $\dfrac{3\sqrt{3}}{2}$ |
| 모양 | △ | □ | ⬡ |

정삼각형의 둘레의 길이가 3일 때 그 넓이는 $\dfrac{\sqrt{3}}{4}$이다. 이제 정삼각형의 둘레의 길이를 1로 하여 $\dfrac{1}{3}$로 줄이면 이에 대응되는 넓이는 $\left(\dfrac{1}{3}\right)^2=\dfrac{1}{9}$배가 된다. 따라서 정삼각형의 둘레의 길이가 1일 때의 넓이는 $\dfrac{\sqrt{3}}{4}\times\dfrac{1}{9}=\dfrac{\sqrt{3}}{36}$이 된다. 마찬가지로 정사각형의 둘레의 길이가 4일 때 그 넓이는 1이므로, 정사각형의 둘레의 길이가 1일 때의 넓이는 이전 넓이의 $\left(\dfrac{1}{4}\right)^2=\dfrac{1}{16}$배인 $\dfrac{1}{16}$이 된다. 마지막으로 정육각형의 둘레의 길이가 6일 때 그 넓이는 $\dfrac{3\sqrt{3}}{2}$이므로, 정육각형의 둘레의 길이 1에 대응되는 넓이는 이전 넓이의 $\dfrac{1}{36}$배가 되므로,

(6, 6, 6)            벌집의 단면

$\frac{3\sqrt{3}}{2} \times \frac{1}{36} = \frac{\sqrt{3}}{24}$이 된다. 이 세 경우의 대소를 비교하면 $\frac{\sqrt{3}}{36} < \frac{1}{16} < \frac{\sqrt{3}}{24}$이다. 즉, 정다각형의 둘레의 길이가 일정할 때 넓이가 가장 큰 것은 정육각형이고, 그 다음이 정사각형, 정삼각형의 순이다.

벌집의 단면은 정육각형을 연결한 모양이지만, 실제 벌집은 입체이므로 정육각기둥을 쌓아놓은 모양이 된다. 벌집을 절단한 단면에서 둘레의 길이가 일정할 때 넓이가 가장 큰 것이 정육각형이고, 입체도형으로 보면 옆면의 넓이가 일정한 각기둥 중에서 최대 부피를 보장하는 것은 정육각기둥이다. 다

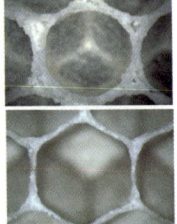

2013년 7월 17일 학술지 《Journal of the Royal Society Interface》에 게재된 논문은 벌집이 정육각형인 이유를 다른 방식으로 설명하고 있다. 벌이 원래 만든 집은 밀랍으로 만들어진 원 모양이다(사진 위). 그런데 시간의 흐름에 따라 벌의 체온에 의해 밀랍이 말랑말랑해지고, 3개의 원형이 맞닿는 부분에서 표면장력이 작용하면서 정육각형 모양으로 변화하게 된다는 것이다(사진 아래). 이 연구 결과를 받아들인다면, 벌이 기하학적인 예지력을 가지고 있어 정육각형을 만들어낸 것이 아니라, 표면장력의 결과에 의해 우연히 만들어진 것이 된다.

**허니콤 디자인의 건물-벌집구조의 건물과 그 내부**

시 말해 벌이 같은 양의 재료로 집을 지을 때 가장 넓은 공간을 확보할 수 있는 입체도형이 바로 정육각기둥이다. 최대의 공간을 확보하려는 자연의 경향성에 의해 벌은 정육각형이라는 최적의 모양을 선택한 것이다.

허니콤은 재료를 적게 사용하여 가볍고, 견고한 구조로 굽힘이나 압축에 강하기 때문에 다양한 제품에 활용된다. 한 예로 초경량 노트북을 출시한 어느 회사는 '고강도 마그네슘 합금 소재 케이스에 벌집 구조 허니콤 스트럭처로 설계돼 뒤틀림에 강하다'라고 제품을 설명하고 있다. 한편 중국 톈진에 있는 한 철강회사는 위의 사진과 같이 허니콤을 건물의 디자인에 적용하여 세련된 외관을 연출하고 있다. 그러고 보면 허니콤은 실용성과 심미성을 동시에 만족시키는 구조이다.

## 아르키메데스 타일링

테셀레이션을 반드시 한 가지 종류의 정다각형으로만 할 필요는 없다. 두 가지 이상의 정다각형을 이용해서 평면을 완벽하게 채우는 것을 '아르키메데스 타일링Archimedean tiling' 혹은 '준정규 타일링semi-regular tiling'이라고 한다. 물론 이때 각 꼭짓점에서 정다각형들이 만나는 방식은 동일해야 한다.

한 꼭짓점에 3개의 정다각형(정$n_1$각형, 정$n_2$각형, 정$n_3$각형)이 모이는 경우를 생각해보자. 정$n$각형의 한 내각의 크기는 $\frac{180°(n-2)}{n}$ 이고, 이 내각들이 모여 360°가 되어야 하므로 다음 방정식을 세울 수 있다.

$$\frac{180°(n_1-2)}{n_1}+\frac{180°(n_2-2)}{n_2}+\frac{180°(n_3-2)}{n_3}=360°$$

양변을 180°로 약분하고 정리하면 $\frac{1}{n_1}+\frac{1}{n_2}+\frac{1}{n_3}=\frac{1}{2}$ 이 된다.

이때 방정식은 하나이고, 미지수는 $n_1$, $n_2$, $n_3$의 3개이므로, 해가 하나로 정해지지 않는 부정방정식不定方程式이 된다. 그리고 이 방정식을 만족하는 해는 다음과 같이 10가지가 존재한다.

| $n_1$ | $n_2$ | $n_3$ |
|---|---|---|
| 3 | 7 | 42 |
| 3 | 8 | 24 |
| 3 | 9 | 18 |
| 3 | 10 | 15 |
| 3 | 12 | 12 |
| 4 | 5 | 20 |
| 4 | 6 | 12 |
| 4 | 8 | 8 |
| 5 | 5 | 10 |
| 6 | 6 | 6 |

위에서 구한 10가지 해 중에는 아르키메데스 타일링이 가능한 경우도 있고 가능하지 않은 경우도 있다. 이 해가 보장하는 것은 한 꼭짓점에 세 정다각형이 만나서 360°를 이룬다는 조건이지, 모든 꼭짓점에서 세 정다각형이 동일한 방식으로 만나서 평면을 채운다는 의미는 아니기 때문이다. 예를 들어 (3, 10, 15)의 경우 정삼각형과 정십각형과 정십오각형이 모이면 360°를 이룬다. 그러나 이런 배열을 하다 보면 어떤 꼭짓점에서는 1개의 정삼각형과 2개의 정십각형이 모여 내각의 크기의 합이 360°보다 작아지기도 하고, 또 어떤 꼭짓

점에서는 1개의 정삼각형과 2개의 정십오각형이 모이면서 내각의 크기의 합이 360°보다 커지기도 하므로, 아르키메데스 타일링이 되지 않는다.

(3, 10, 15)

이런 경우를 제외하면 3개의 정다각형으로 이루어지는 아르키메데스 타일링은 (3, 12, 12), (4, 8, 8), (4, 6, 12)의 세 가지뿐이다.

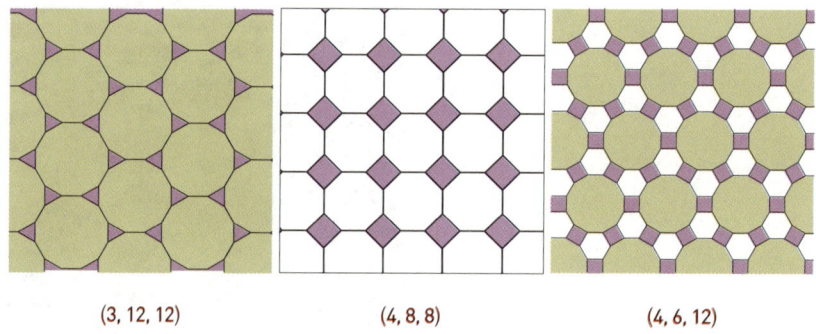

(3, 12, 12)　　　　(4, 8, 8)　　　　(4, 6, 12)

한 꼭짓점에 4개의 정다각형(정$n_1$각형, 정$n_2$각형, 정$n_3$각형, 정$n_4$각형)이 모이는 경우도 동일한 방법으로 구할 수 있다. 4개의 정다각형들이 모여 360°를 이루어야 하므로 다음 방정식을 세울 수 있다.

$$\frac{180°(n_1-2)}{n_1}+\frac{180°(n_2-2)}{n_2}+\frac{180°(n_3-2)}{n_3}+\frac{180°(n_4-2)}{n_4}=360°$$

양변을 180°로 약분하고 정리하면 $\frac{1}{n_1}+\frac{1}{n_2}+\frac{1}{n_3}+\frac{1}{n_4}=1$이 된다.

| $n_1$ | $n_2$ | $n_3$ | $n_4$ |
|---|---|---|---|
| 3 | 3 | 4 | 12 |
| 3 | 6 | 3 | 6 |
| 3 | 4 | 6 | 4 |
| 4 | 4 | 4 | 4 |

위의 부정방정식을 만족하는 해는 왼쪽과 같이 네 가지 경우이다.

이 해 중에서 아르키메데스 타일링이 가능한 경우는 (3, 6, 3, 6), (3, 4, 6, 4)의 두 가지이다. 스페인 세비야에 위치한 세비야 대성당의 바닥면은 다음 사진에서 보듯이 실제로 (3, 4, 6, 4)의 아르키메데스 타일링을 이용하고 있다.

(3, 6, 3, 6)

(3, 4, 6, 4)

세비야 성당의 바닥면

동일한 방법을 이용하면 한 꼭짓점에 정다각형 5개가 모이는 다음의 두 가지 경우를 구할 수 있다.

| $n_1$ | $n_2$ | $n_3$ | $n_4$ | $n_5$ |
|---|---|---|---|---|
| 3 | 3 | 3 | 4 | 4 |
| 3 | 3 | 3 | 3 | 6 |

한 꼭짓점에 정다각형 5개가 모이는 (3, 3, 3, 4, 4)는 정다각형의 배열 순서에 따라 (3, 3, 4, 3, 4)와 (3, 3, 3, 4, 4)의 두 가지 경우로 구분되며, (3, 3, 3, 3, 6)도 방향에 따라 왼쪽 형과 오른쪽 형의 두 가지로 구분된다.

(3, 3, 4, 3, 4)    (3, 3, 3, 4, 4)

왼쪽 형 (3, 3, 3, 3, 6)    오른쪽 형 (3, 3, 3, 3, 6)

종합하면, 아르키메데스 타일링은 모두 8가지 종류가 있으며, (3, 3, 3, 3, 6)의 방향을 고려할 때에는 총 9가지가 된다.

## 기리 타일링

정규 타일링이나 아르키메데스 타일링은 정다각형을 이용하여 틈이나 겹침 없이 평면을 채운다. 그와 달리 정다각형이 아닌 일반적인 다각형을 함께 이용하여 면을 채우는 경우도 있는데, 그 대표적인 예가 '기리 타일링Girih tiling'이다. 이슬람 사원을 장식하고 있는 각양각색의 대칭적인 무늬를 연구한 하버드대학교의 피터 루Peter J. Lu와 프린스턴대학교의 폴 슈타인하르트Paul J. Steinhardt는 기리 타일링에 대한 연구결과를 2007년 과학저널 《사이언스》에 발표하였다.

기리 타일링은 다음과 같이 5가지 종류가 있으며, 다각형의 내각은 36의 배수인 72°, 108°, 144°, 216° 중의 하나이다. 각 기리 타일의 내부에는 파란색의 선들이 그어져 있어 기리 타일을 배열했을 때 이 선들이 중첩되면서 무늬를 만들어낸다.

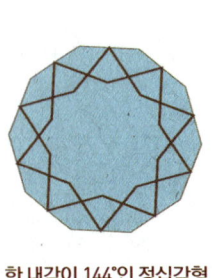
한 내각이 144°인 정십각형

한 내각이 108°인 정오각형

내각이 72°, 108°, 72°, 108°인 마름모

내각이 72°, 144°, 144°, 72°, 144°, 144°인 육각형

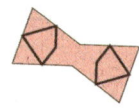
내각이 72°, 72°, 216°, 72°, 72°, 216°인 나비넥타이 모양의 육각형

다음의 왼쪽 사진은 기리 타일을 배열한 것이고, 오른쪽 사진은 터키의 부르사Bursa에 위치하는 예실 자미Yesil Cami, 일명 녹색사원의 오스만 왕 거처 입구에

기리 타일링　　　　　　　　터키 예실 자미의 타일

있는 아치형 타일이다. 두 가지를 비교해보면, 예실 자미의 모자이크 무늬가 기리 타일링을 이용한 것임을 알 수 있다.

## 수학자 보로노이

평면을 다각형들로 분할하는 또 다른 예가 '보로노이 다이어그램Voronoi diagram'이다. 보로노이 다이어그램은 이를 본격적으로 연구한 우크라이나 출생의 러시아 수학자 조지 보로노이George Voronoy, 1868~1908의 이름을 딴 것이다. 2008년 우크라이나에서는 보로노이 사망 100주년을 기념하여 2그리브나grivna 동전에 보로노이의 얼굴을 새겨 넣기도 했다. 보로노이 다이어그램은 19세기 독일의 수학자 디리클레도 연구하였기 때문에 '디리클레 테셀레이션Dirichlet tessellation'이라고도 부른다.

조지 보로노이와 그의 얼굴이 새겨진 우크라이나 동전

## 보로노이 다이어그램이란?

보로노이 다이어그램은 평면 위에 점들이 있을 때 이 점을 하나씩 포함하는 다각형들로 면을 분할하되 다음 조건을 만족시키는 경우를 말한다.

보로노이 다이어그램

처음에 주어진 점들을 보로노이 다이어그램을 만들어내는 '생성점generating point'이라고 할 때, 분할된 다각형 내부의 임의의 점과 그 다각형이 포함하고 있는 생성점 사이의 거리는 그 다각형 외부의 생성점과의 거리보다 가까워야 한다.

이러한 조건이 만족되도록 분할하기 위해서는 인접한 두 생성점을 선분으로 연결하고 이 선분의 수직이등분선을 긋는다. 이러한 방식으로 수직이등분선을 그려 가면 수직이등분선을 변으로 하는 다각형이 만들어지면서 면이 다각형들로 분할된다. 이때 생기는 다각형을 '보로노이 다각형'이라고 한다.

### 델로네 삼각분할

보로노이 다이어그램의 생성점들을 연결하여 삼각형들로 면을 분할하는 것을 '델로네 삼각분할Delaunay triangulation'이라고 한다. 삼각형의 외심은 세 변의 수직이등분선의 교점이고, 보로노이 다각형은 생성점을 연결하는 선분의 수직이등분선들로 만들어지기 때문에, 생성점을 꼭짓점으로 하는 삼각형의 외심은 보로노이 다각형의 꼭짓점이 된다.

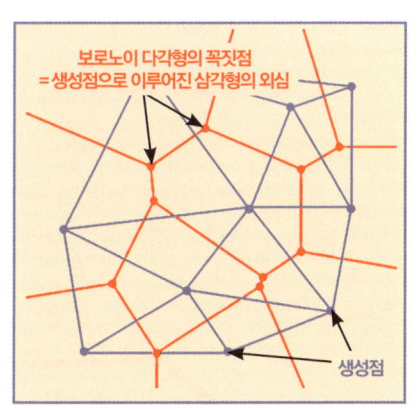

보로노이 다이어그램과 델로네 삼각분할

다음 그림에서 보라색 점들은 생성점이고 보라색 삼각형들로 평면을 나누는 것이 델로네 삼각분할이다. 빨간색 점들은 삼각형의 외심으로 이들을 꼭짓점으로 하는 빨간색 다각형이 보로노이 다각형이다. 델로네 삼각분할이 주어지면 보로노이 다이어그램을 그릴 수 있고, 보로노이 다이어그램이 주어지면 델로네 삼각분할을 그릴 수 있다. 따라서 보로노이 다이어그램과 델로네 삼각분할은 서로 쌍대dual가 된다.

### 보로노이 다이어그램의 활용

보로노이 다이어그램은 구역 내에서 특정 지점에 대한 접근성이 높아지도록 면을 분할할 때 활용된다. 예를 들어 동사무소, 소방서, 경찰서와 같은 공공기관이 관할하는 구역을 정할 때 지역 주민들의 편의성을 위해서는 공공기관이 가능한 한 가깝게 위치하도록 해야 한다. 이 경우 공공기관을 생성점으로 하고 보로노이 다각형으로 공공기관의 관할구역을 정하면 된다. 보로노이 다각형 내부의 임의의 점에서 생성점까지의 거리는 다각형 외부의 생성점까지의 거리보다 가깝기 때문에, 관할구역 내에서 어느 위치를 잡더라도 공공기관과의 거리가 가까워진다.

물론 현실세계에서 관할구역을 분할하는 것은 간단하지 않다. 보로노이 다각형은 평면을 가정하지만, 실세계에서는 공공기관이 위치하고 있는 지점의

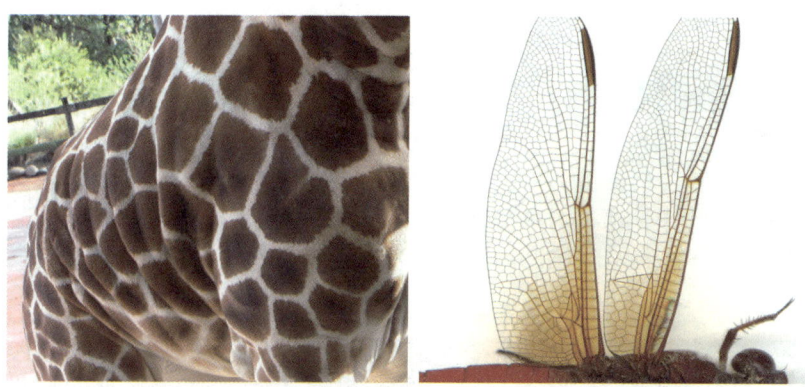

**기린의 얼룩무늬나 잠자리 날개에서 볼 수 있는 보로노이 다이어그램**

높이가 다를 수 있고, 그 사이에 강이나 산이 존재할 수도 있기 때문이다. 또한 도로망과 인구분포 등의 요인도 복합적으로 고려해야 한다. 하지만 그런 요인을 배제할 때는 보로노이 다각형으로 관할구역을 나누는 것이 최적의 해법이다.

보로노이 다이어그램은 컴퓨터 그래픽이나 전염병을 연구할 때 활용되기도 한다. 19세기 중반 런던에 콜레라가 번창했을 때 의사인 존 스노우 John Snow 는 감염된 식수원과의 인접성과 사망 여부가 관련성이 아주 높다는 것을 알아냈는데, 그 과정에서 보로노이 다이어그램을 이용하였다.

그 이외에도 보로노이 다이어그램의 쓰임새는 다양하다. 예를 들어 로봇이 장애물을 만나면 피해가도록 동선을 짤 때 보로노이 다이어그램이 이용된다. GPS에서 최단경로를 찾을 때도 마찬가지이다. 또 하나의 흥미로운 사실은 보로노이 다이어그램이 기린의 얼룩무늬나 잠자리 날개와 같이 동물 세계에서도 발견된다는 점이다. 그런 면에서 보로노이 다이어그램은 자연이 선택한 패턴이기도 하다.

요트 디자인에 응용된 보로노이 다이어그램

보로노이 다이어그램을 디자인에 응용한 경우도 있다. 시각디자이너 김현석 씨는 초호화 요트를 설계하면서 보로노이 다이어그램을 이용했다. 위의 요트 사진에서 보로노이 다이어그램은 편안하고 세련된 분위기를 연출하면서 시각적인 아름다움을 준다.

### 사랑의 방정식

약 10년 전 꽤 인기가 있던 드라마에서 수학 영재이자 로맨티스트인 남자 주인공은 여자 친구에게 방정식을 건네면서 자신의 마음을 전한다. 그 방정식이 바로 $17x^2 - 16|x|y + 17y^2 = 225$로, 그래프를 그려보면 다음과 같이 하트 모양이 된다. 그래서 이 방정식은 '사랑의 방정식'으로 알려지게 되었다. 왜

이런 하트 모양이 만들어지는지 차근차근 알아보자.

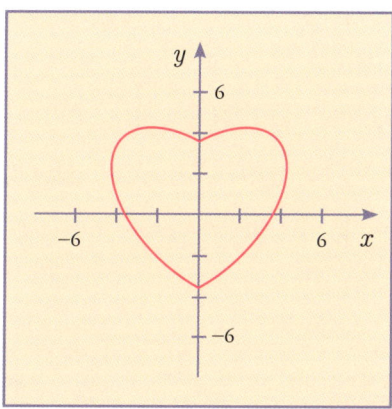

사랑의 방정식 $17x^2-16|x|y+17y^2=225$의 그래프

### 원뿔곡선 vs 이차곡선

원, 타원, 포물선, 쌍곡선은 원뿔을 절단했을 때 얻을 수 있기 때문에 '원뿔곡선conic section'이라고 한다. 그런데 이 곡선들의 방정식을 구해보면 모두 이차식이 되기 때문에 '이차곡선quadratic curve'이라고도 한다. 원뿔곡선은 원뿔의 단면과 관련된 '기하적인' 명칭인 반면, 이차곡선은 곡선이 이차식으로 표현된다는 사실에 주목한 '대수적인' 명칭이다. 다시 말해 원뿔곡선과 이차곡선은 동일한 수학적 대상을 지칭하지만, 서로 다른 관점에서 붙여진 용어이다.

원, 타원, 포물선, 쌍곡선은 이차식인 $Ax^2+Bxy+Cy^2+Dx+Ey+F=0$($A$, $B$, $C$가 모두 0인 경우 제외)의 형태로 나타낼 수 있는데, 식에서 계수 $A$, $B$, $C$의 값에 따라 그 모양이 결정된다.

$B^2-4AC<0$　　타원　　　　　$B^2-4AC>0$　　쌍곡선

$B^2-4AC=0$　　포물선　　　　　$A=C, B=0$　　원

### '타원'에서 '하트'로

방정식 $17x^2-16|x|y+17y^2=225$에서 $x$의 절댓값 기호를 없애면 $17x^2-16xy+17y^2=225$가 된다. 이 이차식을 $Ax^2+Bxy+Cy^2+Dx+Ey+F=0$과 비교해보면 $A=C=17$, $B=-16$이다. 따라서 $B^2-4AC=(-16)^2-4\cdot17^2<0$이고 위의 조건에 따라 타원이 됨을 알 수 있다.

> 타원의 수학적 정의는 두 점점에서 거리의 합이 일정한 점들의 집합으로, 이러한 타원을 방정식으로 표현하면 다음과 같다.
>
> 두 점점 $F(c,0)$, $F'(-c,0)$에서의 거리의 합이 일정한 값 $2a$인 타원의 방정식은
>
> $\dfrac{x^2}{a^2}+\dfrac{y^2}{b^2}=1$ (단, $a>c>0$, $b^2=a^2-c^2$)

이차식에서 $xy$항이 없이 $\dfrac{x^2}{a^2}+\dfrac{y^2}{b^2}=1$의 꼴로 나타낼 수 있으면 그 그래프는 $x$축이나 $y$축에 대칭인, 즉 표준 위치에 있는 타원이 된다. 이 표준 위치에 있는 타원의 방정식에 $xy$항이 추가되면 표준 위치에 있는 타원을 회전시킨 타원이 된다. 이차식 $17x^2-16xy+17y^2=225$의 경우 $xy$항이 포함되어 있으므로, 표준 위치에 있는 타원을 회전시킨 모양이 된다.

한편 어떤 방정식의 $x$에 절댓값을 취하고 그래프를 그리면 원래 방정식의 그래프를 $y$축으로 대칭 이동시킨 모양이 된다. 따라서 타원의 방정식인 $17x^2-16xy+17y^2=225$에서 $x$에 절댓값을 취하면, 타원의 그래프는 $y$축 대칭이 되면서 하트 모양으로 바뀌게 된다.

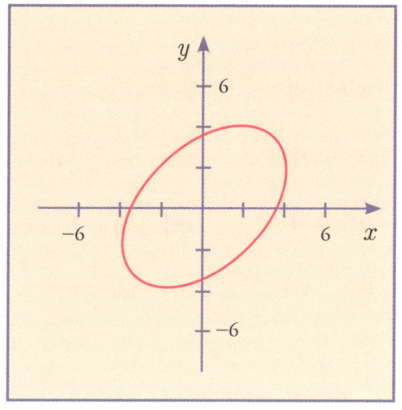

$17x^2-16xy+17y^2=225$의 그래프

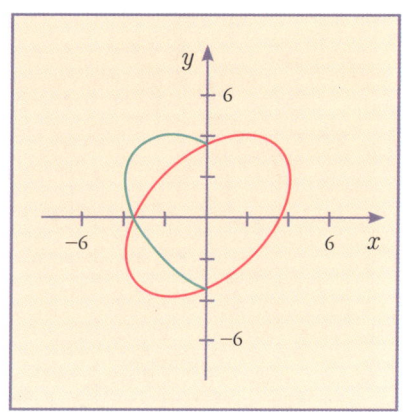

$17x^2-16|x|y+17y^2=225$의 그래프

## 극좌표를 이용한 하트

$x$좌표와 $y$좌표를 이용하여 점의 위치를 나타내는 '직교좌표Cartesian coordinate'와 달리 '극좌표polar coordinate'에서는 점의 위치를 정점으로부터의 거리와 방향에 의해 나타낸다. 예를 들어 직교좌표의 점 P$(x,y)$는 원점 O로부터 P까지의 거리 $r$, 그리고 반직선 OP와 $x$축의 양의 방향이

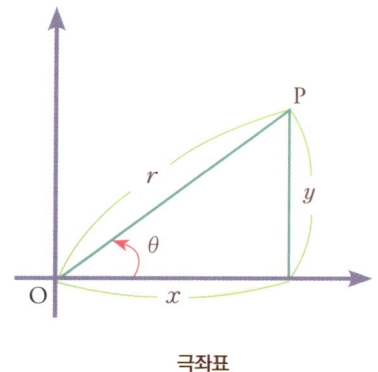

극좌표

직교좌표를 영어로 Cartesian coordinate라고 하는데, 이는 데카르트식의 좌표라는 뜻이다. 데카르트, 즉 Descartes는 프랑스어로 복수형 부정관사 des와 cartes를 합친 것으로, cartesian은 cartes의 영어식 형용사이다.

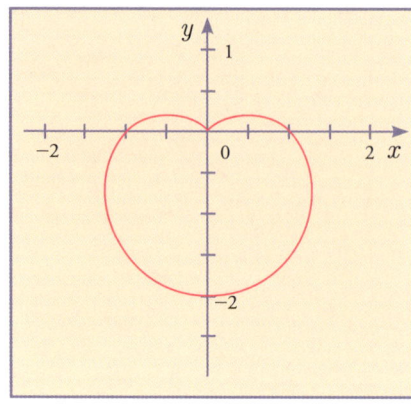

$\theta=0$일 때, $r=1-\sin 0=1$

$\theta=\dfrac{\pi}{2}$일 때, $r=1-\sin\dfrac{\pi}{2}=0$

$\theta=\pi$일 때, $r=1-\sin\pi=1$

$\theta=\dfrac{3}{2}\pi$일 때, $r=1-\sin\dfrac{3}{2}\pi=2$

이루는 각 $\theta$를 이용하여 극좌표 $(r, \theta)$로 나타낼 수 있다. 이때 $x=r\cos\theta$, $y=r\sin\theta$이고, $r=\sqrt{x^2+y^2}$ 이다.

앞에서는 타원을 대칭 이동시켜 하트 모양을 얻었지만, 극좌표를 이용해서도 하트 모양을 그릴 수 있다. 방정식 $r=1-\sin\theta$의 그래프를 극좌표에 나타나면 심장 모양cardioid의 다소 뚱뚱한 하트가 된다.

### 초타원

타원의 방정식 $\dfrac{x^2}{a^2}+\dfrac{y^2}{b^2}=1$에서 $\dfrac{x}{a}$, $\dfrac{y}{b}$의 거듭제곱의 지수를 2가 아닌 $n$으로 일반화하고 절댓값을 취한 $\left|\dfrac{x}{a}\right|^n+\left|\dfrac{y}{b}\right|^n=1$을 초타원superellipse의 방정식이라고 한다. 초타원 중에서도 $a=b$일 때를 '라메곡선Lamé curve'이라고 하는데, 이 식을 처음 생각한 프랑스의 수학자 가브리엘 라메Gabriel Lamé, 1795~1870의 이름을 딴 것이다. 라메곡선 중에서 특수한 경우로 $a=b=1$일 때, 즉 $|x|^n+|y|^n=1$에서 지수 $n$을 변화시키면서 초타원의 그래프를 살펴보자. $n=\dfrac{2}{3}$이면 별 모양astroid, $n=1$이면 마름모, $n=2$이면 원이 되고, $n$이 커질수록 그래프의 모양은 정사각형에 가까워진다.

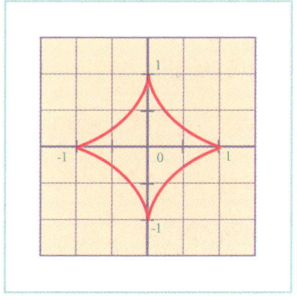

$|x|^{\frac{2}{3}}+|y|^{\frac{2}{3}}=1$의 그래프

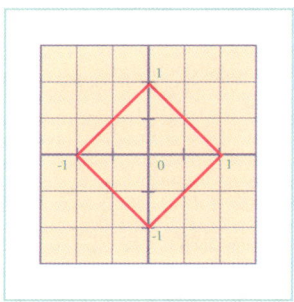

$|x|+|y|=1$의 그래프

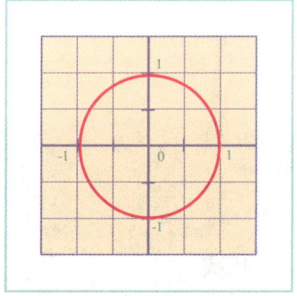

$|x|^2+|y|^2=1$의 그래프

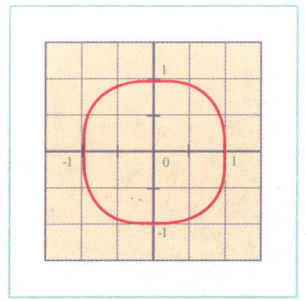

$|x|^{\frac{5}{2}}+|y|^{\frac{5}{2}}=1$의 그래프

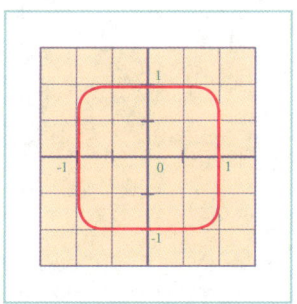

$|x|^{10}+|y|^{10}=1$의 그래프

### 스톡홀름의 세르겔 광장

1959년 스웨덴의 수도 스톡홀름에서는 도심에 광장을 조성하기로 하였다. 이것이 바로 세르겔 광장으로 그 중심에는 유리로 이루어진 크리스털 오벨리스크를 세우고 주위에 분수대를 설치하면서, 참신한 설계 아이디어를 찾고 있었다. 이에 대해 답을 제공한 사람이 덴마크의 피에트 하인 Piet Hein, 1905~1996 이다. 하인은 수학자이자 과학자이고, 발명가이면서 동시에 시인과 디자이너이기도 한 르네상스적인 인물이었다. 그는 수학적, 예술적 상상력을 발휘

세르겔 광장

하여 창의적인 아이디어를 생각해냈다. 분수대 주위를 직사각형이나 타원 모양으로 설계할 경우 꼭짓점 부근에서 급격하게 방향이 바뀌기 때문에 분수대 주위를 운전할 때 핸들링이 자연스럽지 못하다는 점을 고려하여 초타원의 형태를 제안하였다. 초타원은 직선과 원의 중간 형태를 갖기에 심미적인 측면도 만족시킨다고 보았다. 하인이 제안한 초타원의 식은 $\left|\frac{x}{a}\right|^n+\left|\frac{y}{b}\right|^n=1$에서 $n=\frac{5}{2}$이고, 계수의 비는 $a:b=5:6$인 경우로, 그 이후 $n=\frac{5}{2}$인 초타원을 '하인의 초타원'으로 부르게 되었다.

### 피보나치 분수

미국 메릴랜드 과학센터에 있는 피보나치 호수의 하이라이트는 중앙에 위치한 피보나치 분수이다. 이 분수는 수학자 퍼거슨Helaman Ferguson이 디자인한 것으로, 5.5미터 높이에 45톤의 대리석으로 되어 있으며, 11미터 높이까지 물을 뿜어낸다.

피보나치 분수라는 이름은 피보나치수열에서 비롯되었는데, 피보나치수열은 13세기 이탈리아의 수학자 레오나르도 피보나치Leonardo Fibonacci, 1170~1240에서 유래하였다. 피보나치수열은 1, 1, 2, 3, 5, 8, 13, 21, 34, 55, 89, …와 같이 처음 두 항을 1로 놓고 이전 두 항을 더해 그 다음 항을 만들어가는 수의 배열이다. 피보나치수열에서 주목할 만한 성질 중의 하

레오나르도 피보나치

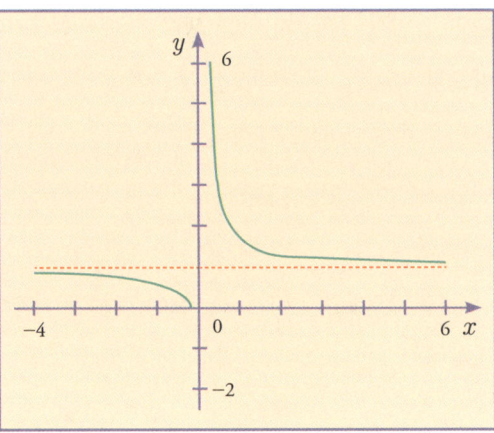

피보나치 분수

$y = \left(\dfrac{1+\sqrt{5}}{2}\right)^{\frac{1}{x}}$의 그래프

나는 인접한 두 항의 비를 구해 나가면 황금비에 수렴한다는 것이다.

황금비는 약 1.618이며, 정확한 값은 $\dfrac{1+\sqrt{5}}{2}$이다. 피보나치 분수에서 물이 나오는 대리석의 실루엣은 함수 $y = \left(\dfrac{1+\sqrt{5}}{2}\right)^{\frac{1}{x}}$의 그래프 모양을 따른 것이다. 피보나치 분수라는 명칭은 피보나치수열과 관련된 함수의 그래프 모양을 따라 분수를 디자인한 데서 유래했다.

함수 $y = \left(\dfrac{1+\sqrt{5}}{2}\right)^{\frac{1}{x}}$의 그래프는 $x=0$을 경계로 두 부분으로 나뉜다. $x$가 양수로 무한히 커지거나 음수로 무한히 작아지면 $y$는 1에 수렴한다. 또, $x$가 양수이면서 0에 가까워지면 $y$는 양의 무한대로 발산하고, $x$가 음수이면서 0에 가까워지면 $y$는 0에 수렴한다.

### 피타고라스의 정원

피타고라스의 정리는 세월이 지나도 사람들의 기억에 오래도록 남아 있는 수학 정리 중의 하나일 것이다. 직각삼각형에서 직각을 낀 두 변의 제곱의 합은 빗변의 제곱과 같다는 피타고라스의 정리를 나타내는 그림은 다음과 같다.

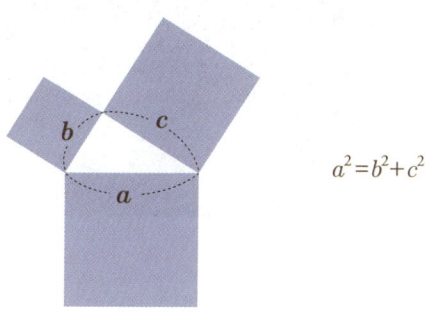

$$a^2 = b^2 + c^2$$

$a$를 한 변으로 하는 정사각형의 넓이는 $b$와 $c$를 각각 한 변으로 하는 정사각형의 넓이의 합과 같다. $c$를 한 변으로 하는 정사각형의 위쪽에 이번에는 $c$를 빗변으로 하는 직각삼각형을 그리고, 앞에서와 마찬가지로 각 변에 대해 정사각형을 그려보자. 새로 만들어지는 그림에도 동일한 과정을 반복하면 다음 그림을 얻게 된다.

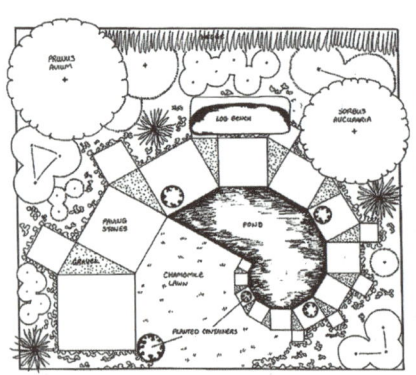 

**피타고라스의 정원의 조감도와 실제 사진**

이 아이디어를 이용하여 만든 정원의 이름이 '피타고라스의 정원'이다. 하인의 초타원의 모양을 따른 세르겔 광장과 피보나치 분수에 이어, 정원 설계에 이용된 수학적 아이디어까지 탐색하고 나면 우리 주변의 도처에 깔린 수학의 존재에 대해 실감하게 된다.

### 함수 그래프를 이용하여 사물을 표현해보자

우리 주변의 사물은 일차함수, 이차함수, 삼각함수, 지수함수, 로그함수의 그래프, 그리고 원, 타원, 포물선과 같은 이차곡선의 그래프 등을 이용하여 표현할 수 있다. GrafEq는 함수 그래프를 그리는 컴퓨터 소프트웨어로, 명칭인 Graph Equation에서 알 수 있듯 식Equation을 입력하면 그래프Graph를 그려주는 프로그램이다. 이 프로그램은 Pedagoguery Software에서 만든 것으로 http://www.peda.com 에서 무료로 다운받아 제한 없이 사용할 수 있다.

Pedagoguery Software홈페이지

GrafEq를 실행시키면 '관계식' 입력창이 나타나는데, 여기에 함수식을 입력하고 Enter를 누르면, 좌표계의 형식을 선택하는 창이 뜬다. 극좌표를 이용하는 특수한 경우를 제외하고는 '직교좌표'를 선택한 후 '만들기'를 클릭하면 그래프가 그려진다. 하나의 창에 여러 가지 그래프를 동시에 그리려면 '그래프' 메뉴에서 '새 관계식'을 선택한 후 새로운 함수식을 입력하면 이전에 그린 그래프 위에 겹쳐서 그려진다.

## 뽀로로 그리기

GrafEq를 이용하여 뽀로로를 그려보자.

❶ '관계식 #1'에 원점을 중심으로 하고 반지름의 길이가 8인 원의 내부에 해당하는 부등식을 입력하고 Enter를 누르면 그래프 창이 뜬다. 이때 $x$와 $y$의 범위를 기본 설정인 $-10$부터 $10$로 그대로 두고 '만들기'를 클릭한다. '보기 도구'에서 배경을 파란색으로, '관계식 #1'을 흰색으로 지정한다.

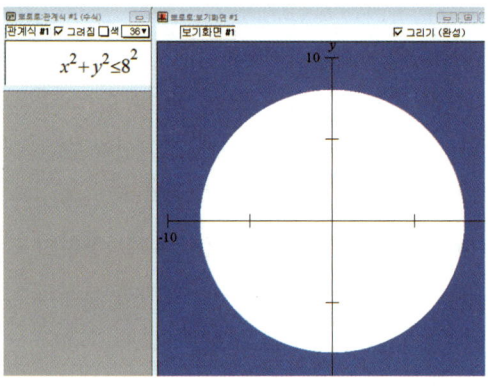

[그림 1]

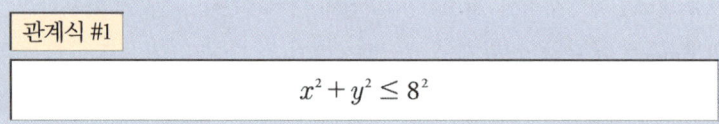

❷ '관계식 #2'와 '관계식 #3'에 원의 내부에 해당하는 부등식을 입력하여 검은색 눈동자를 표현한다. '관계식 #4'와 '관계식 #5'에도 원에 대한 부등식을 입력하여 빨간색 안경 테두리를 표현한다. '관계식 #4'의 경우 동심원을 2개 그린 후, 작은 원의 외부와 큰 원의 내부 영역을 결합시킴으로써 두께가 있는 원의 둘레가 만들어지도록 한다.

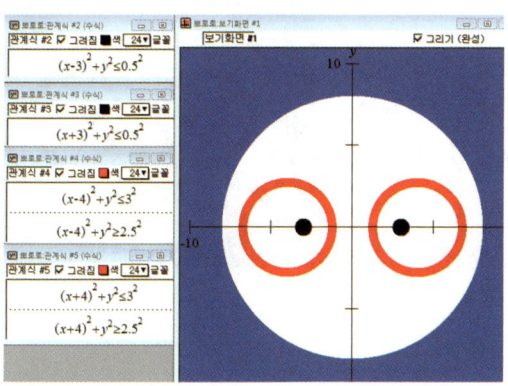

[그림 2]

관계식 #2

$$(x-3)^2 + y^2 \leq 0.5^2$$

관계식 #3

$$(x+3)^2 + y^2 \leq 0.5^2$$

| 관계식 #4 | 관계식 #5 |
|---|---|
| $(x-4)^2 + y^2 \leq 3^2$<br>$(x-4)^2 + y^2 \leq 2.5^2$ | $(x+4)^2 + y^2 \leq 3^2$<br>$(x+4)^2 + y^2 \leq 2.5^2$ |

❸ '관계식 #6'으로 양쪽 안경알의 노란색 연결 부위를 만든다. '관계식 #7'에 원의 방정식을 입력하여 입 모양을 만들고, '관계식 #8'에 포물선을 입력하여 미소 짓는 입술 선을 표현한다.

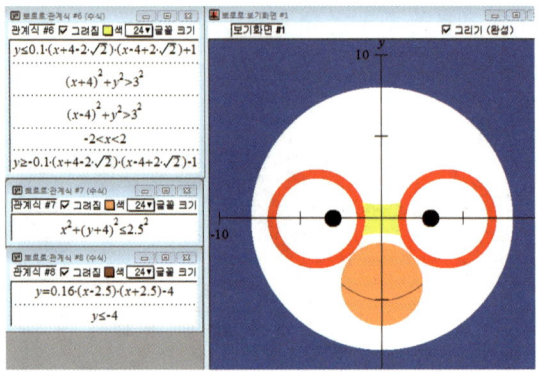

[그림 3]

관계식 #6

$$y \leq 0.1 \cdot (x+4-2\cdot\sqrt{2}) \cdot (x-4+2\cdot\sqrt{2}) + 1$$
$$(x+4)^2 + y^2 > 3^2$$
$$(x-4)^2 + y^2 > 3^2$$
$$-2 < x < 2$$
$$y \geq -0.1 \cdot (x+4-2\cdot\sqrt{2}) \cdot (x-4+2\cdot\sqrt{2}) - 1$$

관계식 #7

$$x^2 + (y+4)^2 \leq 2.5^2$$

관계식 #8

$$y = 0.16 \cdot (x-2.5) \cdot (x+2.5) - 4$$
$$y \leq -4$$

❹ 7개의 관계식을 동원하여 헬멧을 카키색으로 표현한다. '관계식 #9'와 '관계식 #10'에 타원의 방정식을 입력하여 양쪽 옆으로 길게 내려진 헬멧을 표현한다. '관계식 #11'과 '관계식 #12'에 원의 방정식을 입력하고 $x$와 $y$의 범위를 지정함으로써 원의 $\frac{1}{4}$이 나타나도록 하여 헬멧의 왼쪽 위와 오른쪽 위를 표현한다. '관계식 #13'과 '관계식 #14'에 포물선의 방정식을 입력하고 $x$와 $y$의 범위를 지정하여 얼굴과 헬멧의 연결 부위의 둥근 선을 표현한다. 마지막으로 '관계식 #15'에 직사각형 모양이 되도록 $x$와 $y$의 범위를 지정하여 헬멧의 중간 부분을 채운다.

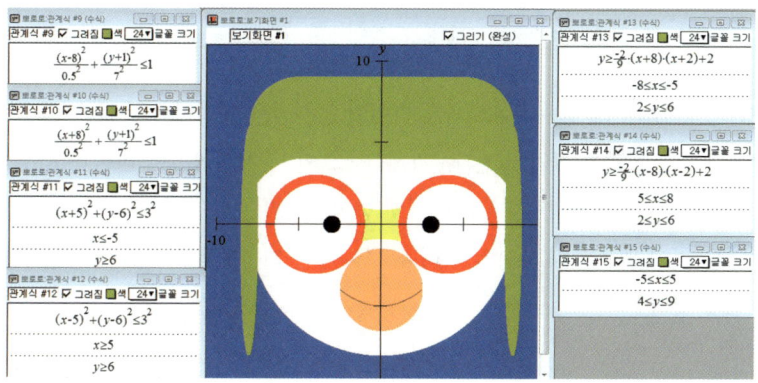

[그림 4]

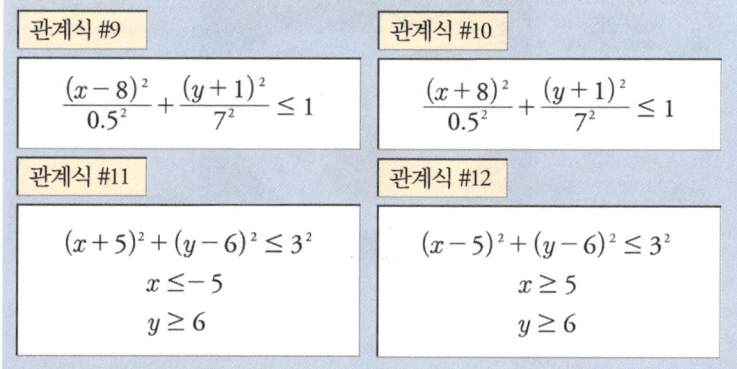

관계식 #9
$$\frac{(x-8)^2}{0.5^2} + \frac{(y+1)^2}{7^2} \leq 1$$

관계식 #10
$$\frac{(x+8)^2}{0.5^2} + \frac{(y+1)^2}{7^2} \leq 1$$

관계식 #11
$$(x+5)^2 + (y-6)^2 \leq 3^2$$
$$x \leq -5$$
$$y \geq 6$$

관계식 #12
$$(x-5)^2 + (y-6)^2 \leq 3^2$$
$$x \geq 5$$
$$y \geq 6$$

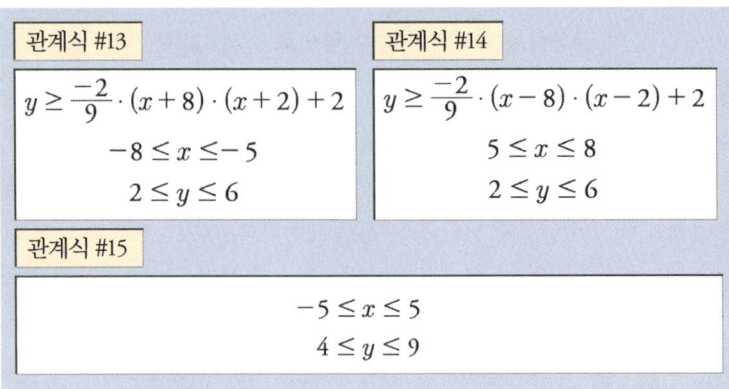

❺ '관계식 #16'부터 '관계식 #21'까지 타원의 방정식을 입력하여 동일한 크기의 타원 6개를 헬멧에 그려 넣는다. '관계식 #22'와 '관계식 #23'에 타원의 방정식을 입력하고 $x$의 범위를 지정하여 헬멧 중앙의 곡선을 표현한다. 마지막으로 눈금을 없애 뽀로로의 모양만 드러나도록 한다. 자, 이제 뽀로로가 방정식을 통해 완성되었다!

[그림 5]

관계식 #16

$$\frac{(x-6)^2}{0.49} + \frac{(y-5)^2}{0.25} \leq 1$$

관계식 #17

$$\frac{(x-4)^2}{0.49} + \frac{(y-5)^2}{0.25} \leq 1$$

관계식 #18

$$\frac{(x-1)^2}{0.49} + \frac{(y-5)^2}{0.25} \leq 1$$

관계식 #19

$$\frac{(x+1)^2}{0.49} + \frac{(y-5)^2}{0.25} \leq 1$$

관계식 #20

$$\frac{(x+6)^2}{0.49} + \frac{(y-5)^2}{0.25} \leq 1$$

관계식 #21

$$\frac{(x+4)^2}{0.49} + \frac{(y-5)^2}{0.25} \leq 1$$

관계식 #22

$$(x+3)^2 + \frac{(y-6.5)^2}{2.5^2} = 1$$
$$x \geq -3$$

관계식 #23

$$(x-3)^2 + \frac{(y-6.5)^2}{2.5^2} = 1$$
$$x \leq 3$$

# 제4악장

| 에튀드 Etude |

에튀드는 '습작'을 뜻하는 프랑스어로, 음악에서는 연습곡으로 번역된다. 에튀드는 원래 연주 기법을 연마하기 위한 곡이었지만, 쇼팽, 리스트, 드뷔시 등의 음악가를 거치면서 단순 연습용이 아니라 높은 예술성을 지닌 음악 형식으로 자리 잡게 되었다. 제4악장에서 살펴볼 주제들은 마치 연습곡처럼 단순한 계산이나 정해진 절차를 따라가는 것으로 보이지만, 그 자체로 수준 높은 수학을 보여주기도 한다.

# 수학은
# 단순하다

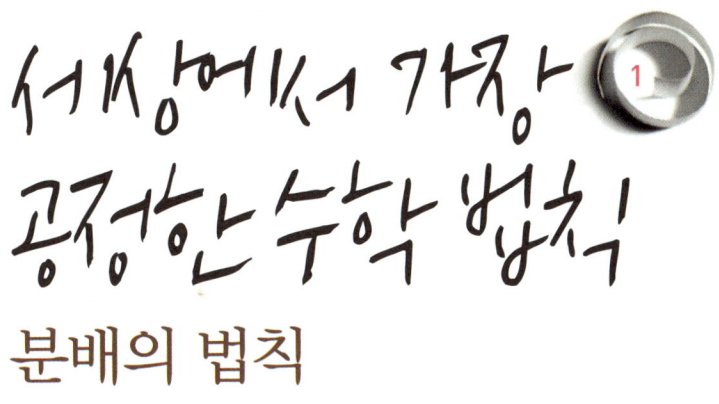

# 세상에서 가장 공정한 수학 법칙
## 분배의 법칙

Mathematics Concert Plus

### 포츠담 회담의 결과

제2차세계대전 종결 직전인 1945년 7월 26일, 연합국인 미국, 영국, 소련의 수뇌부가 독일 포츠담에 모여 독일과 일본에 대한 처리를 논의했다. 이 포츠담 회담의 결과, 베를린은 다음과 같이 미국, 영국, 프랑스, 소련이 분할 점거하기로 결정하였다. 4개의 국가가 차지하게 된 땅의 넓이는 다르지만, 각 국가는 나름 자국의 이익을 최대로 하면서 공정하게 분할을 한 것이다.

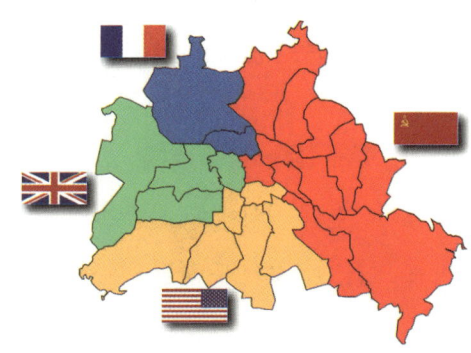

베를린 분할

## 공정한 분배란?

일반적으로 공정한 분배를 하는 가장 간단한 방법은 등분할<sup>等分割</sup>하는 나눗셈이지만, 포츠담 회담에서는 정치적, 외교적 요인들을 고려하여 분배를 한 것이다. 수학에서도 이런 공정한 분배를 연구 주제로 삼는데, 이를 본격적으로 연구한 수학자가 폴란드의 휴고 슈타인하우스 Hugo Steinhaus, 1887~1972 이다. 슈타인하우스에 따르면 '공정한 분배 fair division'란 $n$명이 있을 때 $n$명 각자가 자신이 생각한 전체 가치의 적어도 $\frac{1}{n}$을 차지하도록 분할하는 것을 말한다.

**슈타인하우스**

공정하게 분배하는 방법을 탐구할 때는 그 대상이 분할 가능한지의 여부에 따라 두가지로 구분한다. 분배의 대상이 피자와 같이 조각으로 나눌 수 있는 연속적인 continuous 특성을 가질 때에는 '분할자-선택자 방법', '단독 분할자 방법', '단독 선택자 방법', '마지막 감축자 방법' 등을 이용한다. 이에 반해 아파트나 자동차와 같이 조각을 나눌 수 없는 이산적인 discrete 특성을 가질 때에는 '봉인된 입찰 방법'을 이용한다.

### 분할자-선택자 방법

분배 상황에 두 사람이 있을 때 한 사람은 분할을 하고 다른 사람은 선택을 함으로써 두 사람 모두를 만족시키는 방법을 '분할자―선택자 방법 the divider-chooser method'이라고 한다. 분할자―선택자 방법의 적용 절차는 다음과 같다.

❶ 분할자는 분할할 대상을 2조각으로 나눈다.
❷ 선택자는 2조각 중 1조각을 선택한다.

❸ 분할자는 나머지 1조각을 갖는다.

 예를 들어 분남이<sub>분할자</sub>와 선남이<sub>선택자</sub>가 페퍼로니피자와 야채피자가 각각 반이 되도록 하프앤하프 피자를 주문했다고 하자. 그런데 채식주의자인 선남이는 페퍼로니피자를 먹지 못한다. 피자의 전체 가격이 10,000원일 때, 선남이에게 야채피자는 10,000원의 가치를 갖지만, 페퍼로니피자는 0원의 가치를 갖는다. 그에 반해 두 가지 피자에 대한 분남이의 선호도는 동일하므로 페퍼로니피자와 야채피자가 각각 5,000원의 가치를 갖는다. (이때 최상의 방법은 선남이가 자신이 채식주의자임을 분남이에게 알려, 분남이가 페퍼로니피자로만 이루어진 반쪽을, 선남이가 야채피자로만 이루어진 반쪽을 갖는 것이다. 그러나 대개의 분배 상황에서는 서로의 선호도와 의중을 알 수 없기 때문에 분남이와 선남이는 서로의 기호를 모른다고 가정한다.)

 분할을 하는 분남이는 어떻게 해도 차이가 없으므로 다음과 같이 1조각은 페퍼로니피자와 야채피자가 1:2가 되도록, 다른 조각은 2:1이 되도록 잘랐다. 선남이는 당연히 야채 피자가 $\frac{2}{3}$인 반쪽을 선택할 것이고, 분남이는 페퍼로니피자가 $\frac{2}{3}$인 나머지 반쪽을 갖게 된다. 결과적으로 분남이는 50%의 가치를, 선남이는 67%의 가치를 차지했으므로, 두 사람 모두 50% 이상의 가치를

갖도록 분배되었다. 이 방법을 따를 때 분할을 하는 사람은 자신이 어떤 조각을 갖더라도 50%의 가치를 갖도록 자를 것이고, 선택을 하는 사람은 자신에게 유리한 조각을 고를 수 있는 선택권이 있으므로 윈윈win-win 상황이 된다.

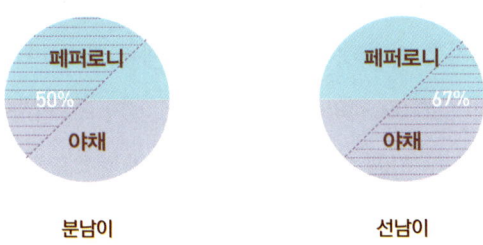

분남이 　　　　　선남이

## 단독 분할자 방법

분배에 참여하는 사람이 3명 이상일 때 1명은 분할을 하고 나머지는 선택을 하는 방법을 '단독 분할자 방법the lone divider method'이라고 한다. 3명인 경우 단독 분할자 방법을 적용하는 절차는 다음과 같다.

❶ 분할: 분할자는 분할할 대상을 3조각으로 나눈다.

❷ 의사표현: 2명의 선택자는 3조각 중 $\frac{1}{3}$ 이상이라고 생각하는 조각을 선택한다.

❸ 분배: 선택자들의 선택에 따라 다음 두 가지 방법을 따른다.

❸-❶ 선택자 A와 선택자 B가 선택한 조각이 다르면 서로 다른 조각을 갖고, 나머지 조각을 분할자가 갖는다.

❸-❷ 선택자 A와 선택자 B가 동일한 조각을 선택한 경우, 나머지 2조각 중 1조각을 분할자가 갖고, 남은 2조각을 하나로 합친 후 분할자-선택자 방법에 따라 선택자 A와 선택자 B에게 분배한다.

예를 들어 3명이 피자를 나눈다고 하자. 분녀분할자는 자신이 어떤 조각을 갖더라도 공평하도록 조각 1, 조각 2, 조각 3에 대한 가치가 $\frac{1}{3}$이 되도록 나눌 것이다. 이 분할에 대해 선녀 A선택자A와 선녀 B선택자B가 부여한 가치가 다음과 같다고 하자.

|  | 조각 1 | 조각 2 | 조각 3 |
| --- | --- | --- | --- |
| 분녀 | 33.3% | 33.3% | 33.3% |
| 선녀 A | 50% | 30% | 20% |
| 선녀 B | 35% | 40% | 25% |

이 경우에는 간단하게 분할을 끝낼 수 있다. 선녀 A가 $\frac{1}{3}$ 이상의 가치를 둔 조각은 조각 1이고, 선녀 B가 $\frac{1}{3}$ 이상의 가치를 둔 조각은 조각 1과 조각 2이다. 따라서 선녀 A는 조각 1을, 선녀 B는 조각 2를 갖고, 분녀는 남은 조각 3을 가지면 된다.

그러나 실제 상황에서는 동일한 조각에 선호도가 집중되는 경우가 많다. 만일 세 사람의 선호도가 다음과 같다면 분할의 과정은 다소 복잡해진다.

|  | 조각 1 | 조각 2 | 조각 3 |
| --- | --- | --- | --- |
| 분녀 | 33.3% | 33.3% | 33.3% |
| 선녀 A | 20% | 60% | 20% |
| 선녀 B | 30% | 55% | 15% |

위의 상황에서 선녀 A와 선녀 B가 부여한 가치가 $\frac{1}{3}$ 이상인 것은 조각 2이다. 두 사람 모두 조각 2를 선호하므로, 분녀에게 조각 1 또는 조각 3을 준다. 예를 들어 분녀가 조각 1을 가졌다면, 조각 2와 조각 3을 합쳐 1조각을 만들

고, 앞의 분할자-선택자 방법에 따라 선녀 A와 선녀 B 중 한 사람은 분할자가 되고 한 사람은 선택자가 되어 분배를 하면 된다. 분녀가 조각 3을 가졌을 때에도 동일한 절차로 분배를 하면 된다.

### 단독 선택자 방법

분할자가 1명이고 나머지가 선택자인 위의 방법과 달리, 선택자가 1명이고 나머지가 분할자가 되는 것이 '단독 선택자 방법the lone chooser method'이다. 3명인 경우 단독 선택자 방법을 적용하는 절차는 다음과 같다.

❶ 첫 번째 분할: 2명의 분할자가 분할자-선택자 방법을 이용하여 2조각으로 나누어 갖는다.
❷ 두 번째 분할: 2명의 분할자는 ❶의 결과로 갖게 된 조각을 동등한 가치를 갖도록 각각 3조각으로 분할한다.
❸ 선택: 선택자는 ❷에서 3등분한 조각 중 하나씩을 선택하여 모두 2개의 조각을 갖는다. 그리고 2명의 분할자는 선택자가 가진 조각을 제외한 2개씩의 조각을 갖는다.

예를 들어 3명이 피자를 나눈다고 하자. 선녀선택자와 분녀 A분할자A, 분녀 B분할자B가 분배 상황에 참여하고 있다. 분할자 2명이 다시 역할을 나누어 분녀 A는 분할자가 되고, 분녀 B는 선택자가 되어 분할자-선택자 방법을 적용한다. 분녀 A는 2조각이 각각 50%의 가치를 갖도록 분할할 것이다. 분녀 B는 자신에게 더 큰 가치를 갖는 조각 2를 선택하고 분녀 A는 조각 1을 갖게 된다.

|  | 조각 1 | 조각 2 |
|---|---|---|
| 분녀 A | 50% | 50% |
| 분녀 B | 40% | 60% |

이제 분녀 A는 조각 1을, 분녀 B는 조각 2를 각각 동등한 가치를 갖는 3조각으로 분할한다. 이제 선녀는 조각 11, 12, 13 중에서 하나와 조각 21, 22, 23 중에서 하나를 선택하여 2개의 조각을 갖고, 나머지 2조각씩은 분녀 A와 분녀 B가 갖게 된다. 이때 선녀는 우선 선택할 수 있는 권리를 행사했고, 분녀 A와 분녀 B는 어느 조각을 가져도 불만이 없도록 분할을 했기 때문에 모두에게 공정한 분배가 된다.

|  | 조각 1 ||| 조각 2 |||
|---|---|---|---|---|---|---|
|  | 조각 11 | 조각 12 | 조각 13 | 조각 21 | 조각 22 | 조각 23 |
| 분녀 A | 16.6% | 16.6% | 16.6% |  |  |  |
| 분녀 B |  |  |  | 20% | 20% | 20% |

## 마지막 감축자 방법

앞의 방법들과 달리 모든 사람이 분할자이면서 선택자가 되는 것이 '마지막 감축자 방법the last diminisher method'이다. 마지막 감축자 방법으로 A, B, C의 3명에게 분배하는 경우 다음 과정을 따른다.

❶ A는 $\frac{1}{3}$ 정도의 가치가 있다고 생각되는 조각 a를 잘라낸다.

❷─❶ A가 조각 a를 가져도 좋다고 B와 C가 모두 동의하면 A는 조각 a를 갖고, 나머지를 B와 C가 분할자─선택자 방법에 따라 분배한다.

❷-❷ A가 조각 a를 가져도 좋다고 B는 동의하지만 C가 동의하지 않는다면, C는 조각 a 중 일부를 잘라낸 조각 c를 갖는다. 조각 a>조각 c이기 때문에 이미 조각 a에 합의한 A와 B가 반대할 이유가 없다. 이제 나머지를 A와 B가 분할자-선택자 방법에 따라 분배한다.

❷-❸ A가 조각 a를 갖는 것에 B가 동의하지 않는다면, B는 조각 a 중 일부를 잘라내고 남은 조각 b를 제시한다.

❷-❸-❶ B가 조각 b를 갖는 것에 C가 동의한다면 B는 그 조각을 갖는다. 그리고 나머지를 A와 C가 분할자-선택자 방법에 따라 분배한다.

❷-❸-❷ B가 조각 b를 갖는 것에 C가 동의하지 않는다면 C는 조각 b에서 일부를 잘라낸 조각 d를 갖는다. 그리고 나머지를 A와 B가 분할자-선택자 방법에 따라 분배한다.

마지막 감축자 방법을 문장으로 풀어서 설명하면 복잡하게 느껴지지만 실제로 해보면 그리 복잡하지는 않다. A가 처음에 제시한 조각에 모든 사람이 동의하면 그대로 갖지만 반대하는 사람이 있을 때에는 모든 사람이 동의할 때까지 조금씩 크기를 감소시켜 마지막으로 감축한 사람이 갖는다. 이렇게 하면 한 사람씩 줄어들게 되고, 이런 과정을 반복하여 마지막에 2명만 남았을 때에는 분할자-선택자 방법을 이용하면 된다.

### 봉인된 입찰 방법

조각으로 분할할 수 없는 이산적인 특성의 아파트, 자동차, 보석과 같은 대상을 공평하게 분할할 때 사용되는 방법이 '봉인된 입찰 방법the method of sealed bids'이다.

❶ 입찰: $n$명 각자가 각 항목에 대해 자신이 생각하는 가치를 적어 입찰을 한다. 각 사람의 입찰 금액의 합을 구하고 $n$으로 나누어 각자의 몫을 구한다.

❷ 배당: 각 항목에 대해 가장 높은 금액을 적은 사람에게 그 항목을 배당하고, ❶에서 구한 자신의 몫과의 차액을 주거나 받는다.

❸ 잉여금의 배분: ❷의 결과로 갖게 된 가치에서 ❶에서 구한 자신의 몫을 뺀 잉여금을 $n$으로 나누어 $n$명에게 공평하게 배분한다.

아들 1명과 딸 2명이 부모님으로부터 재산을 상속받는다고 하자. 우선 3명의 자식들은 상속받을 아파트, 자동차, 보석이 각각 얼마의 가치를 갖는지 입찰 금액을 적어 낸다.

|  | 아파트 | 자동차 | 보석 | 합계 | 배정 기준액 |
|---|---|---|---|---|---|
| 아들 | 5,000 | 2,650 | 1,050 | 8,700 | 2,900 |
| 딸 A | 4,600 | 2,700 | 1,100 | 8,400 | 2,800 |
| 딸 B | 3,400 | 1,400 | 1,200 | 6,000 | 2,000 |

(단위: 만 원)

아들에게 있어 재산의 합은 8,700만 원이므로 아들이 생각하는 배정 기준액은 전체 금액의 $\frac{1}{3}$인 2,900만 원이다. 마찬가지로 방법으로 딸 A와 딸 B가 생각하는 배정 기준액은 각각 2,800만 원과 2,000만 원이 된다. 이제 각 항목을 가장 높게 평가한 사람에게 그 항목을 배정한다. 그러면 아들은 아파트를 갖고, 딸 A와 딸 B는 각각 자동차와 보석을 갖게 된다. 이제 기본적인 분배가 끝났으므로 조정을 할 차례이다.

아들이 생각한 배정 기준액은 2,900만 원인데 5,000만 원인 아파트를 가졌으므로 2,100만 원을 더 받은 셈이 된다. 그에 반해 딸 A는 자신이 생각한 배정 기준액은 2,800만 원에 100만 원 못 미치는 2,700만 원 가치의 자동차를 받았다. 딸 B의 경우 자신이 생각한 배정 기준액과 배당된 몫의 차액은 800만 원이 된다. 이제 아들은 차액인 2,100만 원 중 딸 A에게 100만 원을, 딸 B에게 800만 원을 현금으로 지급한다. 이렇게 지급을 하고도 아들에게는 여전히 잉여금 1,200만 원(2,100만 원−900만 원)이 있고 이를 3으로 나누면 400만 원이므로 딸 A와 딸 B에게 각각 400만 원씩 현금으로 지급하여 유산 분배를 끝낸다.

| | 초기 배정액 | 배정 기준액 | 지급액 (초기 배정액−배정 기준액) | 추가 배정액 | 최종 배정액 |
|---|---|---|---|---|---|
| 아들 | 5,000 | 2,900 | 2,100 | 400 | 3,300 |
| 딸 A | 2,700 | 2,800 | −100 | 400 | 3,200 |
| 딸 B | 1,200 | 2,000 | −800 | 400 | 2,400 |

(단위: 만 원)

실제 분배 상황은 이와 같이 단순하게 해결할 수 없는 경우가 많다. 위의 상황에서는 각 항목에 가장 높은 가치를 매긴 사람이 달라 3명에게 각각 1항목씩 배당되었지만, 한 사람이 모든 항목에 가장 높은 가치를 매겨 독식하는 경우가 발생할 수 있다. 또 높은 가치의 항목을 배당받은 사람은 나중에 잉여금을 다른 사람에게 주어야 하는데, 현금을 충분히 확보하고 있지 않으면 배당 후에 정산을 할 수 없는 경우도 있다. 그럼에도 불구하고 봉인된 입찰 방법은 이해가 엇갈리는 상황에서 이산적인 특성을 갖는 항목들을 나누는 기본 원칙을 제공한다.

사회에서 일어나는 대부분의 갈등은 분배와 관련된다. 요즘 자주 듣게 되는 '경제민주화'는 대기업에 쏠린 부의 편중 현상을 완화해야 한다는 것이므로, 결국 분배의 불평등에서 비롯된 개념이다. 앞에서 알아본 분배의 원칙이 교과서적인 상황 뿐 아니라 분배와 관련된 세상사의 갈등 상황을 합리적으로 해결하는 혜안을 제공할 수 있지 않을까 기대해본다.

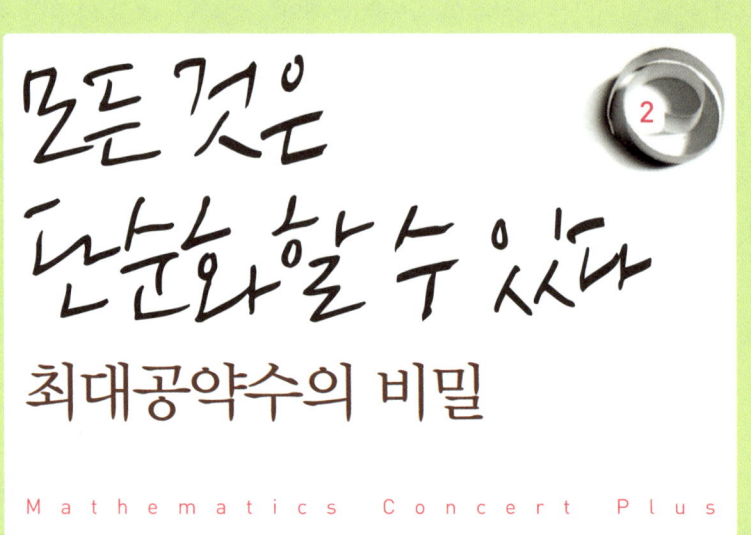

## 죽거나 혹은 풀거나

영화 〈다이하드 3〉에 나왔던 저울 폭탄 문제는 영화 속의 수학 소재로 자주 소개된다. 이 영화에서 악당은 무고한 시민의 목숨을 담보로 주인공 맥클레인브루스 윌리스과 대결을 벌인다. 주인공은 저울 폭탄의 폭발을 막기 위해, 저울 위에 4갤런의 물을 올려놓아야 하는데, 주어진 것은 3갤런과 5갤런들이 통이다.

늘 그렇듯 주인공은 만능 해결사이다. 3갤런과 5갤런 통만으로 4갤런을 만들기 위해 우선 5갤런 통을 채운 후 3갤런 통에 가득 부으면 5갤런 통에는 2갤런이 남는다. 그리고 3갤런 통을 비운 후 나머지 2갤런의 물을 붓는다. 이제 3갤런 통에는 1갤런이 더 들어갈 수 있다. 마지막으로, 5갤런 통을 가득 채운 후 2갤런이 들어있는 3갤런 통을 채우면 5갤런 통에는 4갤런의 물이 남는다.

### 일반화된 해법

서로 다른 용량의 통이 2개 주어졌을 때 2개의 통의 용량과 다른 새로운 양을 만들기 위해 시행착오를 거치면서 여러 방법을 시도해볼 수 있다. 여기서는 보다 체계적이고 일반화된 해법을 탐구해보자.

다음 절차를 따라가다 보면 작은 통이나 큰 통에 원하는 양을 얻을 수 있다.

❶ 작은 통을 채워 큰 통에 옮기고, 큰 통이 가득 찰 때까지 과정을 반복한다.
❷ 큰 통이 가득 차면 비운다.
❸ 작은 통에 남아 있는 양을 큰 통에 옮긴다.

일반적인 해법이 제대로 작동하는지 〈다이하드 3〉의 상황으로 확인해보자.

|  |  | 3갤런 | 5갤런 |
|---|---|---|---|
| 1단계 | 3갤런 통을 채운다. | 3 | 0 |
| 2단계 | 3갤런 통의 물을 5갤런 통에 옮긴다. | 0 | 3 |
| 3단계 | 3갤런 통을 다시 채운다. | 3 | 3 |
| 4단계 | 3갤런 통의 물 중 2갤런을 5갤런 통에 옮겨 채운다. | 1 | 5 |
| 5단계 | 5갤런 통을 비운다. | 1 | 0 |
| 6단계 | 3갤런 통에 남은 1갤런을 5갤런 통에 옮긴다. | 0 | 1 |
| 7단계 | 3갤런 통을 다시 채운다. | 3 | 1 |
| 8단계 | 3갤런 통의 물을 5갤런 통에 옮겨 4갤런을 만든다. | 0 | 4 |

영화 〈다이하드 3〉

이 해법을 시각적으로 확인할 수 있는 사이트 http://nlvm.usu.edu/en/nav/frames_asid_273_g_3_t_4.html를 방문하여 직접 모의실험을 해 보자. 주어진 문제를 해결한 후에는 New problem을 클릭하면 다양한 문제들이 제시된다. Challenge!를 클릭하면 해결할 수 없는 문제가 주어지기도 한다.

이 사이트에서 제시한 문제 중의 하나인 5온스와 8온스의 통을 이용하여 1온스의 양을 만드는 문제를 해결해보자. 통을 채우거나 비우기 위해서는 각각 Fill이나 Empty를 클릭하면 되고, 왼쪽 통에서 오른쪽 통으로 옮기려면 ⇨를, 오른쪽 통에서 왼쪽 통으로 옮기려면 ⇦를 클릭하면 된다.

Fill and Pour 문제

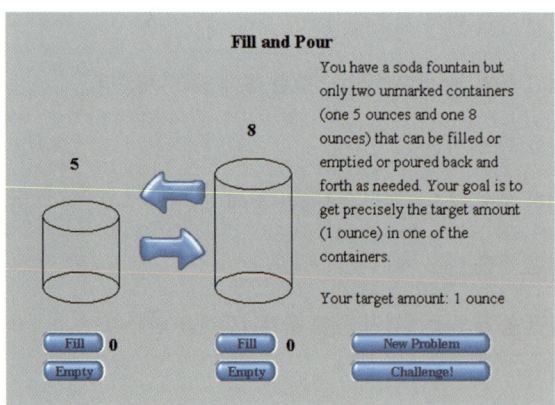

[1단계] 왼쪽의 Fill을 클릭하여 5온스 통을 채우고 ⇨를 클릭하여 5온스 통의 물을 8온스 통으로 옮긴다.

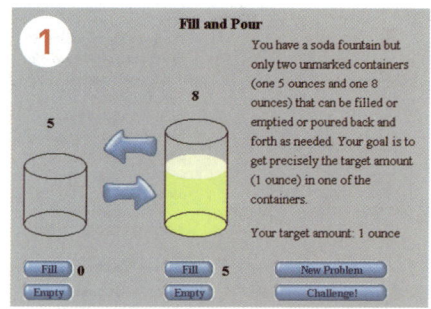

[2단계] 왼쪽의 Fill을 클릭하여 5온스 통을 다시 채운다.

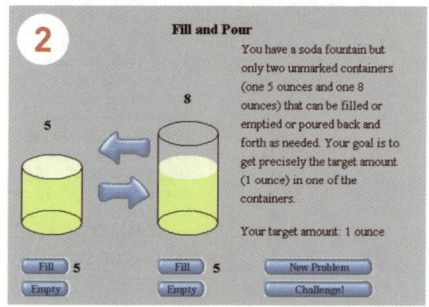

[3단계] ⇨를 클릭하여 5온스 통에서 3온스를 8온스 통으로 옮긴다.

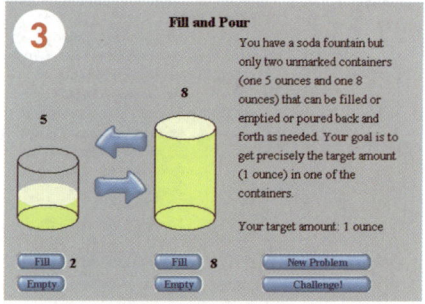

[4단계] 오른쪽의 Empty를 클릭하여 8온스 통을 비운다.

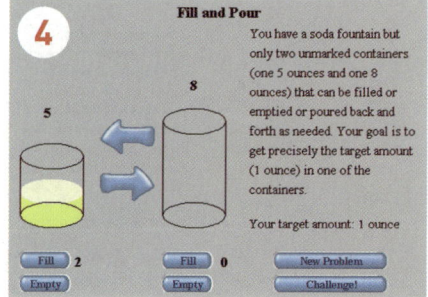

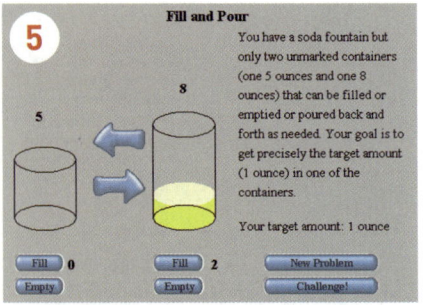

[5단계] 5온스 통에 남은 2온스를 ⇨를 클릭하여 8온스 통으로 옮긴다.

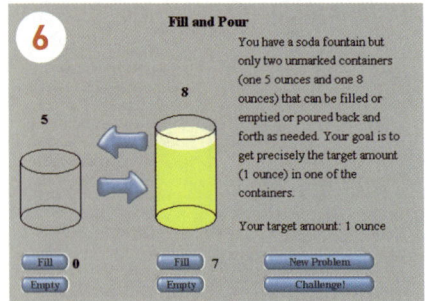

[6단계] 왼쪽의 Fill을 클릭하여 5온스 통을 다시 채우고 ⇨를 클릭하여 5온스 통의 물을 8온스 통으로 옮긴다.

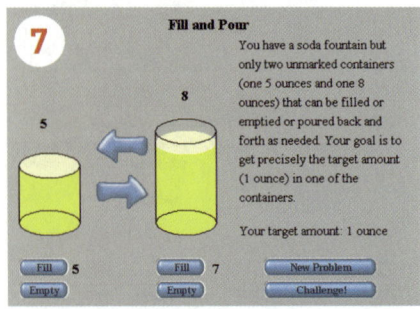

[7단계] 왼쪽의 Fill을 클릭하여 5온스 통을 다시 채운다.

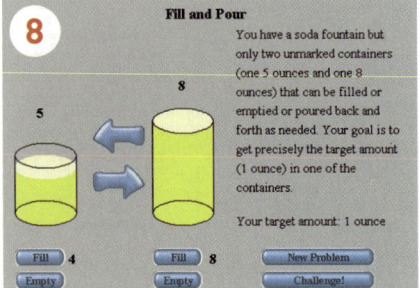

[8단계] ⇨를 클릭하여 5온스 통에서 1온스를 8온스 통으로 옮긴다.

[9단계] 오른쪽 Empty를 클릭하여 8온스 통을 비운다.

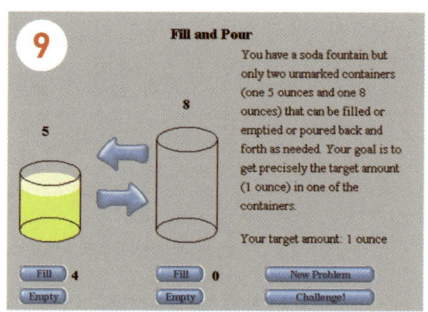

[10단계] ⇨를 클릭하여 5온스 통에 남은 4온스를 8온스 통으로 옮긴다.

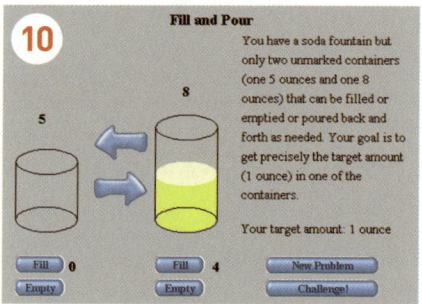

[11단계] 왼쪽의 Fill을 클릭하여 5온스 통을 다시 채운다.

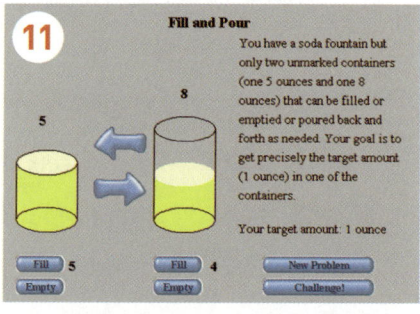

[12단계] ⇨를 클릭하여 5온스 통의 물을 8온스 통으로 옮기면 5온스 통에는 1온스가 남는다. 성공하면 노란 색 오리와 더불어 Congratulation! 표시가 나타난다.

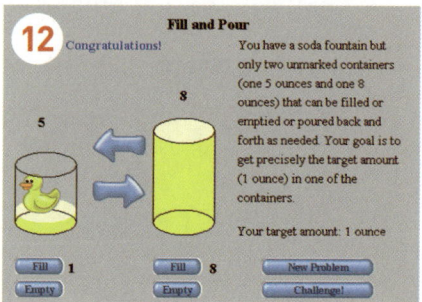

2개의 통으로 위와 같은 과정을 반복할 때 모든 용량을 만들어낼 수 있는 것은 아니다. 2개의 통의 용량의 최대공약수가 1서로소일 때에는 어떤 양도 만들어낼 수 있지만, 그렇지 않은 경우는 두 용량의 최대공약수의 배수인 양만 만들어낼 수 있다. 예를 들어 2온스 통과 6온스 통으로 2와 6의 최대공약수인 2의 배수, 즉 짝수인 양은 만들어낼 수 있지만, 홀수인 양은 만들 수 없다. 이러한 성질은 다음과 같은 수학 정리theorem의 결과이다.

> 두 정수 $a$, $b$의 최대공약수를 $d$라 할 때, 적당한 정수 $s$, $t$가 존재하여 $d=as+bt$이다.

최대공약수 $d$는 $a$와 $b$에 적당한 정수를 곱하고 그 값들을 더해 $d=as+bt$로 나타낼 수 있으므로, $d$의 배수 역시 $a$와 $b$에 적당한 정수를 곱하고 그 값들을 더해 나타낼 수 있다.

한편 $a$와 $b$의 최대공약수가 1인 경우 적당한 정수 $s$, $t$가 존재하여 $1=as+bt$이다. 임의의 정수 $m$은 $m=a(ms)+b(mt)$이므로 $m$은 $a$와 $b$에 적당한 정수를 곱한 후 그 값들을 더해 나타낼 수 있다.

〈다이하드 3〉의 상황에서는 3갤런과 5갤런 통이 주어졌고, 3과 5는 서로소이므로 4갤런을 만들 수 있다. 실제 4는 3과 5를 결합시킨 $4=(3\times3)+\{5\times(-1)\}$로 표현할 수 있다. 이는 4갤런을 만들기 위해 3갤런 통을 3번 채우고 5갤런 통을 1번 비우는 과정을 나타낸 것이다.

$$4 = (\ 3\ \times\ 3\ ) + \{\ 5\ \times\ (-1)\ \}$$

↑　　　　↑　　　↑　　　　　↑　　　↑
4갤런　　3갤런　3번 채움　　5갤런　1번 비움

또 5온스와 8온스 통으로 1온스를 만드는 문제에서 5와 8은 서로소이므로 당연히 1온스를 만드는 것이 가능하다. 1온스 만드는 과정에서 5온스 통을 5번 채웠고, 8온스 통을 3번 비웠다. 이를 식으로 표현하면 $1=(5\times5)+\{8\times(-3)\}$이다. 통을 채우고 비운 과정과 수식이 정확하게 맞아떨어진다.

$$1 = ( 5 \times 5 ) + \{ 8 \times (-3) \}$$
↑　　　　↑　　↑　　　　↑　　↑
1온스　　5온스　5번 채움　　8온스　3번 비움

심심풀이 차원에서 가볍게 볼 수 있는 퍼즐 문제를 그 이면에 있는 수학적 원리와 관련지으면 좀 더 체계적으로 탐구할 수 있다.

# 바코드는 진화한다
## 바코드의 비밀

Mathematics Concert Plus

### 〈백 투 더 퓨처2〉의 자동차 번호판

1985년 개봉한 영화 〈백 투 더 퓨처〉는 공전의 히트를 치며 2편과 3편까지 제작되었다. 1989년 개봉한 〈백 투 더 퓨처 2〉에서 주인공인 고등학생 마티 마이클 J. 폭스와 기상천외한 발명가 브라운 박사 크리스토퍼 로이드는 스포츠카 드로리언 DeLorean을 개조하여 만든 타임머신을 타고 30년 후의 미래인 2015년으로 간다. 이 장면에서 타임머신 자동차를 잘 살펴보면, 번호판이 바코드로 되어 있음을 알 수 있다. 영화의 시나리오 작가는 자동차를 식별하는 번호판이 2015년에는 바코드화되어, 상품의 바코드처럼 다양한 차량 정보를 수록하게 될 것이라고 예측한 것이다. 사진에서 보듯이 영화에서 타임머신 자동차의 번호판 번호는 136113966이다.

영화 〈백 투 더 퓨처 2〉의 자동차 번호판과 바코드

## 바코드는 디지로그

바코드barcode는 검은색 막대bar와 흰색 공백space을 조합하여 문자와 숫자 등을 표현함으로써 데이터를 빠르게 입력할 수 있도록 만든 장치이다. 바코드를 이용하면 물건값을 일일이 입력할 필요가 없어 시간을 절약할 수 있을 뿐 아니라 판매량과 금액 등의 정보를 신속하고 정확하게 집계하기 때문에 관리와 유통 업무를 효율적으로 처리할 수 있다.

스캐너로 바코드를 읽으면 검은색 막대는 대부분의 빛을 흡수하여 적은 양의 빛을 반사하고, 반대로 흰색 공백은 많은 양의 빛을 반사한다. 포토센서는 이러한 반사율의 차이를 아날로그인 전기 신호로 바꾸고 다시 이를 디지털인 0과 1, 즉 이진법의 수로 나타낸다. 마

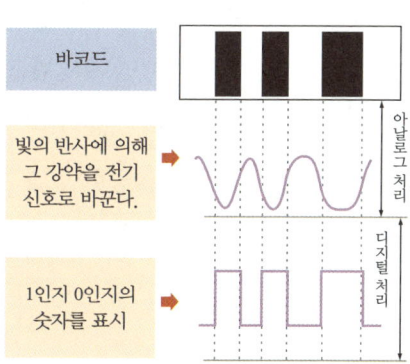

제4악장 수학은 단순하다 | 191

판독 가능한 바코드 색깔 조합

지막으로 0과 1의 조합에 따라 0부터 9까지의 십진법의 수를 알아낸다.

바코드는 흰색과 검은색이 아닌 다른 색의 조합으로도 나타낼 수 있다. 예를 들어 노란색 바탕에 파란색 막대나 흰색 바탕에 밤색 막대로 된 바코드도 판독 가능하지만, 대부분 흰색과 검은색을 이용하는 이유는 반사율의 차이가 커서 스캔할 때 오류가 가장 적기 때문이다.

언제부터인가 디지로그digilog라는 용어를 심심치 않게 듣게 된다. 디지로그는 디지털digital과 아날로그analog의 합성어로, 디지털 기반에 아날로그 정서를 융합시킨다는 데서 비롯된 용어이다. 바코드를 만들 때 상품에 대한 아날로그 정보를 디지털 정보로 바꾸고, 또 바코드를 판독할 때는 아날로그 전기신호를 디지털의 0과 1로 바꾸기 때문에, 바코드는 디지로그를 구현하는 매체라고 할 수 있다.

### 바코드는 실수하지 않는다

물건을 계산할 때면 혹시 바코드가 잘못 입력되어 실제 물건값보다 더 많은 금액을 지불하지나 않을까 걱정해본 적이 있을 것이다. 그러나 바코드에는 스캔이 잘못되어 엉뚱한 값을 치르지 않도록 방지하는 장치가 내장되어 있다. 이 안전장치가 바로 바코드의 마지막에 배치된 '체크숫자check digit이다. 이제부터 여러 가지 종류의 바코드와 그에 따른 체크숫자의 원리를 알아보도록 하자.

**다양한 모양의 바코드**

## 바코드의 시작: UPC

바코드는 원래 미국에서 식료품과 잡화에 부착하던 UPC Universal Product Code 에서 비롯되었다. 미국은 1970년대 중반 제조회사와 품목에 대한 정보를 짧은 시간에 읽어낼 수 있는 UPC를 만들어 슈퍼마켓의 계산대에서 기다리는 시간을 파격적으로 줄이는 데 성공했다.

UPC는 12개의 숫자로 구성된다. 첫째 자리 수는 생산 품목을 나타낸다. 0은 식료품, 2는 육류나 청과물과 같이 불규칙한 중량의 상품, 3은 의약품과 같이 품목마다 수가 정해져 있다. 생산 품목 다음의 5개의 수는 제조업체 코드이고, 그 다음 5개의 수는 상품 코드이며, 마지막은 체크숫자이다.

UPC의 체크숫자를 정할 때, 짝수 번째 자리에 있는 수들을 그대로 더하고 홀수 번째 자리에 있는 수들은 3배 해서 더한 전체 합이 10의 배수가 되도록 한다. 즉, 바코드를 $x_1\ x_2\ \cdots\ x_{11}\ x_{12}$라고 할 때, 체크숫자 $x_{12}$는 다음 식이 성립하도록 정한다.

$$3(x_1+x_3+x_5+x_7+x_9+x_{11})+(x_2+x_4+x_6+x_8+x_{10}+x_{12})$$
$$=3\sum_{i=1}^{6}x_{2i-1}+\sum_{i=1}^{6}x_{2i}\equiv 0\,(\mathrm{mod}\,10)$$

### 우리나라의 바코드: KAN

미국이 UPC를 만들어 표준화하자 1970년대 말 유럽 국가들이 모여 UPC와 유사한 EAN<sub>European Article Number</sub>을 채택하고 실용화하였다. 우리나라는 1988년 EAN 협회에 가입하고 KAN<sub>Korean Article Number</sub>을 제정하여 사용하기 시작하였다. KAN은 EAN의 일종이기 때문에 공식적으로는 EAN KOREA라고 한다.

KAN은 EAN과 마찬가지로 13개의 숫자로 이루어지는데 처음 3개의 수는 국가를 나타낸다. 예를 들어 우리나라의 국가 코드는 880이며, 중국은 690부터 695까지이다. 국가 코드 다음의 4~6개의 수는 제조업체를 나타내고, 그 다음 3~5개의 수는 상품의 고유 번호<sub>상품 코드</sub>이며, 마지막은 체크숫자이다. 바코드는 한국유통물류진흥원이 부여하는데, 국가 코드와 체크숫자의 자릿수는 정해져 있지만, 제조업체와 상품 코드의 자릿수는 일정하지 않다. 그러나 최근 발급된 제조업체 코드는 모두 6자리이고, 그에 따라 상품 코드는 3자리가 된다.

```
□□□           □□□□□□           □□□              □
국가 코드     제조업체 코드    상품 코드    체크숫자
```

## 체크숫자로 오류를 방지한다

KAN의 체크숫자는 홀수 번째 자리에 있는 수들을 그대로 더하고 짝수 번째 자리에 있는 수들은 3배 해서 더한 총합이 10의 배수가 되도록 정한다. 즉, 바코드가 $x_1 \, x_2 \, x_3 \cdots x_{11} \, x_{12} \, x_{13}$이라고 할 때 다음 식이 성립해야 한다.

$$(x_1+x_3+x_5+x_7+x_9+x_{11}+x_{13})+3(x_2+x_4+x_6+x_8+x_{10}+x_{12})$$
$$=\sum_{i=1}^{7} x_{2i-1}+3\sum_{i=1}^{6} x_{2i} \equiv 0 \pmod{10}$$

예를 들어 KAN의 앞 12자리 수가 880123622103인 경우 체크숫자를 구하면 다음과 같다.

$$(8+0+2+6+2+0)+3(8+1+3+2+1+3)+x_{13}=72+x_{13} \equiv 0 \pmod{10}$$
$$x_{13}=8$$

이런 방식으로 체크숫자를 정하면, 인접한 두 수가 거꾸로 입력된 경우를 대부분 알아낼 수 있다. 바코드에서 인접한 두 수가 뒤바뀌어 입력되면, 앞의 12자리 수와 체크숫자가 미리 약속한 수학적 원리에 맞

바코드

지 않으므로, 바코드를 스캔했을 때 오류를 알리는 경고음을 내게 된다. 그런데 두 수가 뒤바뀌어 입력되었는데도 정상적으로 스캔되는 경우가 있다. 바코드가 원래의 순서대로 입력된 경우와 인접한 두 수가 뒤바뀌어 입력된 경우의 체크숫자가 일치하면 이런 현상이 나타난다. 즉, 인접한 두 수가 $k$만큼 차이 나는 수일 때, $a, a+k$로 입력된 체크숫자와 $a+k, a$로 입력된 체크숫자가 같아지는 경우가 그렇다. $a, a+k$가 각각 홀수 번째, 짝수 번째 수인데, 이 두 수가 뒤바뀌어 $a, a+k$가 각각 짝수 번째, 홀수 번째로 입력되었을 때 체크숫자가 같다면 다음 식이 성립해야 한다.

$a+3(a+k) \equiv 3a+(a+k) \pmod{10}$

$2k \equiv 0 \pmod{10}$

$k=5$

이처럼 두 수의 차이가 5일 때에는 체크숫자가 우연히 같아져 바코드가 잘못 입력되었다는 사실을 알아낼 수 없다. $k$는 1부터 9까지의 수 중의 하나이므로, $k$가 5인 11.1%의 경우는 바코드의 인접한 두 수가 뒤바뀌어 입력되는 오류를 알아낼 수 없다. 그래도 나머지 88.9%의 경우는 체크숫자를 통해 두 수의 순서가 바뀌어 입력된 오류를 잡아낼 수 있으니 정확도가 높은 편이다. KAN에서 국가 코드는 고정되어 있고, 회사마다 제조업자 코드도 정해져 있으므로, 상품 코드를 정할 때 이런 점을 고려해야 한다.

### 단축형 KAN

KAN은 13자리로 이루어진 표준형 이외에 8자리의 단축형이 사용되기도 한다. 예를 들어 담배의 바코드는 8자리 수이다. 이 경우 8번째에 위치하는 체크숫자에 가중치가 곱해지지 않도록 하기 위해, 홀수 번째 자리에 있는 수들을 3배해서 더하고 짝수 번째에 있는 수들은 그대로 더한 전체의 합이 10의 배수가 되도록 한다. 즉, 바코드를 $x_1\ x_2\ x_3\ \cdots\ x_6\ x_7\ x_8$이라고 할 때, 체크숫자는 다음과 같이 정한다.

$$3(x_1+x_3+x_5+x_7)+(x_2+x_4+x_6+x_8)$$
$$=3\sum_{i=1}^{4}x_{2i-1}+\sum_{i=1}^{4}x_{2i}\equiv 0\,(\mathrm{mod}\ 10)$$

### ISBN 무오류의 비밀은 소수

국제표준도서번호, 즉 ISBN은 International Standard Book Number의 약자로, 책에 대한 국제적인 주민등록번호라고 할 수 있다. 현재는 KAN과 마찬가지로 13자리 ISBN을 사용하지만, 2007년 이전의 ISBN은 10개의 숫자로 구성되었고 여기서도 마지막은 체크숫자이다. (국립중앙도서관 서지정보유통지원시스템에서는 ISBN의 '체크숫자'를 '체크기호'라고 한다.)

국가 코드　　발행자 코드　　책 코드　　체크숫자

체크숫자는 ISBN의 각 자릿값에 10부터 1까지의 자연수를 차례로 곱해서 더한 합이 11의 배수가 되도록 정한다. 즉, ISBN을 $x_1\ x_2\ x_3\ \cdots\ x_8\ x_9\ x_{10}$이라고 할 때, 체크숫자 $x_{10}$은 다음과 같이 정한다.

$$10x_1+9x_2+8x_3+ \cdots +2x_9+x_{10}$$

$$=\sum_{i=1}^{10}(11-i)x_i \equiv 0 \pmod{11}$$

KAN과 같이 자릿값의 합이 10의 배수가 되도록 정했을 때에는 체크숫자가 0부터 9 사이의 수가 된다. 그러나 자릿값의 합이 11의 배수가 되도록 정했을 경우 체크숫자는 0부터 10 사이의 수가 된다. 그런데 체크숫자는 한 자리 수여야 하므로, 체크숫자가 10인 경우는 그 대신 X로 나타낸다.

예를 들어 어떤 책의 ISBN의 앞에서부터 9자리가 89-5757-818일 때 체크숫자를 구하면 다음과 같다.

$$(10 \times 8)+(9 \times 9)+(8 \times 5)+(7 \times 7)+(6 \times 5)+(5 \times 7)+(4 \times 8)+(3 \times 1)+(2 \times 8)+x_{10}$$
$$=366+x_{10} \equiv 0 \pmod{11}$$

$x_{10}=8$

**ISBN 89-5757-818-8**

우리가 현재 사용하고 있는 수 체계는 십진법이므로, 11의 배수를 따지는 것은 10의 배수를 생각하는 것보다 복잡하다. 이런 번거로움에도 불구하고 11의 배수가 되도록 정한 이유는 11이 소수이기 때문이다. 즉, 소수 배수가 되면 단 1개의 수가 잘못 입력되어도 그 오류를 100% 찾아낼 수 있다.

체크숫자를 포함한 자릿값을 ISBN에서 정한 규칙에 따라 더한 총합이 소수의 배수가 되도록 하면, 하나의 수가 잘못 입력되었을 때에도 알아낼 수 있는 이유를 수학적으로 증명해보자.

우선 ISBN이 $x_1 x_2 x_3 \cdots x_8 x_9 x_{10}$일 때
$10x_1 + 9x_2 + 8x_3 + \cdots + 2x_9 + x_{10} \equiv 0 \pmod{11}$이므로

$$x_{10} = -\sum_{i=1}^{9}(11-i)x_i \equiv -\sum_{i=1}^{9}11x_i + \sum_{i=1}^{9}ix_i \equiv \sum_{i=1}^{9}ix_i \pmod{11}$$

$x_{10} = x_1 + 2x_2 + 3x_3 + \cdots + 9x_9 \pmod{11}$

어떤 책의 ISBN이 $x_1 x_2 x_3 \cdots x_8 x_9 x_{10}$인데 잘못하여 $y_1 y_2 y_3 \cdots y_8 y_9 y_{10}$으로 입력되었다고 가정하자. 정확한 ISBN과 잘못된 ISBN에서 하나의 수만 다르지만 편의상 $x_i$와 $y_i$로 표기한 것이다.

ISBN 중 하나의 수가 틀리게 입력되었으므로 어떤 $j (1 \leq j \leq 10)$가 존재하여
$i \neq j$인 모든 $i$에 대하여 $y_i = x_i$
$i = j$인 경우는 $y_j = x_j + k$, $(-10 < k < 10)$
한편 $x_1 x_2 x_3 \cdots x_8 x_9 x_{10}$은 정확한 ISBN이므로

$$\sum_{i=1}^{10} ix_i = \sum_{i=1}^{9} ix_i + 10x_{10} = x_{10} + 10x_{10} = 11x_{10} \equiv 0 \pmod{11}$$

만약 $y_1 y_2 y_3 \cdots y_8 y_9 y_{10}$이 정확한 ISBN이라면

$$\sum_{i=1}^{10} iy_i = \sum_{i=1}^{10} ix_i + jk \equiv jk \equiv 0 \pmod{11}$$

가 성립해야 한다.

$p$가 소수일 때 $a \not\equiv 0 \pmod{p}$, $b \not\equiv 0 \pmod{p}$이면 $ab \not\equiv 0 \pmod{p}$이라는 성질을 이용하면, $j \not\equiv 0 \pmod{11}$, $k \not\equiv 0 \pmod{11}$이므로 $jk \not\equiv 0 \pmod{11}$이 되어 모순이 발생한다.

따라서 $y_1 y_2 y_3 \cdots y_8 y_9 y_{10}$은 올바른 ISBN이 아니다.

### ISSN

정기간행물에는 ISBN과 유사한 국제표준간행물번호 ISSN<sub>International Standard Serial Number</sub>을 부여한다. ISSN은 8개의 숫자로 이루어지며, 앞에서부터 8개의 수에 8부터 1까지의 자연수를 차례로 곱해서 더한 합이 11의 배수가 되도록 체크숫자를 정한다. 즉, ISSN을 $x_1 x_2 \cdots x_7 x_8$이라고 할 때, 체크숫자는 $x_8$이며 다음이 성립해야 한다.

$$8x_1 + 7x_2 + \cdots + 2x_7 + x_8$$
$$= \sum_{i=1}^{8}(9-i)x_i \equiv 0 \pmod{11}$$

이때, $x_8=10$인 경우에는 ISBN과 마찬가지로 $x_8=X$로 나타낸다.

예를 들어 어떤 정기간행물의 ISSN의 앞에서부터 7자리가 1229-432일 때 체크숫자를 구하면 다음과 같다.

$$(8\times 1)+(7\times 2)+(6\times 2)+(5\times 9)+(4\times 4)+(3\times 3)+(2\times 2)+x_{10}$$
$$=108+x_8 \equiv 0 \pmod{11}$$
$$x_8=2$$

**ISSN 1229-4322**

### QR 코드는 2차원 바코드

지금까지 알아본 바코드는 정보를 한 방향으로 배열한 1차원 바코드로, 이 경우는 숫자 정보로 제조업체와 상품명 정도만 표시할 수 있어 제한적인 면이 있다. 이에 보다 다양한 정보를 입력할 수 있도록 가로, 세로 두 방향으로 정보를 배열한 2차원 바코드가 등장했다. 2차원 바코드 중 대표적인 것이 QR 코드로, QR Quick Response이라는 용어가 말하고 있듯이 빠른 응답을 얻을 수 있다. QR 코드는 대부분 정사각형 모양으로 가로와 세로 각각 2센티미터에 불과한 크기이지만, 최대 7,089개의 숫자, 4,296개의 문자까지 입력할 수 있다. 또한 인터넷 주소 URL 및 사진과 동영상 정보까지 담을 수 있어 1차원 바코드에 비해 한층 진일보한 방식이다.

동아시아 출판사

  QR 코드에는 3개의 위치찾기 심벌이 있어서 거꾸로 촬영해도 정보를 읽을 수 있고 오류 복원 기능도 있다. 또한 QR 코드를 개발한 덴소 웨이브가 특허권을 행사하지 않아 누구라도 간편하게 제작하여 사용할 수 있는 것도 장점으로 꼽힌다. 사실 QR 코드가 짧은 시간에 광범위하게 확산되는 데 기여한 일등 공신은 스마트폰이다. 1차원 바코드는 특별한 스캐너가 있어야 하지만, QR 코드는 스마트폰에 탑재된 스캐너로 누구나 코드를 판독하여 정보를 얻을 수 있기 때문이다.

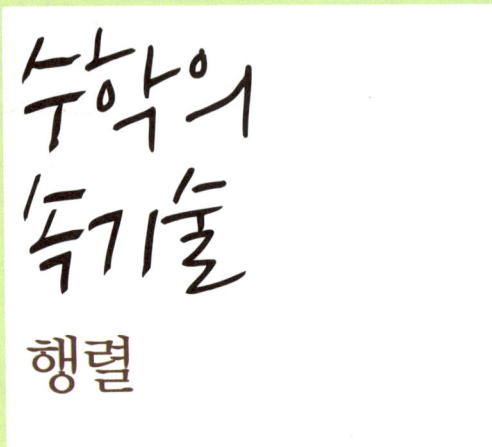

### 영화 〈매트릭스〉와 행렬

키아누 리브스의 멋진 의상과 선글라스가 블랙 신드롬을 가져왔던 영화 〈매트릭스〉는 전형적인 블록버스터류의 영화이다. 하지만 이 영화는 『매트릭스로 철학하기』라는 책이 출판될 만큼 심오한 철학이 담긴 영화로 평가되기도 한다. 매트릭스 matrix가 수학에서는 '행렬'을 뜻하는데, 과연 영화의 매트릭스와는 어떤 연관성이 있을까?

매트릭스의 어원을 따져보면 라틴어로 '자궁', '모체', '그 안에서 무엇을 만드는 것'을 의미한다. 영화에서 인간들은 인공지능AI을 가지고 자신을 감시하고 지배하는 가상현실을 실제인 것처럼 생각하며 살아가는데, 매트릭스는 그 가상공간을 상징한다고 볼 수 있다. 또한 영화에서 매트릭스가 현실공간과

영화 〈매트릭스〉

가상공간을 연결한다는 의미에서 붙여진 제목일 수도 있다.

### 행렬은 수학의 속기술

행렬은 수나 문자를 직사각형 모양으로 배열하고 괄호로 묶은 것이다. 군대가 일사불란하게 행진할 때 가로와 세로로 줄을 맞추듯이, 수나 문자를 가로와 세로로 줄을 세워놓은 것이 행렬이다. 이때 행렬을 이루는 각각의 수 또는 문자를 그 행렬의 '성분'이라고 하고, 가로줄을 '행row', 세로줄을 '열column'이라고 한다. 문서를 편집할 때 $n$번째 줄을 $n$행이라고 하는 것처럼 행은 가로줄이다. 또 운동장에서 줄을 설 때 듣던 '열을 맞추라'라는 말을 떠올린다면 세로줄이 열이라는 것을 기억할 수 있을 것이다. 우연인지 모르지만, 한자로

行 행: 가로줄
列 열: 세로줄

```
      1  2  3
      열 열 열
      ↓  ↓  ↓
1행 → ( 1  2  3 )
2행 →  ( 4  5  6 )
```

행렬<sup>行列</sup>을 적으면, 행은 가로줄, 열은 세로줄이라는 것이 시각적으로 드러난다.

행렬은 대개 알파벳의 대문자를 써서 나타내고, 행렬의 성분은 소문자를 사용하여 나타내며, $i$행과 $j$열이 만나는 위치에 있는 성분을 $a_{ij}$로 나타낸다. 예를 들어, 행렬 $A$가 2행 3열이라면 $A=\begin{pmatrix} a_{11} & a_{12} & a_{13} \\ a_{21} & a_{22} & a_{23} \end{pmatrix}$와 같이 나타낼 수 있다. 특히, 행의 개수와 열의 개수가 $n$개로 같은 행렬을 $n$차 '정사각행렬<sup>square matrix</sup>'이라고 한다.

수와 마찬가지로 행렬에 대해서도 덧셈, 뺄셈, 곱셈 등의 연산을 시행할 수 있다. 예를 들어 2차 정사각행렬인 $A$와 $B$의 덧셈과 뺄셈은 두 행렬에서 대응하는 성분들을 각각 더하거나 빼면 된다.

$$A=\begin{pmatrix} a_{11} & a_{12} \\ a_{21} & a_{22} \end{pmatrix},\ B=\begin{pmatrix} b_{11} & b_{12} \\ b_{21} & b_{22} \end{pmatrix}\text{일 때},\ A+B=\begin{pmatrix} a_{11}+b_{11} & a_{12}+b_{12} \\ a_{21}+b_{21} & a_{22}+b_{22} \end{pmatrix}$$

그런데 행렬의 곱셈은 대응되는 성분끼리 곱하는 것이 아니라 다른 방식으로 약속한다. 2차 정사각행렬인 $A$와 $B$를 곱한 행렬 $AB$의 $i$행 $j$열 성분은 행렬 $A$의 $i$행과 행렬 $B$의 $j$열의 성분을 차례로 곱하여 합한 것이다.

$$A=\begin{pmatrix} a_{11} & a_{12} \\ a_{21} & a_{22} \end{pmatrix},\ B=\begin{pmatrix} b_{11} & b_{12} \\ b_{21} & b_{22} \end{pmatrix}\text{일 때},\ AB=\begin{pmatrix} a_{11}b_{11}+a_{12}b_{21} & a_{11}b_{12}+a_{12}b_{22} \\ a_{21}b_{11}+a_{22}b_{21} & a_{21}b_{12}+a_{22}b_{22} \end{pmatrix}$$

행렬을 이용하면 복잡한 수의 배열을 하나의 기호로 나타내어 간편하게 계산할 수 있으며, 그런 의미에서 행렬은 '수학의 속기술'이라고 불린다.

## 힐 암호

행렬은 암호에도 이용된다. 대칭적인 키를 갖는 암호로, 1929년 레스터 힐 Lester Hill에 의해 제안된 '힐 암호Hill cipher'는 역행렬이 존재하는 정사각행렬을 이용하여 암호화한다. 예를 들어 평문 MATHEMATICS를 힐 암호로 암호화하기 위해서는 다음 과정을 거친다.

❶ 공란과 A부터 Z까지의 알파벳에 0부터 26까지의 일련 숫자를 부여한다.

| 공란 | A | B | C | D | E | F | G | H | I | J | K | L | M | N | O | P | Q | R | S | T | U | V | W | X | Y | Z |
|---|---|---|---|---|---|---|---|---|---|---|---|---|---|---|---|---|---|---|---|---|---|---|---|---|---|---|
| 0 | 1 | 2 | 3 | 4 | 5 | 6 | 7 | 8 | 9 | 10 | 11 | 12 | 13 | 14 | 15 | 16 | 17 | 18 | 19 | 20 | 21 | 22 | 23 | 24 | 25 | 26 |

❷ 평문의 알파벳에 해당하는 숫자를 찾아 행렬의 성분으로 열거한다.

| M | A | T | H | E | M | A | T | I | C | S |
|---|---|---|---|---|---|---|---|---|---|---|
| 13 | 1 | 20 | 8 | 5 | 13 | 1 | 20 | 9 | 3 | 19 |

MATHEMATICS에 해당하는 숫자들로 행렬을 만들 때에는 1행 1열→2행 1열→1행 2열→2행 2열→⋯의 순서로 적는다. 알파벳의 개수가 홀수일 때에는 마지막에 공란에 해당하는 숫자 0을 적는다.

$$\begin{pmatrix} 13 & 20 & 5 & 1 & 9 & 19 \\ 1 & 8 & 13 & 20 & 3 & 0 \end{pmatrix}$$

❸ 역행렬을 갖는 적당한 2차 정사각행렬을 선택한다. 예를 들어서 $A=\begin{pmatrix} 1 & -1 \\ 2 & 0 \end{pmatrix}$를 선택하였다면, 평문 MATHEMATICS를 나타내는 행렬 $X$

를 $AX=B$로 암호화하여 $B$를 보낸다.

$$\begin{pmatrix} 1 & -1 \\ 2 & 0 \end{pmatrix} \begin{pmatrix} 13 & 20 & 5 & 1 & 9 & 19 \\ 1 & 8 & 13 & 20 & 3 & 0 \end{pmatrix} = \begin{pmatrix} 12 & 12 & -8 & -19 & 6 & 19 \\ 26 & 40 & 10 & 2 & 18 & 38 \end{pmatrix}$$
$\quad\quad A \quad\quad\quad\quad\quad\quad X \quad\quad\quad\quad\quad\quad\quad\quad B$

❹ 수신자는 암호문을 나타내는 행렬 $B$로부터 $X$를 알아내야 한다. $AX=B$의 양변에 $A$의 역행렬 $A^{-1}$을 곱하면 $A^{-1}(AX)=A^{-1}B$가 된다.

행렬의 곱의 결합법칙을 적용하고, $AA^{-1}$이 단위행렬 $I$가 된다는 점을 이용하면 $A^{-1}(AX)=(A^{-1}A)X=IX=X=A^{-1}B$가 된다.

즉, 평문을 나타내는 행렬 $X$를 알아내기 위해서는 $A$의 역행렬 $A^{-1}$에 행렬 $B$를 곱하면 된다.

$A=\begin{pmatrix} 1 & -1 \\ 2 & 0 \end{pmatrix}$ 일 때 $A^{-1}=\begin{pmatrix} 0 & \frac{1}{2} \\ -1 & \frac{1}{2} \end{pmatrix}$ 이므로,

$X=A^{-1}B=\begin{pmatrix} 0 & \frac{1}{2} \\ -1 & \frac{1}{2} \end{pmatrix} \begin{pmatrix} 12 & 12 & -8 & -19 & 6 & 19 \\ 26 & 40 & 10 & 2 & 18 & 38 \end{pmatrix} = \begin{pmatrix} 13 & 20 & 5 & 1 & 9 & 19 \\ 1 & 8 & 13 & 20 & 3 & 0 \end{pmatrix}$

2차 정사각행렬 $A=\begin{pmatrix} a & b \\ c & d \end{pmatrix}$에서 $ad-bc \neq 0$일 때, 역행렬 $A^{-1}$은 다음과 같이 구한다.

$$A^{-1}=\frac{1}{ad-bc}\begin{pmatrix} d & -b \\ -c & a \end{pmatrix}$$

행렬 $A$와 역행렬 $A^{-1}$을 곱하면 단위행렬 $I$가 된다.

$$AA^{-1}=A^{-1}A=\begin{pmatrix} 1 & 0 \\ 0 & 1 \end{pmatrix}=I$$

마지막에 얻은 행렬의 성분 13, 1, 20, 8, 5, 13, 1, 20, 9, 3, 19가 나타내는 알파벳을 찾으면 평문 MATHEMATICS를 알아낼 수 있다.

## 영화 〈굿 윌 헌팅〉의 행렬 문제

1997년 개봉한 영화 〈굿 윌 헌팅〉은 MIT 수학과를 배경으로 한다. 주인공인 윌 헌팅맷 데이먼은 MIT의 청소부로, 불우한 성장 배경 때문에 폭행을 일삼고 다니지만, 수학에 있어서만은 범상치 않은 재능을 보유하고 있다. MIT 수학과의 제럴드 램보스텔란 스카스가드는 수학계 최고의 권위를 갖는 필즈상을 수상한, 유능하고 유명한 교수이다. 램보 교수는 MIT의 수재들도 쩔쩔 매는 수학 문제를 복도에 게시했는데, 윌은 청소하다가 이 문제를 어렵지 않게 풀고는 답을 남긴다. 마침내 램보 교수는 윌의 존재를 알게 되고, 그를 수학 세계로 안내하고자 한다. 그 과정에서 램보 교수의 친구인 숀 맥과이어로빈 윌리엄스

영화 〈굿 윌 헌팅〉 포스터(왼쪽)와 윌이 복도에 게시된 문제를 푸는 장면

가 심리치료를 통해 윌의 마음을 열어주게 된다.

영화에서 램보 교수와 윌은 대비되는 특성을 갖는다. 램보 교수가 엘리트 코스를 밟은 수학 수재라면, 윌은 정식 교육을 받지 못한 수학 천재이다. 또 램보 교수가 치밀한 논리로 수학에 접근한다면, 윌은 자유로운 직관으로 수학 문제를 풀어냈다. 영화가 진행될수록 램보 교수는 윌의 타고난 수학적 재능을 인정하고 부러워하다가 시기하는 단계에까지 이르게 된다. 마치 음악가 살리에리가 세기의 음악 신동 모차르트를 질투했듯이.

영화에서 램보 교수가 복도에 게시했던 4개의 문제 중 첫 번째와 두 번째 문제는 다음과 같다.

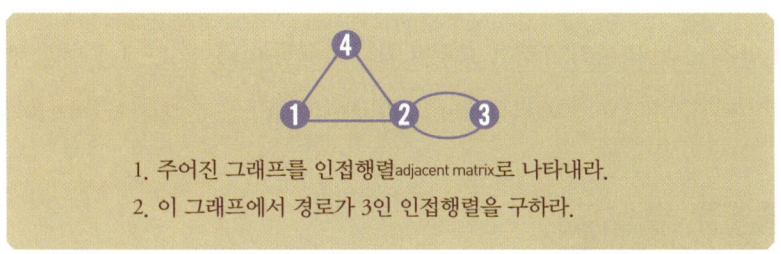

1. 주어진 그래프를 인접행렬adjacent matrix로 나타내라.
2. 이 그래프에서 경로가 3인 인접행렬을 구하라.

그래프라 하면 함수의 그래프를 우선적으로 떠올리겠지만, 여기서의 그래프는 점과 선으로 이루어진 그림을 말한다. 경로란 한 점에서 다른 점으로 이동할 때 순서대로 점을 나열한 것을 말한다. 경로의 길이는 몇 단계를 거치는지를 나타내는데, 예를 들어 점 1에서 점 2로 이동한 경로 (12)의 길이는 1이다. 경로 (124)는 점 1에서 점 2를 거쳐 점 4로 이동하므로 경로의 길이는 2가 된다. 한편 그래프가 주어지면 그 연결 상태를 인접행렬로 표현할 수 있다. 인접행렬로 표현하는 방법은, 점 $i$와 점 $j$가 연결되어 있으면 $i$행 $j$열의 성분은 1이고, 연결되어 있지 않으면 0이 된다. 또한 두 점을 연결하는 복수의 경로가 있으면 경로의 개수가 성분이 된다. 위의 그래프에서 점 1과 점 2가 연결되어 있으므로, 1행 2열과 2행 1열의 성분은 1이다. 점 1과 점 3은 연결되어 있지 않으므로 1행 3열과 3행 1열의 성분은 0이다. 또한 점 2와 점 3을 연결하는 경로는 2개이므로, 2행 3열과 3행 2열의 성분은 2이다. 이런 과정을 거쳐 만들어진 인접행렬이자 영화에서 첫 번째 문제의 답은 다음과 같다.

$$A = \begin{pmatrix} 0 & 1 & 0 & 1 \\ 1 & 0 & 2 & 1 \\ 0 & 2 & 0 & 0 \\ 1 & 1 & 0 & 0 \end{pmatrix}$$

이제 두 번째 문제에 도전해보자. 행렬 $A$와 $A$를 곱한 $A^2$의 성분들이 의미하는 바를 생각해보자. $A^2$에서 1행 1열의 성분인 2가 의미하는 바는 점 1에서 점 1로 이동하는, 길이가 2인 경로의 개수가 2라는 것이다. 실제 점 1에서 점 2를 거쳐 다시 점 1로 돌아가는 (121)과 점 1에서 점 4를 거쳐 다시 점 1로 돌아가는 (141)의 두 가지가 있다.

$$A^2 = AA = \begin{pmatrix} 0 & 1 & 0 & 1 \\ 1 & 0 & 2 & 1 \\ 0 & 2 & 0 & 0 \\ 1 & 1 & 0 & 0 \end{pmatrix} \begin{pmatrix} 0 & 1 & 0 & 1 \\ 1 & 0 & 2 & 1 \\ 0 & 2 & 0 & 0 \\ 1 & 1 & 0 & 0 \end{pmatrix} = \begin{pmatrix} 2 & 1 & 2 & 1 \\ 1 & 6 & 0 & 1 \\ 2 & 0 & 4 & 2 \\ 1 & 1 & 2 & 2 \end{pmatrix}$$

두 번째 문제에서 구하라는 것은 경로의 길이가 3인 행렬이므로, $A^3$을 구하면 된다.

$$A^3 = A^2 A = \begin{pmatrix} 2 & 1 & 2 & 1 \\ 1 & 6 & 0 & 1 \\ 2 & 0 & 4 & 2 \\ 1 & 1 & 2 & 2 \end{pmatrix} \begin{pmatrix} 0 & 1 & 0 & 1 \\ 1 & 0 & 2 & 1 \\ 0 & 2 & 0 & 0 \\ 1 & 1 & 0 & 0 \end{pmatrix} = \begin{pmatrix} 2 & 7 & 2 & 3 \\ 7 & 2 & 12 & 7 \\ 2 & 12 & 0 & 2 \\ 3 & 7 & 2 & 2 \end{pmatrix}$$

## 생태계를 행렬로 나타내다

〈굿 윌 헌팅〉에서 그래프를 인접행렬로 나타내듯이, 행렬은 전기 회로망, 도로망, 생산 공정의 연결선 등을 표현하는 데 이용되기 때문에 공학 분야에서의 응용성이 높다. 이처럼 행렬은 현실 세계의 다양한 문제를 해결하는 강력한 도구가 될 수 있는데, 그 한 예가 생태계의 먹이그물이다.

어느 지역의 생태계를 아래와 같이 10가지의 생물들로 이루어진 먹이그물로 표현할 수 있다고 하자. 이 먹이그물에서 '뱀→독수리'이므로 뱀은 독수리에게 잡아먹힌다. 즉, 뱀은 피식자이고, 독수리는 포식자이다. 만약 이 지역에 산불이 나서 '나무'와 '과실'이 모두 불타버렸다고 할 때 먹이그물에 어떤 변화가 나타날지 예측해보자. 먹이그물 자체를 보고도 그 변화를 추측할 수

생태계의 먹이그물

있지만 행렬을 이용하면 보다 체계적으로 그 변화를 추적할 수 있다.

우선 먹이그물을 이루고 있는 생물에 일련번호를 붙인다.

> 독수리(1), 뱀(2), 쥐(3), 휘파람새(4), 개구리(5), 나방(6), 메뚜기(7), 다람쥐(8), 과실(9), 나무(10)

먹이그물을 나타내는 행렬 $A$에서 $i$행 $j$열 성분은 $i$가 $j$를 먹이로 삼을 경우는 1로, 그렇지 않은 경우는 0으로 한다. 예를 들어 독수리(1)는 뱀(2), 쥐(3), 휘파람새(4), 개구리(5), 다람쥐(8)를 먹이로 하므로, 독수리를 나타내는 1행의 성분 중 2열, 3열, 4열, 5열, 8열은 1이고 나머지는 모두 0이다. 또한 과실(9)과 나무(10)는 어느 것도 먹이로 하지 않으므로, 과실을 나타내는 9행과 나무를 나타내는 10행의 성분들은 모두 0이다. 이런 방식으로 10차 정사각행렬 $A$를 만들 수 있다.

$$A = \begin{pmatrix} 0 & 1 & 1 & 1 & 1 & 0 & 0 & 1 & 0 & 0 \\ 0 & 0 & 1 & 0 & 1 & 0 & 0 & 0 & 0 & 0 \\ 0 & 0 & 0 & 0 & 0 & 0 & 1 & 0 & 1 & 0 \\ 0 & 0 & 0 & 0 & 0 & 1 & 0 & 0 & 0 & 0 \\ 0 & 0 & 0 & 0 & 0 & 1 & 1 & 0 & 0 & 0 \\ 0 & 0 & 0 & 0 & 0 & 0 & 0 & 0 & 0 & 1 \\ 0 & 0 & 0 & 0 & 0 & 0 & 0 & 0 & 0 & 1 \\ 0 & 0 & 0 & 0 & 0 & 0 & 0 & 0 & 0 & 1 \\ 0 & 0 & 0 & 0 & 0 & 0 & 0 & 0 & 0 & 0 \\ 0 & 0 & 0 & 0 & 0 & 0 & 0 & 0 & 0 & 0 \end{pmatrix}$$

이제 행렬 $A$에 $A$를 곱한 $A^2$이 의미하는 바를 알아보자. 원래의 행렬은 10차 정사각행렬로 복잡하므로, 독수리와 뱀과 쥐로 이루어진 3차 정사각행렬로 단순화해서 생각해보자. 독수리(1), 뱀(2), 쥐(3)의 관계를 나타내는 행렬을 $M$

이라고 할 때, $M^2$이 의미하는 바는 한 단계를 거친 먹이 관계를 나타낸다. 예를 들어 독수리는 뱀의 포식자이고 뱀은 쥐의 포식자이므로, 독수리(1)는 한 단계를 거쳐서 쥐(3)를 먹는 포식자가 되어 $M^2$의 1행 3열은 1이다.

$$M = \begin{pmatrix} 0 & 1 & 1 \\ 0 & 0 & 1 \\ 0 & 0 & 0 \end{pmatrix} \quad M^2 = \begin{pmatrix} 0 & 1 & 1 \\ 0 & 0 & 1 \\ 0 & 0 & 0 \end{pmatrix} \begin{pmatrix} 0 & 1 & 1 \\ 0 & 0 & 1 \\ 0 & 0 & 0 \end{pmatrix} = \begin{pmatrix} 0 & 0 & 1 \\ 0 & 0 & 0 \\ 0 & 0 & 0 \end{pmatrix}$$

두 행렬 $M$과 $M^2$을 더한 행렬에서 1행의 합은 3이 된다. 뱀은 직접적으로 독수리의 피식자가 되며, 쥐는 직접적으로도 독수리의 피식자이지만 한 단계 거쳐서도 독수리의 피식자가 되므로, 1행의 합 3이 나타내는 바는 독수리의 직간접적인 피식자가 모두 세 가지라는 사실이다.

$$M + M^2 = \begin{pmatrix} 0 & 1 & 1 \\ 0 & 0 & 1 \\ 0 & 0 & 0 \end{pmatrix} + \begin{pmatrix} 0 & 0 & 1 \\ 0 & 0 & 0 \\ 0 & 0 & 0 \end{pmatrix} = \begin{pmatrix} 0 & 1 & 2 \\ 0 & 0 & 1 \\ 0 & 0 & 0 \end{pmatrix}$$

간단한 경우를 알아보았으니, 원래의 행렬로 돌아가보자. 행렬 $A + A^2$의 각 행의 합은 직접적으로 피식자가 되는 경우와 한 단계를 거쳐 간접적으로 피식자가 되는 경우의 합이 된다. 예를 들어 1행의 합인 13은 독수리의 직간접적인 피식자의 수이고, 2행의 합인 6은 뱀의 직간접적인 피식자의 수이다.

$$A^2 = AA = \begin{pmatrix} 0 & 0 & 1 & 0 & 1 & 2 & 2 & 0 & 1 & 1 \\ 0 & 0 & 0 & 0 & 0 & 1 & 2 & 0 & 1 & 0 \\ 0 & 0 & 0 & 0 & 0 & 0 & 0 & 0 & 0 & 1 \\ 0 & 0 & 0 & 0 & 0 & 0 & 0 & 0 & 0 & 1 \\ 0 & 0 & 0 & 0 & 0 & 0 & 0 & 0 & 0 & 2 \\ 0 & 0 & 0 & 0 & 0 & 0 & 0 & 0 & 0 & 0 \\ 0 & 0 & 0 & 0 & 0 & 0 & 0 & 0 & 0 & 0 \\ 0 & 0 & 0 & 0 & 0 & 0 & 0 & 0 & 0 & 0 \\ 0 & 0 & 0 & 0 & 0 & 0 & 0 & 0 & 0 & 0 \\ 0 & 0 & 0 & 0 & 0 & 0 & 0 & 0 & 0 & 0 \end{pmatrix}$$

$$A+A^2=\begin{pmatrix} 0 & 1 & 2 & 1 & 2 & 2 & 2 & 1 & 1 & 1 \\ 0 & 0 & 1 & 0 & 1 & 1 & 2 & 0 & 1 & 0 \\ 0 & 0 & 0 & 0 & 0 & 0 & 1 & 0 & 1 & 1 \\ 0 & 0 & 0 & 0 & 0 & 1 & 0 & 0 & 0 & 1 \\ 0 & 0 & 0 & 0 & 0 & 1 & 1 & 0 & 0 & 2 \\ 0 & 0 & 0 & 0 & 0 & 0 & 0 & 0 & 0 & 1 \\ 0 & 0 & 0 & 0 & 0 & 0 & 0 & 0 & 0 & 1 \\ 0 & 0 & 0 & 0 & 0 & 0 & 0 & 0 & 0 & 1 \\ 0 & 0 & 0 & 0 & 0 & 0 & 0 & 0 & 0 & 0 \\ 0 & 0 & 0 & 0 & 0 & 0 & 0 & 0 & 0 & 0 \end{pmatrix}$$

만일 이 지역에 산불이 나서 나무와 과실이 모두 타버렸다고 가정하면 그때의 먹이그물은 9, 10행과 9, 10열을 모두 제거한 8차 정사각행렬 $B$가 된다.

$$B=\begin{pmatrix} 0 & 1 & 1 & 1 & 1 & 0 & 0 & 1 \\ 0 & 0 & 1 & 0 & 1 & 0 & 0 & 0 \\ 0 & 0 & 0 & 0 & 0 & 0 & 1 & 0 \\ 0 & 0 & 0 & 0 & 0 & 1 & 0 & 0 \\ 0 & 0 & 0 & 0 & 0 & 1 & 1 & 0 \\ 0 & 0 & 0 & 0 & 0 & 0 & 0 & 0 \\ 0 & 0 & 0 & 0 & 0 & 0 & 0 & 0 \\ 0 & 0 & 0 & 0 & 0 & 0 & 0 & 0 \end{pmatrix}$$

마찬가지 방법으로 $B^2$을 구하고 $B+B^2$을 계산하면 다음과 같으며, 앞에서와 마찬가지로 $n$행의 합은 $n$번 생물이 먹이로 하는 생물의 수가 된다.

$$B+B^2=\begin{pmatrix} 0 & 1 & 2 & 1 & 2 & 2 & 2 & 1 \\ 0 & 0 & 1 & 0 & 1 & 1 & 2 & 0 \\ 0 & 0 & 0 & 0 & 0 & 0 & 1 & 0 \\ 0 & 0 & 0 & 0 & 0 & 1 & 0 & 0 \\ 0 & 0 & 0 & 0 & 0 & 1 & 1 & 0 \\ 0 & 0 & 0 & 0 & 0 & 0 & 0 & 0 \\ 0 & 0 & 0 & 0 & 0 & 0 & 0 & 0 \\ 0 & 0 & 0 & 0 & 0 & 0 & 0 & 0 \end{pmatrix}$$

원래 생태계의 먹이그물과 산불이 난 후의 먹이그물에서 각각의 생물이 직간접적으로 먹이로 삼는 생물의 수를 비교하면 다음과 같다.

| 생물 | 원래의 먹이그물에서 각각의 생물이 먹이로 삼는 생물의 수 | 산불이 난 후 먹이그물에서 각각의 생물이 먹이로 삼는 생물의 수 |
| --- | --- | --- |
| 독수리 | 13 | 11 |
| 뱀 | 6 | 5 |
| 쥐 | 3 | 1 |
| 휘파람새 | 2 | 1 |
| 개구리 | 4 | 2 |

위의 표에서 알 수 있듯이 산불로 인해 나무와 과실이 소멸하면 먹이그물에 적지 않은 큰 변화가 나타난다. 예를 들어 쥐의 경우 직간접적으로 먹이로 삼는 생물의 수가 세 가지에서 한 가지로 감소하였다. 특히 중간에 두 단계, 세 단계를 거친 피식자와 포식자의 관계를 나타내는 $A^3$, $A^4$을 계산해보면 생태계의 변화 정도는 더욱 심화된다는 사실을 알 수 있다.

## 수학 분야별로 코끼리를 냉장고에 집어넣는 방법

　수학의 분야는 크게 대수학, 해석학, 기하학으로 구분된다. 대수학의 하위 분야로는 정수론, 선형대수학, 현대추상대수학 등이 있고, 미적분학을 심화시킨 해석학에서는 다루는 수의 범위에 따라 실해석학, 복소해석학 등으로 구분된다. 또한 각 하위 분야 내에는 수많은 세부 전공이 있다. 이처럼 수학 내에는 다양한 분야와 전공이 있는데, 그에 따라 동일한 사안에 대해 다르게 접근할 수 있다. 앞서 살펴본 바코드는 정수론과, 행렬은 선형대수학과 관련이 깊은데, 정수론과 선형대수학을 비롯하여 수학의 여러 분야에서 과연 코끼리를 어떻게 냉장고에 집어넣는지 그 방법들을 비교해보자.

### 정수론

> 나는 코끼리를 냉장고에 넣을 수 있는 놀라운 방법을 알고 있으나 여백이 부족하다.

　정수론의 방법은 17세기의 수학자 페르마의 행적을 패러디한 것이다. 정수론에 큰 족적을 남긴 페르마는 '페르마의 마지막 정리'와 더불어 여백이 부족하여 놀랄 만한 증명 방법은 적지 않는다는 메모를 남겼다.

### 선형대수학

> 코끼리의 기저basis만 구해서 냉장고에 넣고 스팬span한다.

대학교에서 배우는 선형대수학의 개념이므로 어렵기는 하지만, 기저basis는 어떤 것을 생성해내는 최소의 기본적인 요소이고, 스팬span은 그것들을 결합한다는 의미이다. 따라서 코끼리를 구성하고 있는 최소의 핵심 요소를 추출하여 냉장고에 넣고 이들을 결합함으로써 코끼리를 복원해낸다는 아이디어이다.

### 확률론

> 코끼리를 냉장고에 밀어 넣는 시행을 성공할 때까지 반복한다.

확률에서 주사위에서 특정한 눈이 나올 때까지 주사위를 던지는 시행을 반복하는 것처럼 코끼리를 냉장고에 넣는 시행을 반복한다.

### 미적분학

> 코끼리를 미분한 후 냉장고에 넣고 그 안에서 적분한다.

미분은 세분화하는 과정, 적분은 분해된 것을 쌓아가는 과정이므로, 코끼리를 분해하여 냉장고에 넣은 후 그 안에서 원래의 코끼리로 복원하는 방법이다.

### 통계학

> 코끼리의 꼬리를 표본으로 추출하여 냉장고에 집어넣는다.

통계학에서는 모집단에 대해 직접 조사하는 것이 불가능하거나 비효율적일 때 모집단으로부터 추출한 표본의 정보를 이용하여 모집단의 특성을 추정한다. 꼬리를 추출하여 냉장고에 집어넣고 전체로 확장하는 것은 추측통계학의 방법론과 유사하다.

### 집합론

> 코끼리∈{냉장고}, 혹은 {코끼리}⊂{냉장고}임을 보인다.

집합 단원에서 나오는 주요 개념은 부분집합, 원소 등이다. 따라서 집합론을 따른다면 코끼리가 냉장고 집합의 원소이거나(∈) 혹은 코끼리 집합이 냉장고 집합의 부분집합(⊂)임을 보이면 된다.

### 위상수학

> 클라인병Klein bottle으로 냉장고를 만든다.

클라인병은 위상수학적인 4차원 입체로, 안과 밖의 구분이 없다. 따라서 클라인병으로 냉장고를 만든다면 굳이 코끼리를 냉장고에 넣지 않고 외부에 두어도 냉장고 내부에 넣은 것과 같아진다.

### 수치해석학

> 코끼리의 코만 냉장고에 집어넣고 나머지는 오차로 처리한다.

수치해석학에서 중요한 것은 오차의 처리이다. 코끼리의 코만 냉장고에 집어넣는 것은 쉬우므로 그렇게 한 후, 코끼리의 나머지 부분은 오차라고 간주해 무시해 버리는 방법이다.

### 고등학교 수학

> 코끼리를 냉장고로 보내는 함수 f:{코끼리}→{냉장고}를 정의한다.

코끼리의 집합을 정의역으로, 냉장고의 집합을 공역으로 하고, 코끼리의 집합에서 냉장고의 집합으로의 함수를 정의하면 된다.

### 중학교 수학

> 코끼리를 닭으로 치환하고, 닭을 냉장고에 집어넣는다.

중학교에서 배우는 치환의 아이디어를 적용하여 코끼리를 그보다 몸집이 작은 닭으로 치환한 후 닭을 대신 집어넣는 방법이다.

# 제5악장

| 디베르티멘토 Divertimento |

귀족들의 고상한 오락을 위해 작곡된 디베르티멘토는 소나타나 교향곡에 비해 가볍고 듣기 쉽다. 디베르티멘토는 희유곡嬉遊曲이라고 하는데, 말 그대로 기분 전환을 위한 유희적인 성격의 음악이라고 할 수 있다. 스포츠 경기, 달력, 마방진에 대한 수학적 분석은 오락적인 성격이 강해 디베르티멘토와 통하는 면이 많다.

# 수학은
# 즐겁다

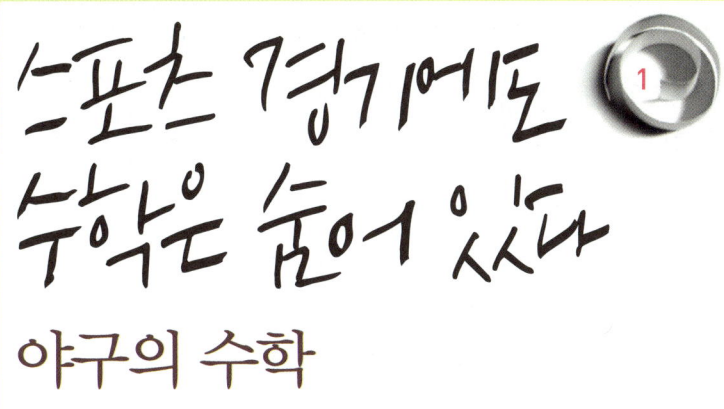

스포츠 경기에도
수학은 숨어 있다
야구의 수학

Mathematics Concert Plus

### 108번뇌와 야구공

숫자 108은 불교에서 108번뇌와 연관되어 의미 있는 숫자이지만, 스포츠와도 인연이 깊다. 야구공의 표면은 표주박을 연상시키는 똑같은 모양의 가죽 2장으로 이루어져 있고 108땀으로 연결되어 있다. 이는 불교의 염주가 108번뇌를 상징하는 108개의 염주알로 이루어진 것  처럼, 투수가 공을 던지거나 타자가 공을 고를 때 한 타 한 타 108번뇌를 경험하기 때문이라는 해석이 있다. 하지만 야구는 서양에서 비롯된 운동이기 때문에 의도적으로 불교의 108번뇌와 관련시켰을 가능성은 희박하다.

골프 홀 컵의 지름은 $4\frac{1}{4}$인치로 약 108밀리미터이다. 초기에 수도 파이프를 골프의 홀 컵으로 쓰기 시작했는데 그 지름이 108밀리미터였기 때문이라는 설도 있고, 홀 컵에 골프공이 들어 있는 상태에서 성인 남자가 손을 넣어 공을 꺼낼 수 있는 적당한 크기라고도 한다. 유래야 어찌 되었건 골프선수들이 공을 칠 때 나름대로 번뇌의 과정을 거치므로, 108번뇌와 골프 홀 컵의 지름이 108밀리미터라는 사실은 꽤 잘 어울린다.

### 영화 〈머니볼〉의 야구 수학

기록의 스포츠인 야구를 수학의 관점으로 바라보게 한 영화가 〈머니볼 Moneyball〉이다. 야구팬들에게 특히 각광을 받은 이 영화는 메이저리그에서 만년 최하위를 면치 못했던 오클랜드 애슬레틱스 Oakland Athletics와 구단주 빌리 빈 브래드 피트이 2002년 보여준 20연승의 기적을 소재로 한다.

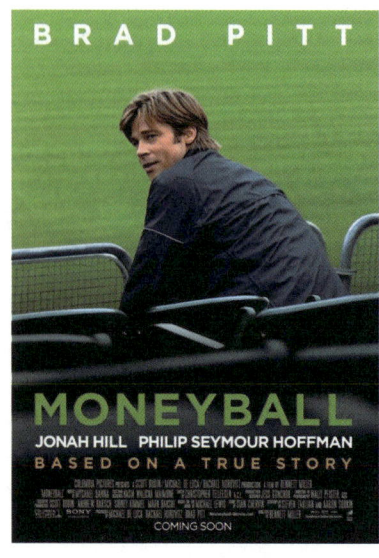 

영화 〈머니볼〉과 오클랜드 애슬레틱스 로고

야구선수 출신인 빈은 선수의 연봉 계약에 이용되는 기존의 선수 평가 방식에 문제의식을 가지고 있다. 단적인 예로 자신은 기존의 평가 방식에 의할 때 앞날이 보장된 유망주였지만, 선수 생활은 실패로 끝났기에 그 평가 방식이 잘못되었다고 생각한다. 이제 구단의 단장이 된 빈은 열악한 재정 형편 때문에, 낮게 평가된 선수들을 저렴한 연봉으로 데려오는 수밖에 없었다. 빈은 경제학을 전공한 피터를 영입하여, 이전과 다른 파격적인 방법에 따라 선수들을 선발한다. 기존의 야구선수 평가에서는 타율, 홈런, 도루 등이 중요시되었지만, 빈은 출루율과 장타율에 우선순위를 둔다.

영화에서 빈이 선수를 평가하는 데 이론적 기반을 제공하는 것이 '세이버매트릭스Sabermatrics'이다. 1970년대 빌 제임스Bill James가 창안한 세이버매트릭스는 다년간 누적된 야구 통계를 수학적으로 분석해 선수의 능력을 평가하는 방법을 말한다. 세이버매트릭스에서 Saber는 미국 야구의 기록을 연구하는 SABRSociety for American Baseball Research을 발음 나는 대로 적은 것이다.

### 야구장의 규격과 피타고라스의 정리

한국야구위원회의 경기규칙 1.04규정에는 야구장의 규격에 대해 다음과 같이 정하고 있다.

먼저 본루home plate의 위치를 정하고, 그 지점부터 2루를 설정하려는 쪽으로 철강재 줄자로 127피트 3⅜인치(38.795m) 거리를 재어 2루의 위치를 정한다. 그 다음 본루와 2루를 기점으로 각각 90피트(27.432m)를 재서 본루로부터 오른쪽의 교차점을 1루로 하고 본루로부터 왼쪽의 교차점을 3루로 한다. 따라서 1루로부터 3루까지의 거리는 127피트 3⅜인치(38.795m)가 된다.

야구장 규격에서 피타고라스의 정리가 성립하는지 확인해보자. 피타고라스의 정리에 따르면 직각을 끼고 있는 두 변의 길이의 제곱의 합은 빗변의 길이의 제곱과 같다. 따라서 피타고라스의 정리가 성립한다면, 1루를 기준으로 본루로 이어진 선분과 2루로 이어진 선분의 길이의 제곱의 합은 본루와 2루를 잇는 선분의 길이의 제곱과 같아야 한다.

$(27.432m)^2 + (27.432m)^2 ≒ 1505.029m^2$

$(38.795m)^2 ≒ 1505.052m^2$

위의 두 값의 차이는 0.023에 불과하므로, 야구장의 규격에서는 피타고라스의 정리가 성립한다고 볼 수 있다.

=(본루와 1루를 잇는 선분의 길이)$^2$+(1루와 2루를 잇는 선분의 길이)$^2$

=(본루와 2루를 잇는 선분의 길이)$^2$

야구장의 규격뿐 아니라 승률 계산에도 피타고라스의 정리는 동원된다. 세이버매트릭스의 창시자 빌 제임스는 다음 공식을 제안하였다.

$$승률 = \frac{총득점^2}{총득점^2 + 총실점^2}$$

이 식은 피타고라스의 정리와 유사한 형태를 띠기에 '야구의 피타고라스의 정리'라고 알려져 있다.

### 시인의 18.44미터

야구장에서 투수판의 위치는 본루에서 약 18.44미터 떨어져 있다. 이정록 시인의 시집 『의자』에는 다음과 같은 글이 적혀 있다.

"시집 이름을 정하는 데 오래 걸렸다. 망설였던 제목 가운데 '18.44'가 있다. 야구에 관심이 있는 사람은 알겠지만, 18.44m는 투수판에서 홈플레이트까지의 거리다. 여기에서 스트라이크가 나오고 번트가 나오고 장외 홈런이 나온다. 병살타가 나오고 데드볼이 나온다. 이만큼이 너와 나, 사랑과 이별, 탄생과 죽음의 거리가 아니겠는가? 뜻은 좋은데, 두어 번 읽다 보니 "씨팔 좀 사, 사!"로 읽힌다. 시집을 제발 좀 사달라고 떼를 쓰는 꼴이다. 우습기도 하고 짠하기도 해서 지워버렸다."

시집 『의자』

시인의 지적과 같이 인생의 축소판인 야구에서 울고 웃는 모든 것들이 투수판과 홈플레이트까지의 거리인 18.44미터를 중심으로 벌어진다. 그런데 그 18.44에 대한 발음이 시집을 사라는 것으로 들릴 수 있다는 것은 위트 넘치는 통찰이 아닐 수 없다.

## 리그의 경기 수

스포츠 경기 방식은 크게 '토너먼트tournament'와 '리그league'로 구분된다. 리그에서는 출전한 모든 팀이 서로 한 번씩 경기를 치르고 가장 많이 이긴 팀이 우승한다. 리그는 공평하게 모든 팀이 경기를 벌인다는 의미에서 라운드로빈round-robin이라고도 한다. 만약 16개 팀이 리그 방식으로 경기를 할 때 전체 경기 수는 $\frac{16 \times 15}{2}$=120이 된다. 16개의 각 팀은 나머지 15팀과 경기를 가져야 하므로 경기의 수는 16×15이지만, 이 경우 1팀과 2팀의 경기, 그리고 2팀과 1팀의 경기가 중복되므로 2로 나누어야 한다. 이를 일반화하면 $n$개의 팀이 출전하여 우승팀을 가리는 데 필요한 경기의 수는 조합combination을 이용하여 $_nC_2 = \frac{n(n-1)}{2}$로 일반화할 수 있다.

리그는 출전팀 모두가 서로 경기를 펼치고 여기서 다승인 팀이 우승을 하게 되므로, 대진 운과 큰 상관없이 비교적 공평하게 팀의 성적이 결정된다. 그러나 경기의 수가 너무 많아 선수들에게 무리가 따를 수 있으며, 관중들 역시 여러 게임으로 흩어지게 되므로 열광적인 응원 분위기를 지속시키기 어려운 단점이 있다.

## 토너먼트의 경기 수

토너먼트에서는 매 경기를 치른 후 패자는 탈락하고 승자는 그 다음 라운드로 올라간다. 승자 진출과 패자 탈락으로 진행되는 방식을 간단히 토너먼트라고 부르지만, 매 경기 한 팀씩 녹아웃knockout 되기 때문에 좀 더 정확하게 표현하여 '녹아웃 토너먼트'라고도 한다. 이제 토너먼트에서 우승팀이 결정되기까지 몇 번의 경기를 치러야 할지 알아보자. 다음과 같이 5개 팀이 출전한 경우 우승팀을 가리기 위한 경기의 수는 어떤 방식으로 조합해도 4번이 된다.

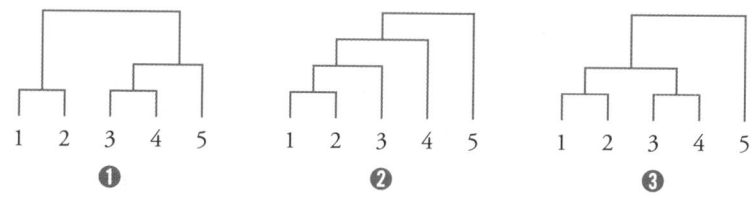

위의 세 가지 경우 중 ❶과 ❸에서는 3단계로 경기가 이루어지므로 높이는 3이 된다. ❷의 경우 높이는 4이다. 참여팀의 수를 $n$, 높이를 $h$라고 했을 때, $n \leq 2^h$이 성립한다. 위와 같이 5개 팀이 경기를 하는 $n=5$의 경우, $5 \leq 2^3$이고 $5 \leq 2^4$이기도 하므로 $h$는 3이 될 수도 있고 4가 될 수도 있다. 그런데 ❷나 ❸의 경우 5번 팀이 이전 게임에서 이긴 팀과 제일 마지막에 경기를 하므로 불합리한 면이 있고, ❶의 대진표가 가장 공평하다. 결과적으로 볼 때 $n$개의 팀이 참여하는 토너먼트에서 $n \leq 2^h$을 만족시키는 값 $h$가 최소가 되도록 하는 것이 공평한 대진표를 작성하는 필요조건이 된다. 여기서 필요충분조건이 아니라 필요조건이라고 한 이유는 ❸의 경우 높이 $h$가 최소인 3이지만 공평한 대진표의 조건으로는 충분하지 않기 때문이다.

토너먼트에서 팀의 수를 달리하며 결승전까지의 경기 수를 따져보면 일종의 규칙성을 발견할 수 있다. 5개 팀일 경우 4번, 6개 팀일 경우 5번과 같이, $n$개의 팀이 토너먼트로 경기를 할 경우 $(n-1)$번의 경기를 통해 우승팀이 결정된다. 즉, $n$개의 팀으로 시작하여 매 경기에서 한 팀씩 탈락하면서 마지막 팀이 남을 때까지 경기를 진행하려면 모두 $(n-1)$번의 경기가 이루어져야 한다.

특히 참가하는 팀의 수가 2의 거듭제곱인 경우, 토너먼트로 우승팀을 가리기까지 이루어져야 하는 경기의 횟수가 팀의 수보다 1이 적다는 규칙은 다음을 통해서 확인할 수 있다. 예를 들어 16개의 팀이 토너먼트로 경기할 때의 과정은 다음과 같다.

| 1회전 | 16개의 팀의 8경기 | $8=2^3$ |
| --- | --- | --- |
| 2회전 | 8개의 팀의 4경기 | $4=2^2$ |
| 준결승, 3회전 | 4개의 팀의 2경기 | $2=2^1$ |
| 결승, 4회전 | 2개의 팀의 1경기 | $1=2^0$ |

따라서 우승을 가리기까지 이루어져야 하는 경기의 수는 $2^3+2^2+2^1+2^0=8+4+2+1=15=16-1=2^4-1$이다.

이를 일반화하면, $2^n$개의 팀이 경기를 할 때 이루어져야 하는 경기의 수는 등비수열의 합의 공식 $2^{n-1}+2^{n-2}+\cdots+2^1+2^0=2^n-1$을 이용하여 $(2^n-1)$임을 계산할 수 있다.

### 패자부활전

토너먼트는 전체적인 경기의 수가 적기 때문에 참가팀이 많은 경우 비교적 단시간에 순위를 결정할 수 있다는 장점이 있다. 또 경기의 횟수가 많지 않기 때문에 경기에 임하는 선수들은 소수의 경기에 집중하고 최선을 다할 수 있다. 그러나 단점도 적지 않다. 우승팀과 토너먼트의 1회전에서 격돌하는 팀은 전력이 강하더라도 초반에 탈락하게 된다. 즉, 준우승을 할 수 있을 정도의 강한 팀이라도 우승팀과 1회전에서 만나게 되면 바로 탈락하는 불합리한 경우가 생긴다. 토너먼트의 이런 단점을 보완하기 위해 패한 팀끼리 다시 경기를 하는 패자부활전을 하기도 한다.

예를 들어 4개 팀이 출전한 경우 다음 그림에서 보듯이 왼쪽에는 승자전 토너먼트가 진행되고, 오른쪽에는 패자전 토너먼트가 진행된다. 1팀과 2팀의 경기에서 이긴 (승12)팀은 3팀과 4팀의 경기에서 이긴 (승34)팀과 경기를 갖고, 이와 동시에 각 경기에서 패한 (패12)팀과 (패34)팀도 패자전을 갖는다. 또 (승12)팀과 (승34)팀의 경기에서 진 팀은 (패12)팀과 (패34)팀의 경기에서 이긴 팀과 경기를 갖고 패자전의 우승팀을 결정한다. 마지막으로 승자전 우승팀과 패자전 우승팀이 겨뤄 최종적인 우승팀을 가린다. 만약 승자전 우승팀이 패자전 우승팀을 이기면 최종 우승팀이 되지만, 패자전 우승팀이 이긴다면 1승 1패가 되므로 다시 한 번 승자전 우승팀과 경기를 하여 최종 우승팀을 결정한다.

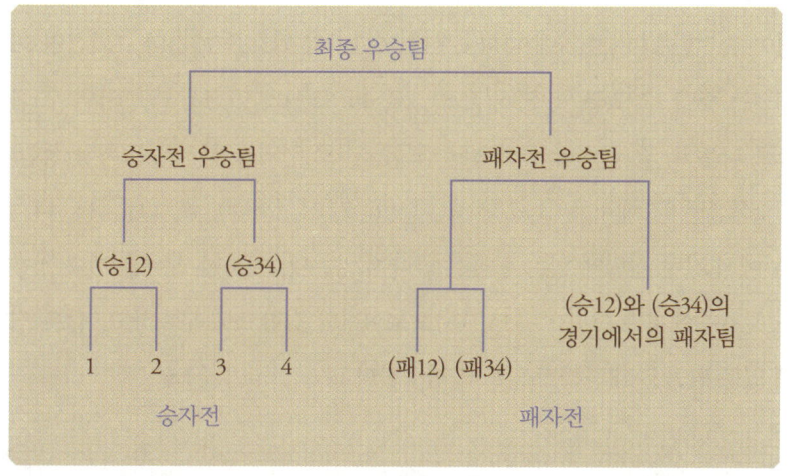

### 리그와 토너먼트의 퓨전

리그와 토너먼트는 각각 장점과 단점을 지닌다. 따라서 실제 경기에서는 이 두 가지의 경기 방식의 장점을 절충하여 예선은 토너먼트로 하고 결승전은 리그를 실시하기도 하고, 반대로 출전팀을 몇 개의 조로 나누어 리그를 하고 예선을 통과한 강팀들끼리 토너먼트를 실시하기도 한다. 월드컵의 경우는 후자를 따른다. 본선에 진출한 32개국을 A조부터 H조까지 각각 4개 국가로 이루어진 8개의 조로 편성하고, 각 조 내에서 리그를 통해 16강에 진출할 국가를 뽑는다. 16강부터는 승자 진출-패자 탈락의 방식으로 토너먼트를 치른다.

### 토너먼트의 대진표

토너먼트를 치를 때 강팀끼리 초반에 격돌하여 그중에 탈락하는 팀이 생기는 경우를 방지하기 위해 팀의 실력에 따라 순위를 정하고 대진표를 짠다. 우선 출전한 팀의 수가 2의 거듭제곱인 경우를 생각해보자. 예를 들어 16개의 팀이 출전한 경우 순위에 따라 1부터 16까지의 번호를 매긴다. 1회전인 16강에서는 팀을 {1, 2, 3, 4, 5, 6, 7, 8}, {9, 10, 11, 12, 13, 14, 15, 16}의 두 집합으로 나누고, 같은 집합에 소속된 팀들은 서로 경기를 하지 않도록 편성한다. 또 2회전인 8강에서는 {1, 2, 3, 4}, {5, 6, 7, 8}, {9, 10, 11, 12}, {13, 14, 15, 16}에서 같은 집합에 있는 팀들은 만나지 않는다. 이러한 방식을 계속 적용하여 준결승에서는 {1, 2}~{15, 16}으로 8개의 집합으로 분류하고, 같은 집합에 있는 팀들은 대진하지 않도록 편성한다.

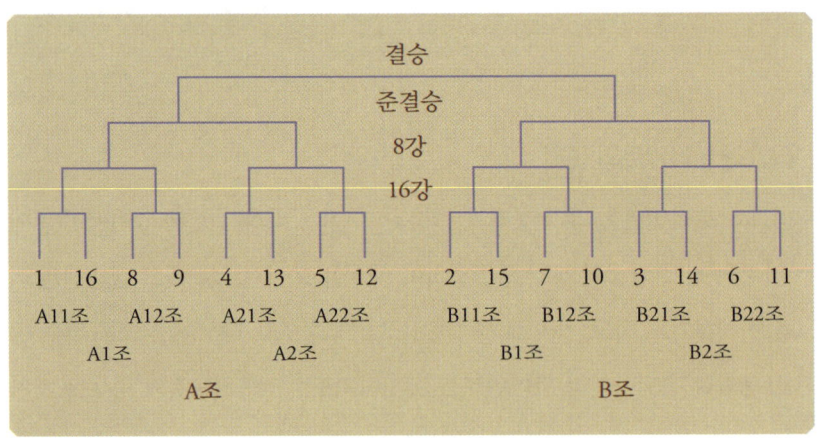

위의 방식으로 대진표를 작성하기 위하여 ㄹ자 방법을 이용하면 편리하다.

| A조　B조 | A1조　A2조 | B1조　B2조 |
|---|---|---|
| 1 → 2 | 1 → 4 | 2 → 3 |
| ↓ | ↓ | ↓ |
| 4 ← 3 | 8 ← 5 | 7 ← 6 |
| ↓ | ↓ | ↓ |
| 5 → 6 | 9 → 12 | 10 → 11 |
| ↓ | ↓ | ↓ |
| 8 ← 7 | 16 ← 13 | 15 ← 14 |
| ↓ | | |
| 9 → 10 | | |
| ↓ | | |
| 12 ← 11 | | |
| ↓ | | |
| 13 → 14 | | |
| ↓ | | |
| 16 ← 15 | | |

| A11조　A12조 | A21조　A22조 | B11조　B12조 | B21조　B22조 |
|---|---|---|---|
| 1 → 8 | 4 → 5 | 2 → 7 | 3 → 6 |
| ↓ | ↓ | ↓ | ↓ |
| 16 ← 9 | 13 ← 12 | 15 ← 10 | 14 ← 11 |

토너먼트에 출전한 팀의 수가 2의 거듭제곱인 경우 2개 팀씩 짝을 이루게 되므로 부전승이 없고, 2의 거듭제곱이 아닐 때에는 2의 거듭제곱인 경우를 응용하여 부전승을 두면 된다. $n$개의 팀이 출전했을 때 적당한 $k$가 존재하여 $2^{k-1}<n<2^k$이다. 이때 $2^k$팀이 출전했다고 가정하고 대진표를 작성한 후, $(n+1)$부터 $2^k$까지 $(2^k-n)$개의 팀을 삭제하면 된다. 이때 제거된 팀의 수인

$(2^k-n)$은 경기를 벌이지 않고 그냥 올라가는 부전승의 횟수이기도 하다. 예를 들어 10개의 팀이 출전한 경우 $2^3<10<2^4$이므로, 16개의 팀을 기준으로 대진표를 짜고, 11부터 16까지 6개의 팀을 없앤다. 그러면 1, 2, 3, 4, 5, 6의 6개의 팀은 부전승으로 올라가게 된다.

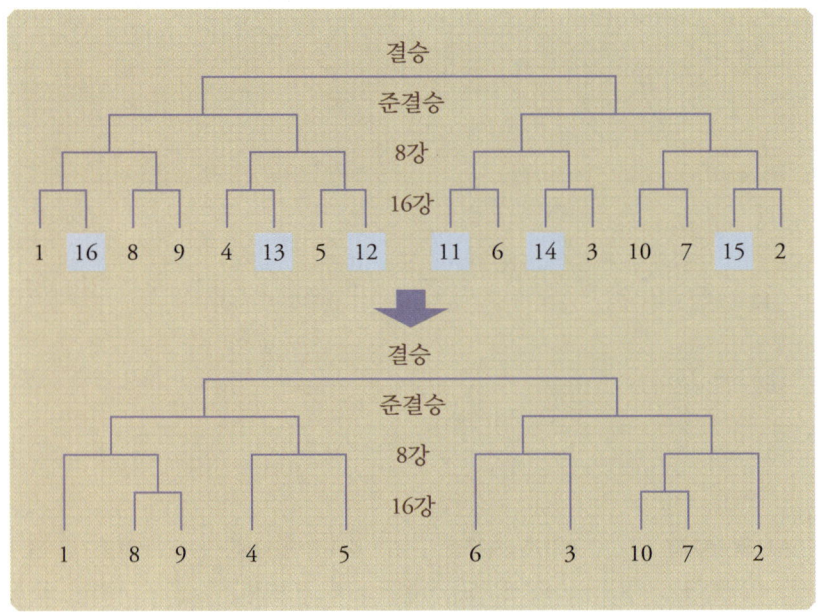

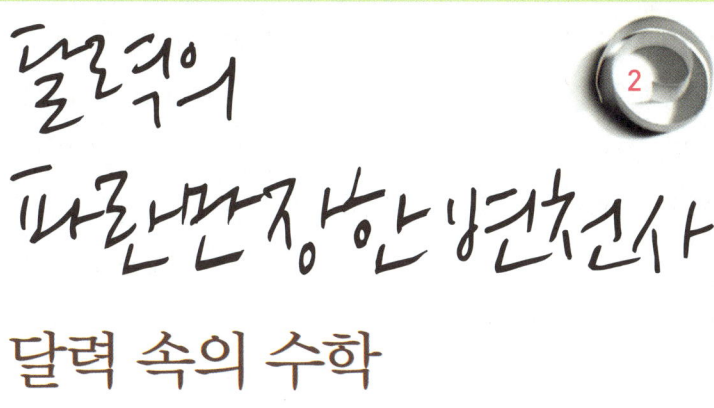

## 달력 속의 수학

Mathematics Concert Plus

### 태양과 달을 기준으로 삼아

영화 〈캐스트 어웨이 Cast Away〉에서 주인공 척 놀랜드 톰 행크스는 무인도에 표류하여 외로운 나날을 보내면서 동굴 벽에 날짜를 표시한다. 소설 『로빈슨 크루소』에서 주인공이 무인도에서 시간의 흐름을 기록하기 위해 자신만의 달력을 만든 것처럼 말이다. 이처럼 인간은 시간의 흐름을 가늠할 수 있는 척도를 만들려는 본능을 갖고 있으므로, 달력은 일찍부터 역사에 등장했다.

달력을 만든다고 할 때 무엇을 기준으로 삼을 수

영화 〈캐스트 어웨이〉

있을까? 인간에게 친근하면서도 그 자체적으로 변화하는 것이 적당하며, 그런 면에서 볼 때 주기적으로 뜨고 지는 '태양'과 차고 기우는 '달'은 최적의 기준을 제공한다. 달을 기준으로 한 태음력은 고대 수메르인과 바빌로니아인뿐만 아니라 유대인, 그리스인, 중국인 등 세계의 많은 민족들이 사용했으며, 현재에도 이슬람의 종교행사에 사용된다. 또한 수천 년 전의 고대 이집트인들은 태양의 공전 주기가 365일에 가깝고 매 4년마다 하루를 더해야 더 정확해진다는 것을 알고 태양력을 만들었다.

### 초기의 로마력

고대 역사의 중심에 서 있는 로마는 달력의 발전에 있어서도 핵심적인 역할을 했다. 초기의 로마력은 1년이 304일, 10달로 이루어져 있고, 현재의 3월이 한 해의 첫 번째 달이었다. 이런 사실은 9월인 September와 10월인 October에 각각 7과 8을 나타내는 어간 se-와 oct-가 포함되어 있다는 점에서 확인할 수 있다. 3월이 첫 번째 달이라고 할 때 9월은 일곱 번째 달이고 10월은 여덟 번째 달이 되기 때문이다. 마찬가지로 11월인 November와 12월인 December에는 각각 9와 10을 나타내는 no-와 de-가 들어 있다.

로마의 두 번째 왕인 누마 폼필리우스Numa Pompilius, BC 753~673는 1년의 시작에 January와 February를 첨가하여 1년을 355일, 12달로 정했다. 이전의 304일인 경우보다는 1년에 근접했지만 여전히 1년인 365일과는 차이가 있으므로, 이를 보완하기 위해 윤달을 삽입해야 한다. 로마의 집권자들은 임기를 연장하기 위해 윤달을 결정하는 권한을 가진 대제관에 뇌물을 바치는 등 로마의 달력은 권력과 밀접한 관련을 가지고 있었다.

### 율리우스력

로마 제국의 율리우스 카이사르는 알렉산드리아[현재의 이집트] 정벌에 나섰다가 귀환한 후 이집트의 역법을 참고하여 기원전 46년 달력을 정비하였다. 새로 만든 달력에서 홀수 달은 31일, 2월을 제외한 짝수 달은 30일, 그리고 2월은 29일로 하였다. 그러면 1년은 365일이 된다. 지구의 공전 주기는 365일보다 약간 길기 때문에 여기에 맞추기 위해 4년마다 한 번씩 2월을 윤달로 정해 30일이 되도록 하였다.

이렇게 달력 체계를 정비한 것까지는 좋았지만, 카이사르와 그 후계자는 과욕을 부리게 된다. 카이사르는 자신이 태어난 7월을 다섯 번째 달을 의미하는 퀸틸리스Quintilis에서 자신의 이름인 율리우스Julius, 영어의 July로 바꾸었다. 그의 후계자인 아우구스투스 역시 자신이 태어난 8월을 여섯 번째 달을 의미하

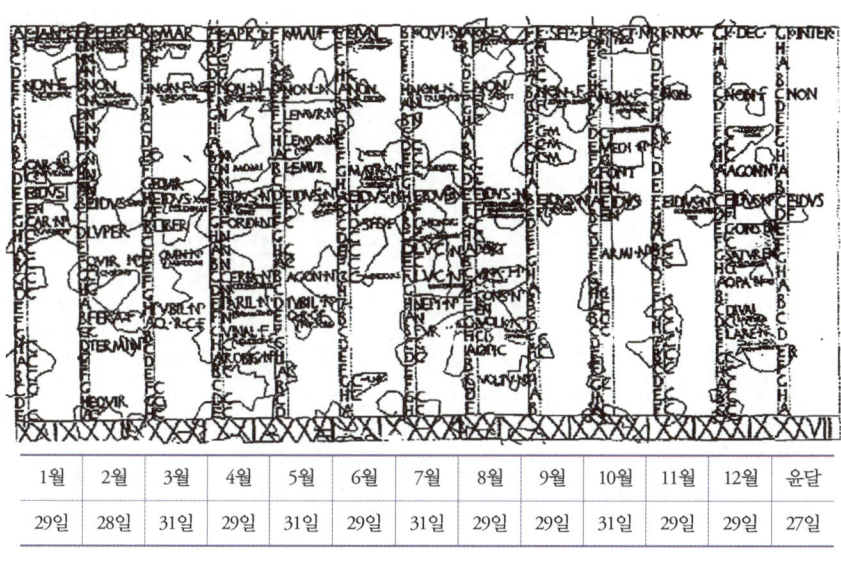

| 1월 | 2월 | 3월 | 4월 | 5월 | 6월 | 7월 | 8월 | 9월 | 10월 | 11월 | 12월 | 윤달 |
|---|---|---|---|---|---|---|---|---|---|---|---|---|
| 29일 | 28일 | 31일 | 29일 | 31일 | 29일 | 31일 | 29일 | 29일 | 31일 | 29일 | 29일 | 27일 |

**폼필리우스 왕이 제정한 초기의 로마력**

는 섹스틸리스Sextilis에서 자신의 이름을 따와 아우구스투스Augustus, 영어의 August로 바꾸었다. 게다가 아우구스투스는 자기 이름이 들어간 8월이 7월보다 짧을 수 없다는 생각에 2월에서 하루를 빼서 8월에 덧붙였다는 설이 있다. 그러면 29일윤년에는 30일이던 2월은 28일윤년은 29일로 바뀌고, 7월, 8월, 9월이 연속하여 31일이 되는 것을 피하기 위해 9월부터는 홀수 달이 30일, 짝수 달이 31일이 된 것이라고 한다.

| | 초기 로마 | 폼필리우스 | 율리우스력 카이사르 | | 율리우스력 아우구스투스 | |
|---|---|---|---|---|---|---|
| 1월 | X | 29 | 31 | | 31 | |
| 2월 | X | 28 | 29(30) | | 28(29) | |
| 3월 | 31 | 31 | 31 | | 31 | 1월~7월 홀수 달은 31일 짝수 달은 30일 (2월은 예외) |
| 4월 | 30 | 29 | 30 | | 30 | |
| 5월 | 31 | 31 | 31 | | 31 | |
| 6월 | 30 | 29 | 30 | | 30 | |
| 7월 | 31 | 31 | 31 (Quintilis →Julius) | 홀수 달은 31일 짝수 달은 30일 (2월은 예외) | 31 | |
| 8월 | 30 | 29 | 30 | | 31 (Sextilis →Augustus) | 8월~12월 짝수 달은 31일 홀수 달은 30일 |
| 9월 | 31 | 29 | 31 | | 30 | |
| 10월 | 30 | 31 | 30 | | 31 | |
| 11월 | 30 | 29 | 31 | | 30 | |
| 12월 | 30 | 29 | 30 | | 31 | |
| 총계 | 304일 | 355일 | 365(366)일 | | | |

* 괄호 안은 윤년

### 그레고리력

율리우스력에 따르면 4년에 한 번씩 윤년이 있으므로 1년은 365.25일이 되는데, 지구의 공전 주기와는 약간의 차이가 있다. 이처럼 근소한 차이도 누적되면 점점 커져, 128년이 지나면 하루의 오차가 발생한다. 실제로 16세기에는 3월 21일이 되어야 할 춘분이 3월 11일이 되어 부활절을 결정하는 데 문제가 발생했다. 이런 문제점을 시정하기 위해서 1582년 교황 그레고리 13세는 그레고리력을 만들었다. 이와 더불어 율리우스력의 누적 오차인 10일을 복구하기 위해 1582년 10월 4일의 다음 날을 1582년 10월 15일로 정했다. 갑자기 달력에서 10일이 사라진 것이다.

그레고리력은 지구의 공전 주기와 달력을 최대한 일치시키기 위해, 4의 배수인 해는 윤년으로 하되 100의 배수인 해는 평년으로, 그렇지만 400의 배수인 해는 다시 윤년으로 정한다. 이렇게 하면 400년 동안 총 97회의 윤년이 발

바티칸의 성 베드로 성당에 있는 교황 그레고리 13세 무덤의 조각. 그레고리력의 제정을 축하하는 장면

생한다. 1부터 400까지 4의 배수 100회에서 100의 배수인 4회를 제외하고 여기서 다시 400인 1회를 추가하면 100−4+1=97회가 되는 것이다. 이때 1년의 평균은 $365\frac{97}{400}=365.2425$가 되어 공전 주기에 상당히 근접한다. 그러나 여전히 지구의 공전 주기인 365.242196일과는 1년에 약 0.0003일≒26초의 차이가 생긴다. 3300년×26초=85800초=1430분≒23.83시간≒1일이므로, 대략 3300년마다 하루의 차이가 발생한다. 그런데 3300년에 한 번씩 보정을 하기는 복잡하므로 그레고리력에서는 원래 윤년인 4000년, 8000년, … 등을 다시 평년으로 한다.

그레고리력이 제정되고 바로 전 세계적으로 전파된 것은 아니었다. 가톨릭 국가들은 그레고리력을 채택했으나 신교 국가들은 이를 외면했고, 아시아권에서는 태음태양력을 사용했다. 그러다가 20세기 초반에 이르러서야 전 세계적으로 확산되었고, 우리나라는 갑오경장 이듬해인 1895년부터 그레고리력을 사용하였다. 그러고 보면 인류가 같은 달력을 공유하기 시작한 것은 겨우 100년이 조금 넘은 셈이다.

### 요일 알아내기

요일은 7일을 주기로 반복되므로, 예를 들어 2013년 1월 1일이 화요일이면 1월 8일과 15일이 화요일이 된다. 이때 1, 8, 15는 7로 나누었을 때 나머지가 같다. 이처럼 7로 나누어 나머지가 같은 두 정수는 법mod과 합동 기호 ≡를 이용하여 다음과 같이 표현한다.

$1 \equiv 8 \pmod{7}$    $8 \equiv 15 \pmod{7}$

서기 원년은 0년이 아닌 1년이다. 기원전에서 기원후로 넘어갈 당시 0이라는 수를 사용하지 않았기 때문에 1년부터 시작한 것이다. 16세기부터 사용한 그레고리력을 거슬러 따져보면 1년 1월 1일은 월요일이다. 서기 첫째 날이 월요일이 된 것은 우연이 아니라 그레고리력을 제정할 당시 의도한 바가 아니었을까 추측하게 된다.

서기 1년 1월 1일이 월요일이라는 사실을 기준으로 하여 임의의 날짜의 요일을 계산할 수 있다. 예를 들어 2013년 1월 1일이 무슨 요일인지 알기 위해서는, 이날이 1년 1월 1일로부터 몇 번째 날인지 알아낸 다음, 이를 7로 나누었을 때의 나머지를 구하여 월요일에 이 날짜만큼 더해주면 된다. 이런 날짜의 계산을 체계적으로 하기 위해서는 수학의 도움이 필요하다.

### 해의 값 계산하기

평년은 365일이고 365를 7로 나눈 나머지는 1이므로 1년을 1일로 생각해도 된다. 즉, 평년인 2013년 1월 1일이 화요일이라면 2014년 1월 1일은 하루가 밀려 수요일이 된다. 또 1년이 366일인 윤년의 경우는 이틀이 밀린다. 예를 들어 윤년인 2012년 1월 1일이 일요일이면, 2013년 1월 1일은 이틀이 밀려 화요일이 된다.

2013년 1월 1일의 요일을 계산하려면 1년부터 2012년까지 윤년이 몇 번 있었는지 알아야 한다. 이때 4의 배수인 해는 윤년이지만 100의 배수이면 평년이며, 다시 400의 배수는 윤년이라는 사실을 고려해야 한다. 2012를 4로 나눈 몫은 503이고, 100으로 나눈 몫은 20, 400으로 나눈 몫은 5이므로, 윤년은 503−20+5=488회 있다. 평년에는 하루씩, 윤년에는 이틀씩 요일이 밀리므로, 2013년은 서기 원년에서 2012+488=2500일 밀리게 된다. 한편 2500÷7의 나머지는 1이므로, 2013년 1월 1일은 1년 1월 1일인 월요일에서 하루가 밀려 화요일이 된다.

### 월의 값 계산하기

이제 임의의 월일의 요일을 구해보자. 1월 1일이 월요일이었다면 그로부터 31일이 지난 2월 1일은 31을 7로 나눈 나머지인 3일이 밀리게 되므로 목요일이다. 또한 평년인 경우 3월 1일은 1월과 2월의 날수를 더한 31+28=59를 7로 나눈 나머지인 3일이 밀려 목요일이 된다. 이런 계산을 좀 더 편리하게 하기 위해 1월 1일을 기준으로 하여 각 월의 값을 따져보면 다음과 같다.

|  | 평년인 경우 월의 값 | 윤년인 경우 월의 값 |
|---|---|---|
| 1월 | 0 | 0 |
| 2월 | $0+31=31 \equiv 3 \pmod 7$ | $0+31=31 \equiv 3 \pmod 7$ |
| 3월 | $3+28=31 \equiv 3 \pmod 7$ | $3+29=32 \equiv 4 \pmod 7$ |
| 4월 | $3+31=34 \equiv 6 \pmod 7$ | $4+31=35 \equiv 0 \pmod 7$ |
| 5월 | $6+30=36 \equiv 1 \pmod 7$ | $0+30=30 \equiv 2 \pmod 7$ |
| 6월 | $1+31=32 \equiv 4 \pmod 7$ | $2+31=33 \equiv 5 \pmod 7$ |
| 7월 | $4+30=34 \equiv 6 \pmod 7$ | $5+30=35 \equiv 0 \pmod 7$ |
| 8월 | $6+31=37 \equiv 2 \pmod 7$ | $0+31=31 \equiv 3 \pmod 7$ |
| 9월 | $2+31=33 \equiv 5 \pmod 7$ | $3+31=34 \equiv 6 \pmod 7$ |
| 10월 | $5+30=35 \equiv 0 \pmod 7$ | $6+30=36 \equiv 1 \pmod 7$ |
| 11월 | $0+31=31 \equiv 3 \pmod 7$ | $1+31=32 \equiv 4 \pmod 7$ |
| 12월 | $3+30=33 \equiv 5 \pmod 7$ | $4+30=34 \equiv 6 \pmod 7$ |

### 요일 구하는 공식

이제까지 알아본 과정을 일반화하여 Y년 M월 D일의 요일 구하는 절차를 정리해보자.

❶ 1년부터 (Y−1)년까지 윤년Leaping year 수 L을 구한다.

L = { (Y−1)÷4의 몫 } − { (Y−1)÷100의 몫 } + { (Y−1)÷400의 몫 }

위의 식은 가우스 기호를 이용하면 다음과 같이 간단하게 표현할 수 있다.

$L = [\frac{Y-1}{4}] - [\frac{Y-1}{100}] + [\frac{Y-1}{400}]$

가우스 기호 [A]는 A를 넘지 않는 최대 정수를 말한다.

예를 들어 $\frac{10}{4}$=2.5이므로 $[\frac{10}{4}]$=2가 된다.

❷ Y년이 평년인지 윤년인지에 따라 M월의 값을 찾는다.

❸ { (Y−1)+L } + (M월의 값) + D ≡ $x$ (mod 7)에서 $x$를 구하고 $x$에 대응되는 요일을 찾는다.

| 일요일 | 월요일 | 화요일 | 수요일 | 목요일 | 금요일 | 토요일 |
|---|---|---|---|---|---|---|
| 0 | 1 | 2 | 3 | 4 | 5 | 6 |

위의 공식을 이용하여 한국전쟁이 발발한 요일을 계산해보자.

❶ 1950년까지의 윤년의 수를 구한다.

$L = [\frac{1950-1}{4}] - [\frac{1950-1}{100}] + [\frac{1950-1}{400}]$ = 487−19+4 = 472이다.

❷ 1950년은 평년이므로 6월의 값은 4이다.

❸ (1949+472)+4+25=2450 ≡ 0(mod 7)이므로 일요일이다.

### 요일을 구하는 첼러의 합동식

독일의 수학자 크리스티안 첼러Christian Zeller, 1822~1899는 요일을 구하는 보다 간편한 식을 만들었는데, 이를 첼러의 합동식Zeller's congruence이라고 한다.

$$H = \left(D + \left[\frac{13(M+1)}{5}\right] + YB + \left[\frac{YB}{4}\right] + \left[\frac{YA}{4}\right] - 2YA\right) \pmod{7}$$

첼러의 합동식에서 구한 값 H는 요일을 나타낸다. 토요일은 0, 일요일은 1과 같은 식으로 하여 금요일은 6이 된다. M월 D일에서 M과 D가 결정된다. 단, M의 값이 3월부터 12월까지는 각각 3부터 12이지만, 1월은 13, 2월은 14가 된다. 네 자리 수인 연도에서 앞의 두 자리는 YA, 뒤의 두 자리는 YB가 된다. 예를 들어 2013년은 YA=20, YB=13이다. 그런데 M에서 1월과 2월은 13과

14로 정했기 때문에, 1월과 2월인 경우는 한 해 전 연도를 입력해야 한다.

앞서 구한 한국전쟁의 요일을 이번에는 첼러의 합동식을 이용하여 계산해 보자.

1950년 6월 25일이므로, YA=19, YB=50, M=6, D=25 이다.

$$H=(D+[\frac{13(M+1)}{5}]+YB+[\frac{YB}{4}]+[\frac{YA}{4}]-2YA)$$
$$=(25+[\frac{13(6+1)}{5}]+50+[\frac{50}{4}]+[\frac{19}{4}]-2\cdot 19)$$
$$=(25+18+50+12+4-38)=71$$
$$\equiv 1(\mod 7)$$

H가 1이므로 한국전쟁이 일어난 요일은 일요일이다.

**프랑스 혁명 달력**

날짜에 따라 요일을 계산하는 복잡한 방법을 접하다 보면 기존 달력보다 체계적이고 일관성 있는 달력을 만들 수 있지 않을까 하는 생각이 자연스럽게 든다. 실제 이런 생각은 여러 차례 구체화되었는데, 그 한 예가 '프랑스 혁명 달력 French revolutionary calendar'이다. 프랑스 혁명기에는 제반 사회 제도뿐 아니라 시계와 달력에 이르기까지도 혁명적인 변화를 모색했다. 그 결과 프랑스에서는 1793년

프랑스 혁명 달력

10월 십진법을 기반으로 하는 새로운 달력을 만들어 1805년까지 12년 동안 사용하였다. 이 기간은 프랑스 혁명기에 해당하므로, 프랑스 혁명과 관련된 기록은 프랑스 혁명 달력에 기반을 두어 이루어졌다. 그로 인해 후대의 역사학자들은 프랑스 혁명 달력과 그레고리력의 환산표를 보면서 날짜를 일일이 해석하는 고생을 감수해야 했다.

프랑스 혁명 달력에서 1년은 한 달이 30일인 12달, 그리고 휴일인 5일로 구성된다. 12달은 3달씩 4계절로 나뉘고, 계절마다 기후 특징에 따라 달의 이름이 정해졌다. 한편 한 달은 1주가 10일인 3주로 구성된다.

1년 365일 = (12달×30일) + 5일
= {12달×(3주×10일)}+5일

프랑스 혁명 달력에서는 1주가 7일인 기존의 달력과 달리 1주가 10일이므로 휴일이 줄어들어 사람들의 불만이 적지 않았다. 또한 다른 국가와 회담을 하거나 교역을 할 때 일정 착오가 발생하면서 불편이 가중되었다. 결국 나폴레옹이 황제로 등극한 후 프랑스 혁명 달력은 폐기되었다.

## 국제고정력

실증주의 철학의 창시자인 프랑스의 오귀스트 콩트 Auguste Comte, 1798~1857는 19세기 중반에 날짜와 요일의 결합을 고정시킨 '국제고정력 international fixed calendar'을 제안하였다. 국제고정력에서는 1년이 13개의 달로 이루어진다. 현재의 12개의 달에서 추가되는 달을 6월 다음에 삽입하여 Sol이라고 하면, 7월 이후에는 한 달씩 밀려 December가 13월이 된다. 각 달은 4주, 28일

| 1월~13월 | | | | | | |
|---|---|---|---|---|---|---|
| 일 | 월 | 화 | 수 | 목 | 금 | 토 |
| 1 | 2 | 3 | 4 | 5 | 6 | 7 |
| 8 | 9 | 10 | 11 | 12 | 13 | 14 |
| 15 | 16 | 17 | 18 | 19 | 20 | 21 |
| 22 | 23 | 24 | 25 | 26 | 27 | 28 |

국제고정력

로 이루어지며, 13×28=364이므로 평년에는 하루가 남는다. 이 하루를 12월 28일 다음 날 배치하여 연일year day라고 부르고 요일이 없는 날로 정한다. 윤년에는 6월과 7월 사이에 마찬가지로 요일이 없는 윤일leaping day을 둔다.

국제고정력에서는 모든 달은 일요일로 시작해서 토요일로 끝나는 식으로 13달의 구성이 완전히 동일하므로, 한 달이 나와 있는 달력 1장이면 충분하다. 해가 바뀌어도 달력을 새로 찍지 않아도 되니 자원도 절약된다. 국제고정력을 옹호하는 사람들은 일관성 있는 새 달력이 그레고리력의 불편한 점을 모두 개선했다고 주장한다. 그렇지만 국제고정력에서 13일은 매달 금요일이 된다. 13일의 금요일이 불길하다는 것은 비과학적인 통념으로 무시한다 하더라도, 1년을 4분기로 나누어 통계를 내는 경제 분야에서는 1년이 13달이면 여러 가지 번거로움이 발생하게 된다.

## 세계력

20세기 초반에는 또다시 달력을 개편하려는 움직임이 나타났다. 그 결과 '세계력the world calendar'이 등장하고, 이 달력의 채택을 지지하는 세계력연맹The World Calendar Association, TWCA이 구성되었다. 제2차세계대전이 끝난 후에는 UN에

| 1월, 4월, 7월, 10월 | | | | | | | 2월, 5월, 8월, 11월 | | | | | | | 3월, 6월, 9월, 12월 | | | | | | |
|---|---|---|---|---|---|---|---|---|---|---|---|---|---|---|---|---|---|---|---|---|
| 일 | 월 | 화 | 수 | 목 | 금 | 토 | 일 | 월 | 화 | 수 | 목 | 금 | 토 | 일 | 월 | 화 | 수 | 목 | 금 | 토 |
| 1 | 2 | 3 | 4 | 5 | 6 | 7 | | | 1 | 2 | 3 | 4 | | | | | | | 1 | 2 |
| 8 | 9 | 10 | 11 | 12 | 13 | 14 | 5 | 6 | 7 | 8 | 9 | 10 | 11 | 3 | 4 | 5 | 6 | 7 | 8 | 9 |
| 15 | 16 | 17 | 18 | 19 | 20 | 21 | 12 | 13 | 14 | 15 | 16 | 17 | 18 | 10 | 11 | 12 | 13 | 14 | 15 | 16 |
| 22 | 23 | 24 | 25 | 26 | 27 | 28 | 19 | 20 | 21 | 22 | 23 | 24 | 25 | 17 | 18 | 19 | 20 | 21 | 22 | 23 |
| 29 | 30 | 31 | | | | | 26 | 27 | 28 | 29 | 30 | | | 24 | 25 | 26 | 27 | 28 | 29 | 30 |

세계력

서 세계력의 채택이 투표에 부쳐지기도 했으나 불발로 끝났다. 이후 세계력 연맹은 해체되었다가 2005년 새로 구성되었고, 이 연맹을 중심으로 세계력을 지지하는 움직임을 확산시키고 있다.

세계력은 13달로 이루어진 국제고정력의 파격을 다시 원상태로 돌려놓아 12달, 4분기로 구성된다. 세계력에서 각 분기는 일요일로 시작하여 토요일로 끝나고, 1월, 4월, 7월, 10월의 날짜와 요일이 같다. 마찬가지로 2월, 5월, 8월, 11월, 그리고 3월, 6월, 9월, 12월의 날짜와 요일이 각각 같다. 세계력의 1년은 3달 91일씩 4분기로 이루어지므로 모두 합하면 364일밖에 되지 않는다. 365일을 만들기 위해 12월의 마지막에 요일이 없는 세계일world day을 두고, 윤년인 경우는 6월 마지막에도 세계일을 둔다.

세계력을 사용하면 개천절을 10월 3일로 날짜를 고정시키는 우리나라보다 몇 번째 무슨 요일로 기념일을 정하는 서구의 국가들이 더 편리함을 누리게 된다. 예를 들어 11월의 네 번째 목요일인 추수감사절Thanksgiving day의 날짜가 매해 달라지지 않고, 11월 23일로 고정된다.

국제고정력이나 세계력에서는 날짜에 대한 요일이 고정되어 있고 휴일의 일수도 일정하다. 이처럼 체계적인 달력과 달리 현재의 그레고리력에서는 연말이면 새 달력을 펴보면서 내년에 내 생일은 무슨 요일이고, 휴일이 며칠이고 연휴가 몇 번인지 세어보는 재미가 쏠쏠하다. 그러고 보면 매년 날짜와 요일에 바뀌기 때문에 일면 혼란스럽기도 한 현재의 그레고리력이 훨씬 인간적으로 느껴지기도 한다.

### qwerty 효과

특정 제도가 불합리한 면이 있더라도 널리 퍼져 있어 바꾸기 어려운 현상을 선점qwerty 효과라고 한다. 초기의 타자기 자판은 특별한 이유 없이 qwerty의 순서로 자모를 배열했다. 이후 인체 공학 이론에서 불합리함을 지적했지만, 이미 사용자들에게 익숙해진 자판은 바꾸기 어렵다는 데서 qwerty 효과라는 이름이 유래했다.

프랑스 혁명 달력이나 국제고정력, 세계력 모두 월에 따라 날짜가 들쑥날쑥한 그레고리력의 단점을 보완하는 체계적인 달력이기는 하지만 관습의 벽을 뛰어넘기는 쉽지 않은 것이다.

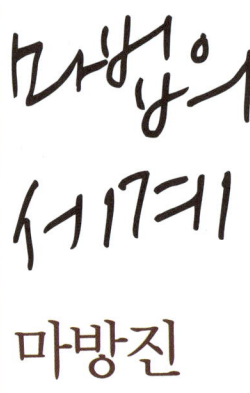

마방진

Mathematics Concert Plus

## 드라마 〈뿌리깊은 나무〉에 등장하는 마방진

'마방진魔方陣, magic square'이라는 용어의 뜻을 풀면 마술적인 특성을 지닌 정사각형 모양의 숫자 배열이 된다. 보다 정확하게 정의하면, $n$차 마방진이란 1부터 $n^2$까지의 연속된 자연수를 가로, 세로, 대각선의 합이 같아지도록 정사각형 모양으로 배열한 것이다.

2011년 방송된 〈뿌리깊은 나무〉는 한글창제를 앞두고 벌어진 집현전 학사學士의 가상의 살인사건을 중심으로 하는 드라마로, 초반에 마방진이 등장한다. 태종 이방원백윤식과 세종 이도송중기는 서로 다른 성향을 지닌 인물로, 마방진을 대하는 태도 역시 상반된다.

이도는 33방진까지 확장하면서 마방진을 풀려고 몰두하고 있는데, 이방원

이도가 풀어놓은 3차 마방진을 흐트러뜨리고 일(一)만 남기는 장면

이도가 몰두하고 있는 33방진을 바라보는 이방원

은 그런 이도를 보면서 "이래서 방진은 그냥 방진이라 하지 않고, 마귀 마魔 자를 붙여서 마방진이라 하는 게지요. 마귀에게 홀린 듯 한번 빠지면 나올 수 없기 때문이지요." 하면서 마방진의 중독성을 이야기한다. 이어 이방원은 이도가 풀어놓은 3차 마방진을 흐트러뜨린 후 숫자 '일-'만을 남겨놓는다. 그러고는 "이러면 어느 열, 어느 행, 어느 대각선을 더해도 1이지요."라고 말하며, 이렇게 하는 것이 왕의 방진이라고 일갈한다. 또한 이방원은 "33방진도 그리 어려워 못 푸는데 몇십 만 방진인 세상일은 어찌 풀겠소?" 하며 "비웃는 것들, 방해되는 것들을 없애고 단 하나로 힘을 모으는 것, 그게 나 이방원이다."라고 말한다. 이처럼 마방진은 〈뿌리깊은 나무〉에서 이방원과 이도의 대립되는 성향, 그리고 이방원의 권력욕을 드러내는 도구로 사용되고 있다.

### '낙서'의 마방진

마방진의 기원은 중국 하나라 시대로 거슬러 올라간다. 전설에 따르면 하나라의 우임금은 홍수가 자주 발생하던 황하의 범람을 막기 위해 제방 공사를 하던 중, 강 한복판에서 등에 이상한 그림이 새겨진 거북이를 만났다. '낙서洛書'라고 불리는 이 그림에는 1부터 9까지의 숫자가 배열돼 있는데, 어느 방향으로 더해도 합이 15가 되는 마방진이다.

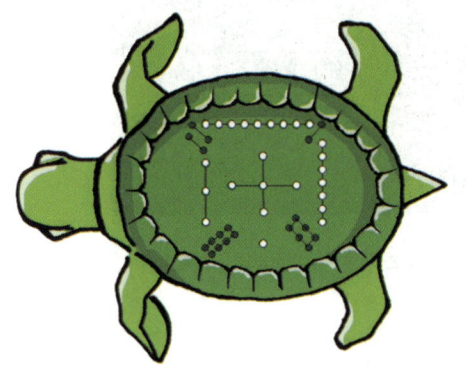

**'낙서'의 마방진**

마방진에서 각 행과 열과 대각선에 위치한 수의 합을 '마방진 상수 magic constant'라고 한다. $n$차 마방진은 1부터 $n^2$까지의 수들을 배열한 것이므로 총합은 $\frac{n^2(n^2+1)}{2}$이다. 마방진에서는 각 행과 열과 대각선에 있는 수의 합이 같아야 하므로, 마방진 상수는 그 총합을 $n$으로 나눈 $\frac{n(n^2+1)}{2}$이 된다. 예를 들어 3차 마방진 상수는 $\frac{3(3^2+1)}{2}$=15이고, 6차 마방진 상수는 $\frac{6(6^2+1)}{2}$=111이 된다.

중국 시안의 역사박물관에는 13~14세기 원나라 시대에 제작된 6차 마방진이 전시되어 있다. 가로, 세로 6칸씩 모두 36칸에는 1부터 36까지의 수가 배

중국 시안 역사박물관의 6차 마방진

열되어 있으며, 가로, 세로, 대각선의 수들을 합하면 6차 마방진 상수인 111이 된다.

### 성가족 성당의 마방진

스페인 바르셀로나에 위치한 성가족 성당La Sagrada Familia에는 4차 마방진이 새겨져 있다. 이 마방진은 1부터 $4^2$까지 서로 다른 16개의 수를 사용한 것이 아니라 10과 14는 중복하여 사용하고 12와 16은 포함시키지 않았다. 그러나 각 행과 열과 대각선의 수의 합이 33이 된다는 점에서는 마방진의 기본 성질에 부합된다. 이 마방진에서 4차 마방진 상수인 34가 되도록 하지 않고, 굳이 수를 제외하거나 중복하여 사용하면서까지 33이 되도록 만든 이유에 대해 여러 가지 해석이 있다. 그중의 하나는 예수가 죽은 나이 33을 기리기 위한 것이라는 설이 유력하다.

2001년 리 살로우Lee Sallow는 수를 중복하여 사용하지 않고 합이 33이 되는

**성가족 성당에 새겨진 마방진**

마방진을 만들었다. 이 마방진에서는 0부터 16까지의 수를 한 번씩 포함시켰고, 4는 제외시켰다.

| 0 | 5 | 12 | 16 |
|---|---|----|----|
| 15 | 11 | 6 | 1 |
| 10 | 3 | 13 | 7 |
| 8 | 14 | 2 | 9 |

**리 살로우의 마방진**

이와 더불어 유명한 4차 마방진이 라마누잔의 마방진이다. 이 마방진에서, 가로, 세로 대각선에 있는 수들의 합은 139이다. 뿐만 아니라 동일한 색깔로 칠해진 4개의 수들의 합 역시 139이다. 특히 이 마방진에서 주목할 만한 점은 1행에 라마누잔의 생일인 1887년 12월 22일을, 영어의 날짜 표기 방식을 따라 22, 12, 18, 87로 적어 놓은 점이다.

| 22 | 12 | 18 | 87 |
|----|----|----|----|
| 88 | 17 | 9  | 25 |
| 10 | 24 | 89 | 16 |
| 19 | 86 | 23 | 11 |

| 22 | 12 | 18 | 87 |
|----|----|----|----|
| 88 | 17 | 9  | 25 |
| 10 | 24 | 89 | 16 |
| 19 | 86 | 23 | 11 |

| 22 | 12 | 18 | 87 |
|----|----|----|----|
| 88 | 17 | 9  | 25 |
| 10 | 24 | 89 | 16 |
| 19 | 86 | 23 | 11 |

**라마누잔의 마방진**

마방진에 대한 연구는 중국, 인도, 아라비아, 페르시아, 유럽 등 수학이 발달한 문명권에서 예외 없이 이루어졌다. 당시의 사람들은 마방진이 마력을 가진 것으로 여겨, 마방진이 그려진 패를 목에 걸고 다니거나 점성술에 이용했으며, 전쟁에 나갈 때 부적으로 사용하기도 했다. 또한 마방진을 태양계의 행성들과 일대일로 대응시켜, 3차 마방진은 토성, 4차 마방진은 목성, 5차 마방진은 화성, 6차 마방진은 태양, 7차 마방진은 금성, 8차 마방진은 수성, 9차 마방진은 달과 각각 연결시켰다.

### 뒤러의 4차 마방진

독일 화가 알브레히트 뒤러Albrecht Dürer, 1471~1528의 판화 작품 〈멜랑콜리아 Melencolia〉에는 4차 마방진이 새겨져 있다. 뒤러는 미술, 철학, 수학, 신학 등 여러 분야를 섭렵했고, 그래서인지 그의 작품에는 여러 가지 메시지들이 복합적으로 녹아 있다. 〈멜랑콜리아〉에 유명세를 더해준 것은 오른쪽 위에 배치한 4차 마방진이다. 이 4차 마방진에서 가로, 세로, 대각선의 합은 34로 일정하며, 맨 아랫줄 가운데 두 칸의 숫자는 15와 14인데, 판화를 제작한 해 1514년을 나타낸다. 〈멜랑콜리아〉에 대한 한 해석에 따르면, 이 판화에 등장하는 끝이 잘린 다면체와 여기에 드리워진 해골 모양, 시간의 덧없음을 보여

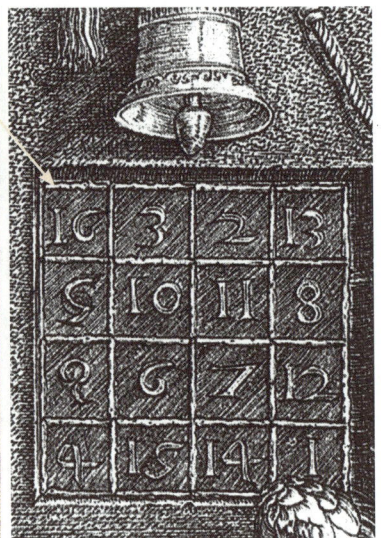

〈멜랑콜리아〉

주는 모래시계, 비어 있는 저울 등의 물체는 우울함으로 대변되는 토성을 나타낸다. 그런데 4차 마방진은 목성과 연결되고 목성은 냉철함의 상징이기 때문에, 4차 마방진이 토성의 멜랑콜리우울함를 치료하는 일종의 부적의 역할을 하는 것이라고 한다.

〈멜랑콜리아〉의 4차 마방진을 만드는 방법은 다음과 같다.

❶ 양쪽 방향 대각선(↘, ↗)에 해당하는 8개의 칸에 다음 규칙에 따라 수를 입력한다. 4행에 화살표 방향으로 1, 2, 3, 4 중 해당하는 수를 적고, 3행에 5, 6, 7, 8 중 해당하는 수를 적는 식으로 하여 1부터 16까지 일련의 수 중 8개를 적어 넣는다.

|  16 |    |    | 13 |
| --- | --- | --- | --- |
|     | 10 | 11 |    |
|     |  6 |  7 |    |
|   4 |    |    |  1 |

⇐ ❹
⇒ ❸
⇒ ❷
⇐ ❶

❷ 대각선이 아닌 8개의 칸에도 화살표 방향으로 1부터 16까지의 일련의 수 중 8개를 적되, 이번에는 1행부터 4행으로 화살표를 따라 진행한다.

|    |  3 |  2 |    |
| --- | --- | --- | --- |
|  5 |    |    |  8 |
|  9 |    |    | 12 |
|    | 15 | 14 |    |

⇐ ❶
⇒ ❷
⇒ ❸
⇐ ❹

❸ ❶과 ❷의 결과를 결합시켜 〈멜랑콜리아〉의 4차 마방진을 완성한다.

### 소설 『로스트 심벌』 속의 4차 마방진

〈멜랑콜리아〉의 4차 마방진은 댄 브라운의 소설 『로스트 심벌』에 등장한다. 주인공인 하버드 대학교의 기호학 교수 로버트 랭던은 피라미드의 암호와 관련하여 1514 A.D.라는 정보를 알아낸다. 처음에는 1514 A.D.가 연도를 나타내는 것이라 생각했지만, A.D.는 Albrecht Dürer의 약자이고, 1514는 그의 작품 〈멜랑콜리아〉를 의미한다는 것을 파악한다. 이제 랭던은 피라미드에서 알아낸 알파벳을 뒤러의 4차 마방진과 결합시켜 암호를 풀 수 있게 된 것이다.

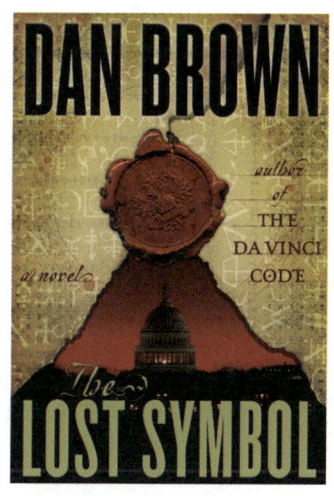

소설 『로스트 심벌』

4차 마방진에서 1은 4행 4열에 적혀 있으므로, 알파벳 배열에서는 4행 4열에 해당하는 J가 된다. 마찬가지로 4차 마방진에서 2는 1행 3열에 적혀 있으므로 동일한 위치에 있는 알파벳은 E가 된다. 마지막 수인 16은 1행 1열에 적혀 있으므로, 이에 대응되는 위치에 있는 S가 마지막 알파벳이 된다. 이런 식으로 하여 16개의 알파벳을 순서대로 배열하면 JEOVA SANCTUS UNUS가 되며, 이는 라틴어로 '하나의 참된 신'이라는 의미이다.

| 16 | 3  | 2  | 13 |
|----|----|----|----|
| 5  | 10 | 11 | 8  |
| 9  | 6  | 7  | 12 |
| 4  | 15 | 14 | 1  |

| S | O | E | U |
|---|---|---|---|
| A | T | U | N |
| C | S | A | S |
| V | U | N | J |

한편 『로스트 심벌』의 2009년 미국판 ISBN 10자리는 0385504225로, 자릿값을 모두 더하면 0+3+8+5+5+0+4+2+2+5=34가 된다. 『로스트 심벌』에서 암호를 푸는 데 결정적 열쇠를 제공하는 4차 마방진의 상수는 34이기에, 의도적인 설정이 아니라면 대단한 우연이라 할 수 있다.

### 프랭클린 마방진

미국 건국의 아버지인 벤자민 프랭클린Benjamin Franklin, 1706~1790은 미화 100달러 지폐의 주인공으로 낯익은 얼굴이다. 그는 정치가, 외교관, 과학자, 저술가, 신문사의 경영자로 다양한 분야에서 활동했다. 피뢰침을 발명하기도 한 프랭클린은 자신의 이름이

**100달러 지폐 속의 벤자민 프랭클린**

붙은 '프랭클린 마방진Franklin's magic square'을 만들어냄으로써, 수학 분야에도 이름을 올렸다. 프랭클린이 만든 마방진은 다음과 같다.

| 52 | 61 | 4 | 13 | 20 | 29 | 36 | 45 |
|---|---|---|---|---|---|---|---|
| 14 | 3 | 62 | 51 | 46 | 35 | 30 | 19 |
| 53 | 60 | 5 | 12 | 21 | 28 | 37 | 44 |
| 11 | 6 | 59 | 54 | 43 | 38 | 27 | 22 |
| 55 | 58 | 7 | 10 | 23 | 26 | 39 | 42 |
| 9 | 8 | 57 | 56 | 41 | 40 | 25 | 24 |
| 60 | 63 | 2 | 15 | 18 | 31 | 34 | 47 |
| 16 | 1 | 64 | 49 | 48 | 33 | 32 | 17 |

8차 마방진 상수는 $\frac{8(8^2+1)}{2}=260$으로, 프랭클린 마방진에서 각 행과 열의 수들의 합은 260으로 일정하다. 그런데 대각선 방향으로는 그 합이 260이 아니기에, 엄격한 의미에서는 마방진의 조건을 충족시키지 않는다. 그 대신 프랭클린 마방진은 다음과 같이 동일한 색깔로 칠해진 칸의 수들의 합이 260이 되는 특이한 성질을 갖는다.

### 곱셈 마방진

지금까지 알아본 마방진은 엄밀하게 말하면 각 행과 열과 대각선의 수의 합이 같으므로 '덧셈 마방진'이다. 이와 달리 각 행과 열과 대각선의 수의 곱이 같은 '곱셈 마방진'도 있다. 예를 들어 $2^0$부터 $2^8$까지 2의 거듭제곱으로 만든 다음 3차 곱셈 마방진에서 각 행과 열과 대각선의 수의 곱은 모두 4096이 된다.

| 8 | 256 | 2 |
|---|---|---|
| 4 | 16 | 64 |
| 128 | 1 | 32 |

사실 이 곱셈 마방진은 덧셈 마방진에서 나온 것이다. 덧셈 마방진과 곱셈 마방진의 동일한 위치에 있는 수를 비교해보면, 덧셈 마방진을 이루고 있는 수와 곱셈 마방진을 이루고 있는 2의 지수 사이에 일정한 규칙이 있음을 알 수 있다. 곱셈 마방진의 지수는 동일한 위치에 있는 덧셈 마방진의 수에서 1을 뺀 값이 되는 것이다. 3차 덧셈 마방진에서 각 행과 열과 대각선의 수의 합이 15였으므로, 3차 곱셈 마방진에서 각 행과 열과 대각선의 수의 곱은 $2^{12}=4096$이 된다.

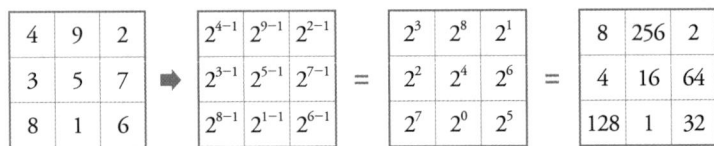

3차 덧셈 마방진    3차 곱셈 마방진

### 3차 마방진 구하기

'낙서'의 3차 마방진은 간단하므로 몇 번의 시행착오를 통해 어렵지 않게 구할 수 있으나, 다른 마방진은 부정방정식을 이용하여 체계적으로 만들 수 있다. 그 방법을 알아보기 위해 가장 단순한 3차 마방진으로 예를 들어보자. 3차 마방진은 1부터 9까지의 수를 이용하므로 가운데의 5를 기준으로 하여 나머지 수들은 5에서 1부터 4까지의 수를 더하거나 뺀 수로 표현할 수 있다. 마방진의 정중앙에 5를 배치하고, $x, y, z, w$를 더하고 빼는 것으로 표시를 해보자.

| $5+x$ | $5+y$ | $5+z$ |
|---|---|---|
| $5+w$ | $5$ | $5-w$ |
| $5-z$ | $5-y$ | $5-x$ |

마방진이 되기 위해서는 1행의 수들의 합이 15가 되어야 하므로

$(5+x)+(5+y)+(5+z)=15$,    $x+y+z=0$    … ❶

1열의 수들의 합 역시 15가 되어야 하므로

$(5+x)+(5+w)+(5-z)=15$,    $x+w-z=0$    … ❷

❶과 ❷로부터 $x=-\frac{1}{2}(y+w)$, $z=\frac{1}{2}(w-y)$

$x, y, z, w$의 값은 −4, −3, −2, −1, 1, 2, 3, 4 중에 하나이므로 다음 8가지 해를 구할 수 있다.

|   | $x$ | $y$ | $z$ | $w$ |
|---|---|---|---|---|
| ❶ | −3 | 2 | 1 | 4 |
| ❷ | 1 | 2 | −3 | −4 |
| ❸ | −1 | −2 | 3 | 4 |
| ❹ | 3 | −2 | −1 | −4 |
| ❺ | −3 | 4 | −1 | 2 |
| ❻ | −1 | 4 | −3 | −2 |
| ❼ | 1 | −4 | 3 | 2 |
| ❽ | 3 | −4 | 1 | −2 |

이 $x, y, z, w$ 값을 대입하여 마방진을 완성하면 다음과 같다.

| 2 | 7 | 6 |
|---|---|---|
| 9 | 5 | 1 |
| 4 | 3 | 8 |

❶

| 6 | 7 | 2 |
|---|---|---|
| 1 | 5 | 9 |
| 8 | 3 | 4 |

❷
수직축으로
대칭 이동하면 ❶

| 4 | 3 | 8 |
|---|---|---|
| 9 | 5 | 1 |
| 2 | 7 | 6 |

❸
수평축으로
대칭 이동하면 ❶

| 8 | 3 | 4 |
|---|---|---|
| 1 | 5 | 9 |
| 6 | 7 | 2 |

❹
반시계 방향으로 180°
회전 이동하면 ❶

| 2 | 9 | 4 |
|---|---|---|
| 7 | 5 | 3 |
| 6 | 1 | 8 |

❺
시계 방향으로 90°
회전 이동 후 수직축으로
대칭 이동하면 ❶

| 4 | 9 | 2 |
|---|---|---|
| 3 | 5 | 7 |
| 8 | 1 | 6 |

❻
시계 방향으로 90°
회전 이동하면 ❶

| 6 | 1 | 8 |
|---|---|---|
| 7 | 5 | 3 |
| 2 | 9 | 4 |

❼
반시계 방향으로 90°
회전 이동하면 ❶

| 8 | 1 | 6 |
|---|---|---|
| 3 | 5 | 7 |
| 4 | 9 | 2 |

❽
시계 방향으로 90°
회전 이동 후 수평축으로
대칭 이동하면 ❶

왼쪽의 그림처럼 8가지 3차 마방진을 얻을 수 있지만 회전 이동이나 대칭 이동을 통해 일치시킬 수 있기 때문에, 실제로는 '낙서'의 3차 마방진이 유일하다.

### 홀수 차수 마방진

홀수 차수인 $n$차 마방진을 구성하는 일반적인 방법은 다음과 같다.

❶ 1행의 정중앙에 1을 적는다.
❷ 일련의 자연수를 대각선 방향(↗)으로 차례로 적는다.
❸ 대각선 방향으로 진행했을 때 정사각형의 위쪽으로 넘어가게 되면 그 열의 마지막 행으로 가서 적고 계속한다. (예를 들어 2는 1행 4열의 위에 해당하므로 5행 4열로 이동하여 적는다.)
❹ 대각선 방향으로 진행하여 정사각형의 오른쪽으로 넘어가게 되면 그 행의 1열로 가서 적고 계속한다. (예를 들어 4는 3행 5열의 오른쪽에 해당하므로 3행 1열로 이동하여 적는다.)
❺ $n$의 배수(5차 마방진의 경우는 5와 10)까지 적으면 대각선 방향에 이미 수가 있으므로, 바로 아래 칸으로 가서 계속 적는다. (예를 들어 5를 적은 후 대각선 방향으로 진행하면 이미 1이 적혀 있으므로 6을 5 아래 칸에 적는다.)
❻ 1행 $n$열에 이르면 바로 아래 칸에 적는다. (5차 마방진의 경우 1행 5열에 15를 적은 후 16은 그 아래 칸에 적는다.)

5차 마방진의 종류는 275,305,224개나 되지만, 그중의 하나를 위의 방법에 따라 구하면 다음과 같다.

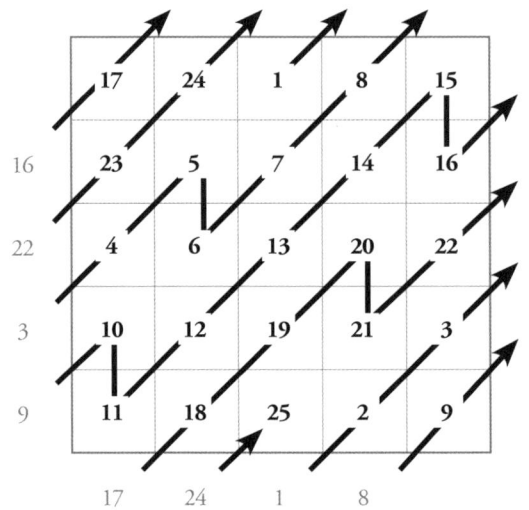

**5차 마방진 구성 방법**

### 직교라틴방진

마방진과 유사한 수의 배열로, 정사각형 안에 $n$개의 서로 다른 숫자가 각 행과 열에 한 번씩만 들어가도록 배열한 것을 $n$차 '라틴방진Latin square'이라고 한다. 예를 들어 다음 배열은 행과 열에 1, 2, 3이 한 번씩만 적혀 있으므로 3차 라틴방진이다.

| 2 | 3 | 1 |
|---|---|---|
| 1 | 2 | 3 |
| 3 | 1 | 2 |

$n$차 라틴방진을 2개 겹쳐 놓았을 때 정사각형의 $n^2$개의 칸에 (1, 1)부터 $(n, n)$까지 $n^2$개의 숫자쌍이 한 번씩만 들어가는 경우를 $n$차 '직교라틴방진 orthogonal Latin square'이라고 한다.

예를 들어 다음과 같이 3차 라틴방진에 또 다른 3차 라틴방진을 겹쳐놓으면, 9개의 칸에는 (1, 1), (1, 2), (1, 3), (2, 1), (2, 2), (2, 3), (3, 1), (3, 2), (3, 3)이 한 번씩만 들어 있다. 즉, 2개의 3차 라틴방진을 결합하여 3차 직교라틴방진을 구성한 것이다.

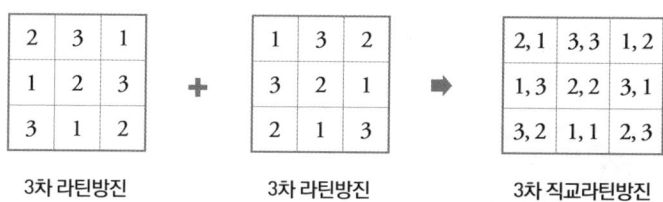

3차 라틴방진        3차 라틴방진        3차 직교라틴방진

직교라틴방진은 '그레코-라틴방진Graeco-Latin square'이라고도 한다. 직교라틴방진의 칸에는 숫자뿐 아니라 알파벳도 들어갈 수 있는데, 각 칸에 라틴어와 그리스어 알파벳을 연이어 적었기 때문에 그레코-라틴방진이라는 이름을 얻게 되었다.

| $A\alpha$ | $B\gamma$ | $C\beta$ |
|---|---|---|
| $B\beta$ | $C\alpha$ | $A\gamma$ |
| $C\gamma$ | $A\beta$ | $B\alpha$ |

라틴어와 그리스어를 적은 그레코-라틴방진

### 오일러의 가설

라틴직교방진에 대한 연구는 18세기 수학자 오일러로부터 시작되었다. 오일러는 다음 문제를 통해 직교라틴방진 문제를 처음으로 제기하였다.

군대에 6개의 부대와 6개의 장교 계급이 있다고 하자. 6개의 부대 각각에서 계급당 1명씩 6명을 뽑아 총 36명의 장교를 선발하려고 한다. 선발된 장교 36명을 가로와 세로 각각 6줄로 세울 때 각 가로줄과 세로줄에 있는 장교의 소속 부대와 계급이 다르도록 36명을 배치할 수 있는가?

**색깔로 표시한 10차 직교라틴방진**

이는 결국 6차 직교라틴방진이 존재하느냐 하는 문제가 되는데, 이런 배열은 불가능하다. 오일러는 1782년 $n=4k+2(k=0,1,2,\cdots)$일 때, $n$차 직교라틴방진이 존재하지 않는다는 가설을 세웠다. 1901년에 수학자 가스통 테리Gaston Terry는 모든 경우들을 조사하여 확인하는 방법으로 6차 직교라틴방진이 존재하지 않는다는 것을 보였다. 그로 인해 오일러의 가설이 증명될 가능성이 높아지는 듯했으나, 수학자들은 1959년 10차 직교라틴방진을 만드는 데 성공했다. 이어 $n=6$인 경우를 제외한 모든 $n(\geq 3)$차의 직교라틴방진이 존재한다는 것을 증명함으로써 오일러의 가설은 틀린 추측으로 끝나게 되었다.

직교라틴방진은 숫자나 알파벳뿐 아니라 색깔로 표현할 수도 있다. 예를 들어 위와 같이 10가지의 색깔을 이용하여 100개의 네모와 그 안의 작은 네모를 칠해보자. 밖의 네모와 안의 네모의 배열을 살펴보면 10가지 색깔이 가로와 세로로 한 번씩만 나타난다. 뿐만 아니라 네모와 그 안의 네모의 색깔을 결합한 100가지 경우도 꼭 한 번씩만 나타나므로, 10차 직교라틴방진이 된다. 이와 같이 직교라틴방진은 다양한 결합 방법을 제공하므로 디자인에서도 이용될 수 있다.

## 최석정의 9차 직교라틴방진

조선 숙종 때 영의정을 역임한 명곡明谷 최석정崔錫鼎이 1700년 간행한 『구수략九數略』에는 9차 직교라틴방진이 포함되어 있다. 다음에서 각 칸의 첫 번째 수와 두 번째 수는 각각 9차 라틴방진을 이루면서, 81개의 칸에는 (1, 1)부터 (9, 9)까지 81가지 경우가 중복되지 않고 한 번씩 제시되므로 9차 직교라틴방진이 된다. 이와 관련하여 『구수략』에서는 '종횡개득구십수縱橫皆得九十數 총적팔백일십總積八百一十'이라고 설명하고 있는데, 이는 종과 횡 모두 90을 얻어 더하면 810이라는 것을 의미한다. 각 칸의 첫 번째에 제시된 수들은 각각 가로와 세로 방향으로 1부터 9까지이므로 그 합이 45이고 두 번째 수들의 합 역시 45가 되므로 합하면 90이 되며, 그런 가로줄이나 세로줄이 9개 있으므로 810이 된다는 뜻이다.

| 5,1 | 6,3 | 4,2 | 8,7 | 9,9 | 7,8 | 2,4 | 3,6 | 1,5 |
|---|---|---|---|---|---|---|---|---|
| 4,3 | 5,2 | 6,1 | 7,9 | 8,8 | 9,7 | 1,6 | 2,5 | 3,4 |
| 6,2 | 4,1 | 5,3 | 9,8 | 7,7 | 8,9 | 3,5 | 1,4 | 2,6 |
| 2,7 | 3,9 | 1,8 | 5,4 | 6,6 | 4,5 | 8,1 | 9,3 | 7,2 |
| 1,9 | 2,8 | 3,7 | 4,6 | 5,5 | 6,4 | 7,3 | 8,2 | 9,1 |
| 3,8 | 1,7 | 2,9 | 6,5 | 4,4 | 5,6 | 9,2 | 7,1 | 8,3 |
| 8,4 | 9,6 | 7,5 | 2,1 | 3,3 | 1,2 | 5,7 | 6,9 | 4,8 |
| 7,6 | 8,5 | 9,4 | 1,3 | 2,2 | 3,1 | 4,9 | 5,8 | 6,7 |
| 9,5 | 7,4 | 8,6 | 3,2 | 1,1 | 2,3 | 6,8 | 4,7 | 5,9 |

**최석정의 9차 직교라틴방진**

위의 9차 직교라틴방진은 '구구모수변궁양도九九母數變宮陽圖'라는 제목으로 제시되어 있는데, 그 뜻은 '어머니의 수母數로 순서쌍을 변화시키면 방진變宮이

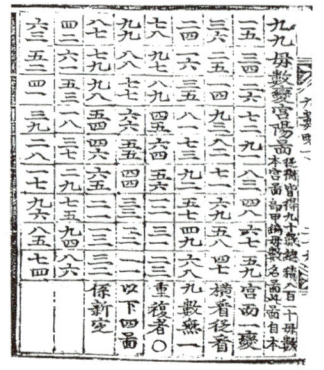
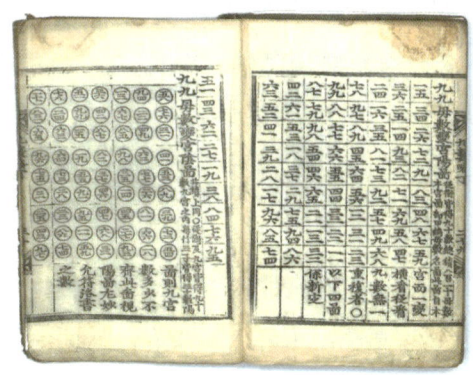

**『구수략』과 최석정의 직교라틴방진**

만들어진다'라는 의미이다. 9차 직교라틴방진을 9개의 정사각형 영역으로 나누었을 때 가장 아랫줄의 중간에 위치하는 3차 방진을 기본으로 놓는다. 기본 3차 방진의 각 칸에 있는 첫 번째 수를 m, 두 번째 수를 n이라고 하면 순서쌍 (m, n)으로 표현할 수 있으며, 나머지 8개 3차 방진의 칸들은 (m, n)에 적당한 수를 더함으로써 만들어진다.

최석정이 만든 9차 직교라틴방진은 중국의 수학책에 포함되지 않은 독창적인 것으로, 앞에서 설명한 바와 같이 정교하고 체계적인 방법을 동원하여 구성한 것이다. 최석정에게 있어 마방진을 만드는 과정은 단순한 숫자 놀이가 아니었다. 최석정은 역학과 음양 사상을 바탕으로 수를 연구했으며, 철학적으로 수를 성찰한 그의 사고의 깊이는 『구수략』 제6장 수법의 기술에 잘 드러나 있다.

산법에는 가감승제(덧셈, 뺄셈, 곱셈, 나눗셈)의 네 가지가 있다. (…) 가加는 첨가해서 자라게 하고, 감減은 덜어서 줄어들게 한다. 가加는 양陽이고 감減은 음陰이

| 5,1 | 6,3 | 4,2 |
|---|---|---|
| 4,3 | 5,2 | 6,1 |
| 6,2 | 4,1 | 5,3 |

(m+3, n)

| 8,7 | 9,9 | 7,8 |
|---|---|---|
| 7,9 | 8,8 | 9,7 |
| 9,8 | 7,7 | 8,9 |

(m+6, n+6)

| 2,4 | 3,6 | 1,5 |
|---|---|---|
| 1,6 | 2,5 | 3,4 |
| 3,2 | 1,4 | 2,6 |

(m, n+3)

| 2,7 | 3,9 | 1,8 |
|---|---|---|
| 1,9 | 2,8 | 3,7 |
| 3,8 | 1,7 | 2,9 |

(m, n+6)

| 5,4 | 6,6 | 4,5 |
|---|---|---|
| 4,6 | 5,5 | 6,4 |
| 6,5 | 4,4 | 5,6 |

(m+3, n+3)

| 8,1 | 9,3 | 7,2 |
|---|---|---|
| 7,3 | 8,2 | 9,1 |
| 9,2 | 7,1 | 8,3 |

(m+6, n)

| 8,4 | 9,6 | 7,5 |
|---|---|---|
| 7,6 | 8,5 | 9,4 |
| 9,5 | 7,4 | 8,6 |

(m+6, n+3)

| 2,1 | 3,3 | 1,2 |
|---|---|---|
| 1,3 | 2,2 | 3,1 |
| 3,2 | 1,1 | 2,3 |

(m, n)

| 5,7 | 6,9 | 4,8 |
|---|---|---|
| 4,9 | 5,8 | 6,7 |
| 6,8 | 4,7 | 5,9 |

(m+3, n+6)

다. (…) 승乘은 두 수를 상교相交하여 곱한 수를 낳고, 제除는 상준相準하여 나누어진 수를 얻는다. 승乘 또한 양陽이고, 제除 역시 음陰이다.

### 김홍도의 〈씨름〉에 숨겨진 마방진의 원리

조선 정조 때의 화가로 해학과 정감이 넘치는 풍속화를 다수 그린 단원 김홍도의 대표작은 〈씨름〉이다. 씨름꾼 중 한 명의 얼굴에는 패배의 빛이 역력하고, 다른 한쪽은 상대를 넘기기 위해 마지막으로 기를 모으고 있다. 2명의 씨름꾼을 기준으로 그림을 분할하고 각 부분에 자리하고 있는 사람의 수를 적어 보면 다음과 같다.

김홍도의 〈씨름〉

  왼쪽 위에서 오른쪽 아래 방향(＼)의 대각선의 합은 8+2+2로 12이고, 오른쪽 위에서 왼쪽 아래 방향(／)의 대각선의 합 역시 5+2+5로 12가 된다. 김홍도가 의도적으로 계산을 하여 그린 것인지, 아니면 균형감을 유지하기 위한 구도가 X자 마방진으로 귀결된 것인지는 알 수 없다. 그렇지만 확실한 것은 그림 속의 사람들을 적당히 분산 배치시켜 그림의 균형과 조화를 추구하고자 했다는 점이다.

  이처럼 마방진은 균형 잡힌 구도를 잡는 원칙을 제공하기도 하고, 서로 다른 경우들을 중복되지 않게 배치하는 라틴방진은 통계학 실험 설계의 모델을 제공하기도 한다. 요즘에도 마방진을 취미로 연구하는 동호인들이 존재하는 것을 보면 마방진에는 사람을 매료시키는 마법의 힘이 있는 것 같다.

## 스도쿠와 라틴방진

### 스도쿠는 라틴방진의 특수한 예

누구나 한 번쯤은 도전해보았을 '스도쿠sudoku'는 라틴방진의 특수한 예이다. 스도쿠는 가로와 세로 각각 9칸씩 총 81칸으로 이루어진 정사각형에 1부터 9까지의 수를 겹치지 않게 적어 넣는데, 이미 수가 채워진 일부 칸을 제외한 나머지 칸에 수를 채워 넣는 게임이다. 스도쿠는 라틴방진과 마찬가지로 각 행과 열에 1부터 9까지의 수가 중복되지 않게 한 번씩 나와야 하고, 여기에 한 가지 조건이 더 추가되어 가로와 세로 3칸으로 이루어진 9개의 작은 정사각형 안에도 1부터 9까지의 수가 중복되지 않아야 한다. 스도쿠는 일면 단순해 보이지만 푸는 것이 그리 만만치 않은 지능형 퍼즐로, 중독성이 강해서 한번 시작하면 몇 시간이고 끝까지 몰입하게 되는 매력을 지닌 게임이다.

스도쿠는 외로운 수, 수독數獨을 일본어식으로 발음한 것으로, 수數가 '중복되어서는 안 된다獨'라는 의미에서 만들어진 명칭이다. 스도쿠는 1970년대 미국의 퍼즐잡지 《델 매거진즈Dell Magazines》에서 '넘버 플레이스number place'라는 게임으로 소개되다가, 일본의 퍼즐잡지인 《니코리》가 스도쿠라는 브랜드로 출시하면서 세계 각국으로 퍼져 나갔다. 특히 홍콩의 은퇴한 판사 웨인 굴드Wayne Gould가 영국의 일간지에 스도쿠를 게재하면서 스도쿠 열풍이 일어나기 시작했다. 그 이후 각국의 유명 일간지들이 스도쿠를 낱말 맞추기 게임처럼 신문의 한 코너로 실을 정도로 스도쿠는 인기몰이를 했다. 현재 스도쿠에 대한 열기가 다소 가라

앉기는 했지만 스마트폰 게임으로 여전히 인기가 있으며, 스도쿠가 뇌세포의 퇴화를 막고 치매를 예방한다 하여 중장년 세대에서도 두터운 마니아층을 형성하고 있다.

### 스도쿠의 개수

스도쿠는 과연 몇 가지나 존재할까? 스도쿠 문제를 풀다 보면 혹시 이전에 풀었던 문제를 다시 접하게 되지 않을까 하는 생각이 들지만, 스도쿠 문제는 엄청나게 많기 때문에 그럴 가능성은 그리 높지 않다.

우선 스도쿠의 출발점이 되는 9차 라틴방진의 개수는 5,524,751,496,156,892,842,531,225,600개이다. 앞서 언급한 바와 같이 9차 라틴방진은 각 행과 열에 1부터 9까지의 수가 중복되지 않게 들어가야 하는데, 스도쿠는 여기에 한 가지 조건을 더 추가하여 가로와 세로 3칸으로 이루어진 작은 정사각형 9개에도 1부터 9까지의 수가 중복되지 않게 들어가야 한다. 스도쿠가 가능한 수의 배열은 모두 6,670,903,752,021,072,936,960가지라고 한다. 그 비를 계산해보면 대략 83만 개의 9차 라틴방진 중 하나가 스도쿠의 배열이 되는 셈이다.

### 스도쿠 실전

이제 직접 스도쿠 문제를 풀어보자.

|   |   | 6 |   | 1 | 3 |   |   |   |
|---|---|---|---|---|---|---|---|---|
| 3 | 9 |   |   |   |   |   | 1 |   |
| 2 | 1 | 8 |   |   |   | 4 |   |   |
| 8 | 7 |   | 2 |   |   |   |   |   |
|   |   |   | 8 | 6 | 1 |   |   |   |
|   |   |   |   |   | 7 |   | 4 | 9 |
|   |   | 3 |   |   |   | 7 |   | 8 |
|   | 4 |   |   |   |   |   | 2 | 5 |
|   |   |   | 9 | 2 |   | 3 |   |   |

윗줄 가운데 정사각형에서 2의 위치를 정하기 위해 색칠이 되어 있는 정사각형들을 살펴보자. 다른 행이나 열에 2가 이미 존재하는 경우는 제외해야 하므로 2가 오는 것이 불가능한 자리에 ×를 표시하면 2가 올 수 있는 자리는 붉은색으로 표시된 한 경우 밖에 없다.

|   |   | 6 | × | 1 | 3 |   |   |   |
|---|---|---|---|---|---|---|---|---|
| 3 | 9 |   | × | × | 2 |   | 1 |   |
| 2 | 1 | 8 | × | × | × | 4 |   |   |
| 8 | 7 |   | 2 |   |   |   |   |   |
|   |   |   |   | 8 | 6 | 1 |   |   |
|   |   |   |   |   |   | 7 |   | 4 | 9 |
|   |   | 3 |   |   |   | 7 |   | 8 |
|   | 4 |   |   |   |   |   | 2 | 5 |
|   |   |   | 9 | 2 |   | 3 |   |   |

이번에는 아랫줄 오른쪽의 정사각형을 채워보자. 앞에서와 마찬가지 방법으로 같은 행이나 열에 4가 오지 않도록 4의 위치를 정할 수 있다.

|   |   | 6 |   | 1 | 3 |   |   |   |
|---|---|---|---|---|---|---|---|---|
| 3 | 9 |   |   |   | 2 |   | 1 |   |
| 2 | 1 | 8 |   |   |   | 4 |   |   |
| 8 | 7 |   | 2 |   |   |   |   |   |
|   |   |   |   | 8 | 6 | 1 |   |   |
|   |   |   |   |   |   | 7 |   | 4 | 9 |
|   |   | 3 |   |   |   | 7 | × | 8 |
|   | 4 |   |   |   |   | × | 2 | 5 |
|   |   |   | 9 | 2 |   | 3 | × | 4 |

이 정사각형에서 같은 행과 열에 1과 9가 중복되지 않도록 1과 9를 배치시키고, 연쇄적으로 6의 위치를 정할 수 있다.

|   |   | 6 |   | 1 | 3 |   |   |   |
| 3 | 9 |   |   |   | 2 |   | 1 |   |
| 2 | 1 | 8 |   |   |   | 4 |   |   |
| 8 | 7 |   | 2 |   |   |   |   |   |
|   |   |   | 8 | 6 | 1 |   |   |   |
|   |   |   |   |   | 7 |   | 4 | 9 |
|   |   | 3 |   |   |   | 7 | 9 | 8 |
|   | 4 |   |   |   |   | 1 | 2 | 5 |
|   |   |   | 9 | 2 |   | 3 | 6 | 4 |

이러한 논리를 따라가면 윗줄 오른쪽 정사각형에 9, 가운뎃줄 오른쪽 정사각형에 8, 아랫줄 왼쪽 정사각형에 2와 8, 아랫줄 가운데 정사각형에 1과 5의 위치를 정할 수 있다.

|   |   | 6 |   | 1 | 3 | 9 |   |   |
| 3 | 9 |   |   |   | 2 |   | 1 |   |
| 2 | 1 | 8 |   |   |   | 4 |   |   |
| 8 | 7 |   | 2 |   |   |   |   |   |
|   |   |   | 8 | 6 | 1 |   |   |   |
|   |   |   |   |   | 7 | 8 | 4 | 9 |
|   | 2 | 3 | 1 |   |   | 7 | 9 | 8 |
|   | 4 |   |   |   |   | 1 | 2 | 5 |
|   | 8 |   | 9 | 2 | 5 | 3 | 6 | 4 |

일련의 과정을 거쳐 최종적으로 완성한 스도쿠 퍼즐은 다음과 같다.

| 4 | 5 | 6 | 7 | 1 | 3 | 9 | 8 | 2 |
|---|---|---|---|---|---|---|---|---|
| 3 | 9 | 7 | 4 | 8 | 2 | 5 | 1 | 6 |
| 2 | 1 | 8 | 6 | 5 | 9 | 4 | 7 | 3 |
| 8 | 7 | 5 | 2 | 9 | 4 | 6 | 3 | 1 |
| 9 | 3 | 4 | 8 | 6 | 1 | 2 | 5 | 7 |
| 1 | 6 | 2 | 5 | 3 | 7 | 8 | 4 | 9 |
| 5 | 2 | 3 | 1 | 4 | 6 | 7 | 9 | 8 |
| 6 | 4 | 9 | 3 | 7 | 8 | 1 | 2 | 5 |
| 7 | 8 | 1 | 9 | 2 | 5 | 3 | 6 | 4 |

# 제6악장

| 랩소디 Rhapsody |

랩소디는 형식과 내용이 자유로운 환상곡풍의 음악을 말한다. 프랙탈 모양을 보고 있으면 마음속에 환상의 세계가 떠오른다. 또 혼돈의 세계에서 질서를 찾는 카오스 이론을 접하면서 랩소디를 들을 때처럼 정신의 자유로움을 느낄 수 있다.

# 수학은 진화한다

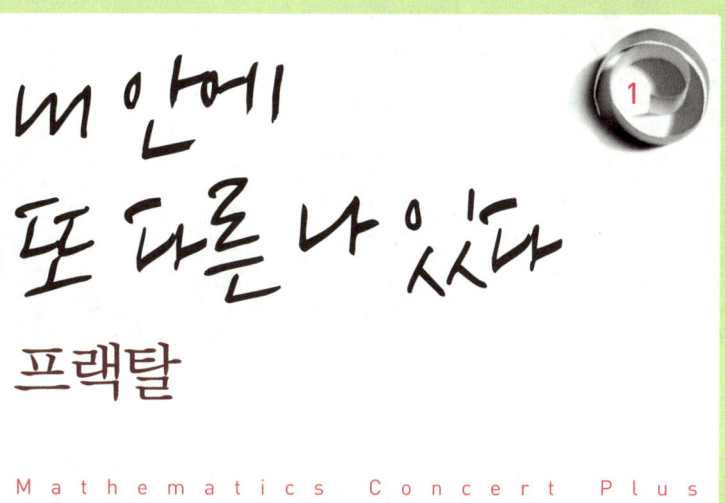

## 프랙탈이란?

  고사리를 비롯한 양치류 식물의 잎의 모양을 자세히 살펴보면 흥미로운 특징을 발견할 수 있다. 잎의 일부분을 확대해보면 전체와 동일한 모양이 계속적으로 반복되기 때문이다. 이처럼 부분의 모양이 전체의 모양을 닮는 자기유사성self-similarity을 가지면서 동일한 모양이 한없이 반복되는 순환성 recursiveness을 보일 때, 이를 '프랙탈fractal'이라고 한다. 양치류의 잎 이외에도 자연에서는 프랙탈의 예를 다양하게 찾아볼 수 있다. 움푹 들어간 해안선 안에 또 굴곡진 해안선이 반복되는 리아스식 해안선, 큰 번개 줄기에서 작은 번개 줄기가 갈라져 나오고 또 더 작은 번개가 갈라져 나오는 번개, 그리고 눈雪의 결정도 프랙탈 모양이다. 이런 측면에서 프랙탈을 '자연의 기하geometry of

프랙탈 패턴을 갖는 고사리 잎과 번개

〈울트라맨이야〉 앨범 표지와 프랙탈 모양의 서태지 헤어스타일

nature'라고 부르기도 한다.

 '하나를 보면 열을 알 수 있다'라는 우리의 옛말이나, 인형 안에 동일한 인형이 들어 있는 러시아 인형 마트료시카에도 프랙탈의 아이디어가 담겨 있다. 2000년 발표된 서태지의 앨범 〈울트라맨이야〉의 재킷도 프랙탈로 디자인

되어 있다. 당시 서태지는 빨갛게 염색하고 레게 파마를 한 흑인 풍의 헤어스타일로 노래를 불렀는데, 이 헤어스타일 역시 자세히 보면 프랙탈 모양이다. 우연인지 치밀한 기획의 결과인지 모르지만 앨범 표지와 헤어스타일이 프랙탈이라는 일관된 콘셉트를 담고 있는 것이다.

러시아 인형 마트료시카

### 프랙탈의 창시자 망델브로

프랑스의 수학자 브누아 망델브로 Benoit Mandelbrot, 1924~2010는 1967년 《사이언스》에 〈영국을 둘러싸고 있는 해안선의 총 길이는 얼마인가〉라는 제목의 글을 발표하였다. 망델브로는 우리나라의 서해안만큼이나 복잡한 영국의 해안선을 보면서 그 길이를 어떤 자로 재느냐에 따라 얼마든지 달라질 수 있다고 생각했다. 다음에서 보듯이 길이를 재는 단위를 $1, \frac{1}{2}, \frac{1}{4}, \frac{1}{8}$로 변화시키면서

| | | | | |
|---|---|---|---|---|
| | | | | |
| 단위 길이 | 1 | $\frac{1}{2}$ | $\frac{1}{4}$ | $\frac{1}{8}$ |
| 단위 길이로 잰 횟수 | 9 | 19 | 48 | 97 |
| 해안선의 둘레 | 9 | $\frac{19}{2}=9.5$ | $\frac{48}{4}=12$ | $\frac{97}{8}=12.1$ |

망델브로 해안선

해안선의 길이를 측정해보면, 해안선의 총길이가 점차 늘어남을 알 수 있다.

위에서는 단위 길이를 1에서 $\frac{1}{8}$로 줄였기 때문에 해안선의 길이가 급격하게 늘어나지는 않았지만, 1미터 단위의 자로 재었을 때와 1센티미터 혹은 1밀리미터 단위의 자로 재었을 때 해안선의 길이는 크게 달라진다. 즉, 눈금이 큰 자로 재었을 때에는 해안선의 길이가 유한하지만, 눈금이 작은 자로 재면 그 길이가 무한히 커지게 된다. 이러한 망델브로의 아이디어가 당시에는 큰 주목을 받지 못했으나 점차 인정받게 되었고, 망델브로는 프랙탈 이론의 창시자로 공인받고 있다. 2010년 타계한 망델브로는 전 세계를 방문하면서 자신의 연구를 활발하게 홍보하였고, 우리나라에도 2번 방문한 적이 있다.

망델브로는 1975년 자신의 연구 결과를 책으로 출간하였다. 당시 여러 가지 제목을 생각하다가 '부서지다'라는 뜻의 라틴어 frangere에서 파생한 단어 fracture 분열 와 fraction 파편에서 힌트를 얻어 프랙탈 fractal이라는 용어를 만들었다. 이는 프랙탈 기하학이 정수가 아닌 분수 fraction 차원을 갖는다는 의미와도 연결될 수 있다. 망델브로는 자신의 이름이 붙은 '망델브로 집합 Mandelbrot set'이라는 프랙탈을 만들었다. 망델브로 집합을 이해하기 위해서는 '복소평면'과 '줄리아 집합'에 대한 이해가 필요하다.

브누아 망델브로

### 복소평면

$a$와 $b$가 실수이고 $i=\sqrt{-1}$ 일 때 실수부 $a$와 허수부 $b$가 결합된 $a+bi$의 꼴

로 나타내어지는 수를 '복소수complex number'라고 한다. 복소평면complex plane은 $x$축이 실수축이고 $y$축이 허수축인 좌표평면으로, 실수를 수직선 위의 점에 대응시킨 것과 같이 복소수를 평면 위의 점과 일대일로 대응시킬 수 있다. 복소평면에서 복소수 $z=a+bi$를 점 $P(a,b)$로 나타낸다.

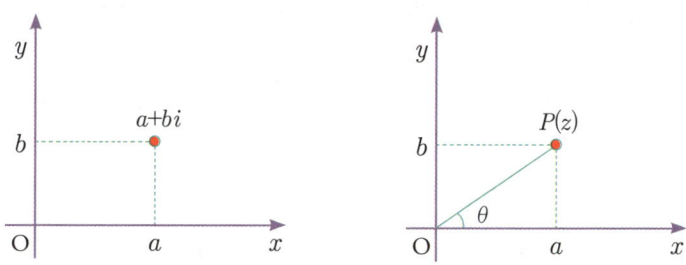

$\overline{OP}$의 길이를 $r$, $\overline{OP}$가 $x$축의 양의 방향과 이루는 각을 $\theta$라고 하면, $z=a+bi=r(\cos\theta+i\sin\theta)$이다. 이를 복소수의 극형식이라 하고, $r$을 절댓값modulus, $\theta$를 편각argument이라고 한다. 이때 피타고라스의 정리를 이용하면 $r=|z|=\sqrt{a^2+b^2}$임을 알 수 있다.

### 줄리아 집합

복소평면 위에서 $z_{n+1}=z_n^2(z=x+yi)$의 변환을 생각해보자. 임의의 복소수 $z_0$에서 시작하여 $z_0^2$을 $z_1$으로 놓고, 다시 $z_1^2$을 $z_2$로 놓는 방식으로 변환을 계속해보자. 이때 $|z|<1$인 점들은 제곱하는 과정을 반복함에 따라 0에 수렴하고, $|z|>1$인 점들은 제곱하는 과정을 반복하면 무한으로 발산한다. 즉, $|z|=1$을 기준으로 수렴하는 영역과 발산하는 영역이 구분된다.

이처럼 $z_{n+1}=z_n^2$으로 변환시킨 결과는 간단하지만, 이 변환의 각 단계에 복

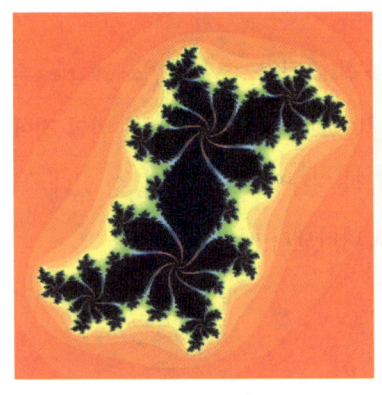 

$c=0.12-0.6i$일 때의 줄리아 집합     $c=-0.8-0.15i$일 때의 줄리아 집합

소수 $c$를 더하게 되면, 즉 $z_{n+1}=z_n^2+c\,(z=x+yi,\ c=c_1+c_2i)$를 적용하게 되면 복잡한 양상이 나타난다. 이를 처음으로 알아낸 사람은 프랑스의 수학자 가스톤 줄리아 Gaston Julia, 1893~1978이다. 줄리아가 활동하던 당시에는 컴퓨터 공학이 발달하지 않았기 때문에 $z_{n+1}=z_n^2+c$를 적용시킨 변환 결과를 시각화하여 보여줄 수 없었다. 그렇지만 줄리아는 계산만으로도 복잡한 결과가 나온다는 것을 예측했고, 그 연구 내용을 1918년 논문으로 발표했다.

임의의 복소수 $z_0$를 출발점으로 하여 이 복소수를 제곱한 후 적당한 복소수 $c$를 더하자. 이렇게 하여 얻어진 복소수 $z_1=z_0^2+c$를 또 제곱하여 $c$를 더하는 식으로 계속하여 반복해보자. '줄리아 집합 Julia set'은 복소평면 위의 각 점들을 출발점으로 하여 $z_{n+1}=z_n^2+c\,(z=x+yi,\ c=c_1+c_2i)$의 변환을 반복하여 적용할 때 그 값이 수렴하는 점들로 구성된다. 즉, 줄리아 집합을 기호화하면 $J=\{z\mid z_{n+1}=z_n^2+c,\ \lim_{n\to\infty}|z_n|<\infty\}$이다. 이때 수렴하는 복소평면 위의 점들을 검은색으로 칠하고, 발산하는 점들은 발산하기까지 반복 적용한 횟수에 따라 색깔을 달리하여 칠하면 위의 그림처럼 아름다운 프랙탈 모양이 만들어진다. 줄리아 집합은 $c$에 따라 각양각색의 형태로 만들어지며, 아주 근접한

두 복소수에 의해 만들어지는 줄리아 집합이라도 그 모양이 매우 달라, 초기 조건에 민감한 카오스의 특성을 갖는다.

### 망델브로 집합

줄리아 집합은 $z_{n+1} = z_n^2 + c$에서 복소수 $c$에 따라 매번 다르게 만들어지므로, 망델브로는 이를 종합하는 아이디어를 고안하게 되었다. 줄리아 집합을 복소평면에 나타내보면 어떤 복소수 $c$에 대해서는 수렴하는 점들이 연결된 모양이 만들어지고, 다른 어떤 복소수 $c$에 대해서는 수렴하는 점들이 연결되지 않는 모양이 만들어진다. 망델브로는 줄리아 집합에서 검은색으로 칠해진 점들, 즉 수렴하는 점들이 연결되도록 만드는 복소수 $c$들을 복소평면에 표시하여 망델브로 집합을 만들었다. 실제 줄리아 집합에서 수렴하는 점들이 연결되어 있는지는 $z=0$인 점이 $z_{n+1} = z_n^2 + c$의 변환을 통해 수렴하는지의 여부와 관련된다. 즉, 줄리아 집합이 연결되어 있는지는 육안으로 정확히 판정하기 어려우므로, $z=0$인 점의 수렴 여부로 결정하는 것이 간편하다.

다음 그림을 보면 복소평면 위의 점 $c$에 대해 $z_{n+1} = z_n^2 + c$로 줄리아 집합을 만들었을 때 ❶, ❷, ❸, ❹, ❺, ❼에 해당하는 줄리아 집합은 그래프가 하나로 연결되어 있으므로 망델브로 집합에 속한다. 그러나 ❻의 위치에 해당하는 복소수 $c$로 줄리아 집합을 만들었을 때는 그래프가 하나로 연결되어 있지 않으므로 망델브로 집합에 속하지 않는다.

망델브로 집합을 얼핏 보면 자기닮음의 성질을 갖는 프랙탈 같지 않지만, 현미경으로 들여다보듯이 세부적으로 확대해가면 동일한 모양이 계속적으로 반복되는 프랙탈임을 확인할 수 있다. 망델브로 집합에서 $0.3+0i$ 부근은 그 모양에 따라 '코끼리 계곡elephant valley'이라고 부른다.

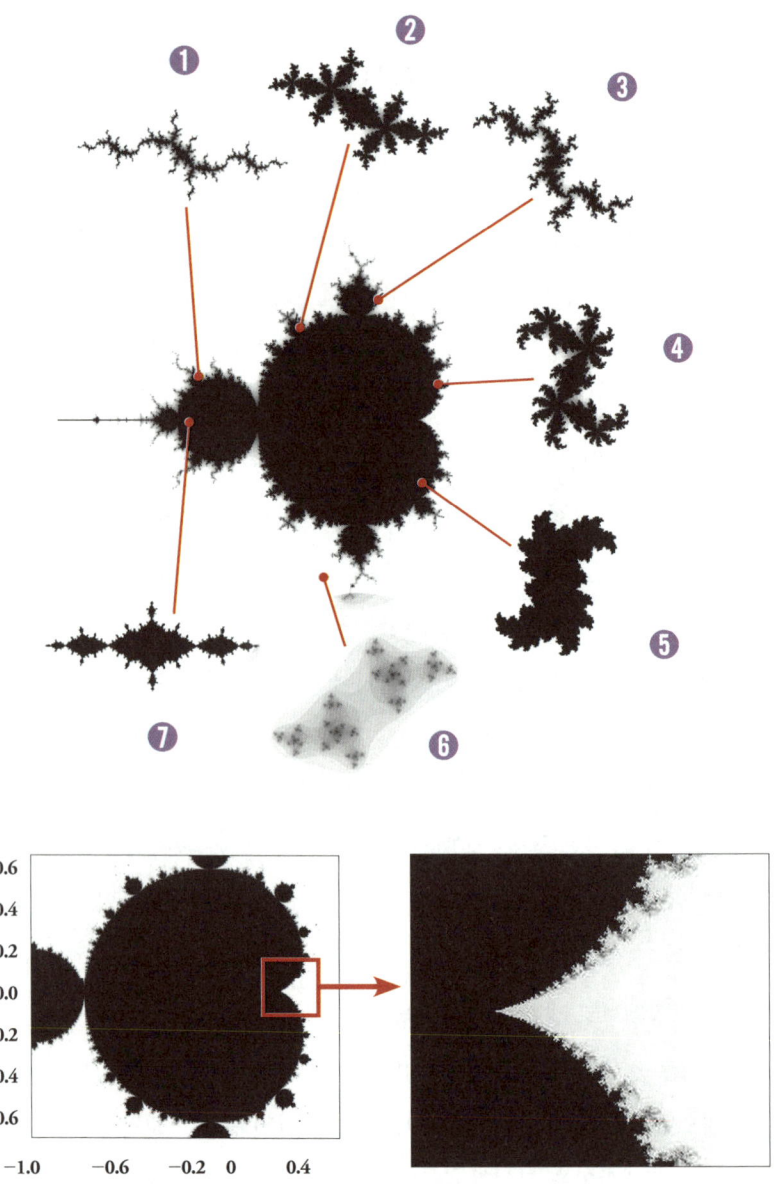

망델브로 집합과 코끼리 계곡

## 코흐 곡선

줄리아 집합이나 망델브로 집합과 달리 간단한 프랙탈 도형을 알아보자. 한 변의 길이가 1인 정삼각형의 각 변을 3등분하고 $\frac{1}{3}$과 $\frac{2}{3}$지점의 사이에 한 변의 길이가 $\frac{1}{3}$인 정삼각형을 만든 후 밑변을 잘라내자. 새로 만들어진 선분에 대해서도 동일한 과정을 반복하면 눈송이와 유사한 모양이 만들어져 이를 '눈송이 곡선'이라고 한다. 이 곡선을 처음 생각해낸 스웨덴의 수학자 헬게 폰 코흐Helge von Koch, 1870~1924의 이름을 따서 '코흐 곡선Koch curve'이라고도 한다.

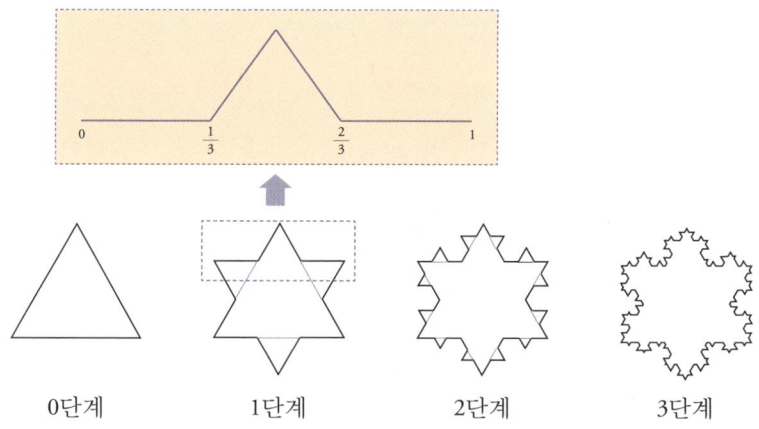

0단계     1단계     2단계     3단계

코흐 곡선이 분화를 계속함에 따라 그 둘레의 길이가 어떻게 되는지 알아보자. 원래 정삼각형의 한 변의 길이를 1이라고 하면 0단계에서 코흐 곡선의 둘레의 길이는 3이다. 1단계에는 각 변마다 길이가 $\frac{1}{3}$인 선분이 4개 생기며, 그런 변이 모두 3개이므로 그 둘레의 길이는 $3 \cdot \frac{4}{3}$이다. 2단계에서는 각 변마다 길이가 $\frac{1}{3^2}$인 선분이 $4^2$개 생기며, 그런 변이 모두 3개이므로 그 둘레의 길이는 $3 \cdot \left(\frac{4}{3}\right)^2$이다. 이를 일반화하면 $n$단계에서의 둘레의 길이는 $3 \cdot \left(\frac{4}{3}\right)^n$임을 알 수 있다.

| 단계 | 선분의 개수 | 선분의 길이 | 둘레의 길이 |
|---|---|---|---|
| 0 | 3 | 1 | 3 |
| 1 | $3 \cdot 4$ | $\dfrac{1}{3}$ | $3 \cdot \dfrac{4}{3}$ |
| 2 | $3 \cdot 4^2$ | $\dfrac{1}{3^2}$ | $3 \cdot \left(\dfrac{4}{3}\right)^2$ |
| 3 | $3 \cdot 4^3$ | $\dfrac{1}{3^3}$ | $3 \cdot \left(\dfrac{4}{3}\right)^3$ |
| ⋮ | ⋮ | ⋮ | ⋮ |
| $n$ | $3 \cdot 4^n$ | $\dfrac{1}{3^n}$ | $3 \cdot \left(\dfrac{4}{3}\right)^n$ |

위와 같은 과정을 무한히 반복하였을 때 $\lim\limits_{n \to \infty} 3 \cdot \left(\dfrac{4}{3}\right)^n = \infty$이므로 코흐 곡선의 둘레의 길이의 극한값은 무한이 된다. 보다 구체적으로 코흐 곡선의 둘레의 길이를 가늠해보기 위해 100단계에서의 둘레의 길이를 계산해보자. 100단계에서 코흐 곡선의 둘레의 길이는 $3 \cdot \left(\dfrac{4}{3}\right)^{100}$이며, 이는 9조가 넘는 큰 수가 된다. 예를 들어 0단계 정삼각형의 한 변의 길이가 1미터이고 그 둘레의 길이가 3미터라면, 코흐 곡선의 분화를 100번 반복했을 때 그 둘레의 길이는 90억 킬로미터보다도 길어지게 되는 것이다.

이번에는 코흐 곡선의 넓이를 생각해보자. 코흐 곡선의 0단계의 넓이부터 시작하여 1단계, 2단계의 넓이를 계산하고, 이를 일반화하여 $n$단계의 넓이를

일본 미쓰비시사의 로고는 코흐 곡선을 상하로 뒤집어놓은 모양으로, '역눈송이 곡선'이라고 한다.

계산한 후 그 극한값을 구하면 $\frac{2\sqrt{3}}{5}$이 된다. 실제 코흐 곡선은 0단계의 정삼각형에 외접하는 원을 벗어나지 않기 때문에 코흐 곡선의 넓이가 유한하다는 것은 자명하다. 코흐 곡선의 넓이와 길이에 대한 두 가지 정보를 종합해볼 때, 코흐 곡선은 유한한 넓이를 갖지만 둘레의 길이는 무한이 되는 특이한 성질을 갖는다.

### 칸토어 집합

집합론의 창시자인 게오르크 칸토어Georg Cantor, 1845~1918는 다음과 같은 집합을 생각해냈다. 길이가 1인 선분에서 $\frac{1}{3}$부터 $\frac{2}{3}$까지의 $\frac{1}{3}$을 지운다. 남은 부분에 대해서도 가운데의 $\frac{1}{3}$을 지우는 일을 반복하면 무수히 많은 점들이 남게 된다. 이를 '칸토어 집합Cantor set'이라고 하는데 코흐 곡선과 마찬가지로 부분과 전체가 같은 모양을 갖는 프랙탈이다.

**칸토어 집합**

칸토어의 집합에서 남아 있는 구간의 길이를 구해보자. 0단계에서 원래 구간의 길이를 1이라고 하자. 1단계에서는 가운데의 $\frac{1}{3}$을 잘라내므로 남아 있는 구간의 개수는 2이고, 구간의 총길이는 $\frac{2}{3}$이다. 2단계에서는 길이가 $\frac{1}{3}$인 구간 2개에서 각각 $\frac{1}{3^2}$을 잘라내므로 남아 있는 구간의 개수는 4이고, 구간의 총길이는 $\left(\frac{2}{3}\right)^2$이다. 이를 일반화하면 $n$단계에 남아 있는 구간의 개수는 $2^n$이고, 남아 있는 구간의 총길이는 $\left(\frac{2}{3}\right)^n$임을 알 수 있다.

| 단계 | 남아 있는 구간의 개수 | 남아 있는 구간의 단위 길이 | 남아 있는 구간의 총 길이 |
|---|---|---|---|
| 0 | 1 | 1 | 1 |
| 1 | 2 | $\frac{1}{3}$ | $\frac{2}{3}$ |
| 2 | $2^2$ | $\frac{1}{3^2}$ | $\left(\frac{2}{3}\right)^2$ |
| 3 | $2^3$ | $\frac{1}{3^3}$ | $\left(\frac{2}{3}\right)^3$ |
| ⋮ | ⋮ | ⋮ | ⋮ |
| $n$ | $2^n$ | $\frac{1}{3^n}$ | $\left(\frac{2}{3}\right)^n$ |

이러한 과정을 무한히 반복할 때 남아 있는 구간의 개수는 $2^n$으로 무한이 되지만, 길이의 극한값은 $\lim_{n \to \infty} \left(\frac{2}{3}\right)^n = 0$이 된다. 결과적으로 칸토어 집합은 무한히 많은 점들로 이루어져 있으나 그 길이의 합의 극한값은 0이 된다.

### 시어핀스키 삼각형

'시어핀스키 삼각형Sierpinski triangle'은 폴란드의 수학자 바츨라프 시어핀스키 Waclaw Sierpinski, 1882~1969의 이름을 딴 프랙탈 도형이다. 주어진 정삼각형의 각 변의 중점을 이으면 합동인 4개의 작은 정삼각형이 만들어지는데, 이때 가운데 있는 정삼각형을 제거하여 3개의 정삼각형만 남긴다. 남아 있는 3개의 정삼각형에 대해서도 이런 과정을 반복하면 시어핀스키 삼각형을 얻을 수 있다.

0단계     1단계     2단계     3단계

**시어핀스키 삼각형**

각 단계별로 생기는 정삼각형의 수를 살펴보면 0단계에서 1개, 1단계에서 3개, 2단계에서 9개, 3단계에서 27개의 정삼각형이 생기므로, 일반화하면 $n$단계에 생기는 정삼각형의 개수는 $3^n$이다. 한편 정삼각형의 한 변의 길이를 1이라 하면 0단계의 넓이는 $\frac{\sqrt{3}}{4}$이다. 어떤 단계에서 만들어지는 정삼각형의 한 변의 길이는 이전 단계 정삼각형의 한 변의 길이의 $\frac{1}{2}$배이므로 그 넓이는 $\frac{1}{4}$배가 된다. 따라서 $n$단계에서 만들어지는 한 정삼각형의 넓이는 $\frac{1}{4^n} \cdot \frac{\sqrt{3}}{4}$이고 그런 정삼각형이 $3^n$개 있으므로, 정삼각형들의 총 넓이는 $(\frac{3}{4})^n \cdot \frac{\sqrt{3}}{4}$이 된다.

| 단계 | 정삼각형의 개수 | 한 정삼각형의 넓이 | 정삼각형들의 총 넓이 |
|---|---|---|---|
| 0 | 1 | $\frac{\sqrt{3}}{4}$ | $\frac{\sqrt{3}}{4}$ |
| 1 | 3 | $\frac{1}{4} \cdot \frac{\sqrt{3}}{4}$ | $\frac{3}{4} \cdot \frac{\sqrt{3}}{4}$ |
| 2 | $3^2$ | $(\frac{1}{4})^2 \cdot \frac{\sqrt{3}}{4}$ | $(\frac{3}{4})^2 \cdot \frac{\sqrt{3}}{4}$ |
| 3 | $3^3$ | $(\frac{1}{4})^3 \cdot \frac{\sqrt{3}}{4}$ | $(\frac{3}{4})^3 \cdot \frac{\sqrt{3}}{4}$ |
| ⋮ | ⋮ | ⋮ | ⋮ |
| $n$ | $3^n$ | $(\frac{1}{4})^n \cdot \frac{\sqrt{3}}{4}$ | $(\frac{3}{4})^n \cdot \frac{\sqrt{3}}{4}$ |

시어핀스키 삼각형을 이루고 있는 정삼각형들의 총 넓이의 극한값을 구하면 $\lim_{n \to \infty} (\frac{3}{4})^n \cdot \frac{\sqrt{3}}{4} = 0$이므로, 시어핀스키 삼각형은 무한히 많은 정삼각형들로 이루어져 있지만 그 넓이의 극한값은 0이 된다.

### 파스칼의 삼각형에서 시어핀스키 삼각형을

파스칼의 삼각형에는 시어핀스키 삼각형과 유사한 프랙탈 구조가 들어 있다. 파스칼의 삼각형에서 홀수는 검게 칠하고, 짝수는 흰색으로 남겨두자. 이 규칙을 적용하면 16행으로 이루어진 파스칼의 삼각형 안에 8행으로 이루어진, 즉 $\frac{1}{2}$로 축소된 파스칼의 삼각형이 3개 들어 있는 모양이 만들어진다.

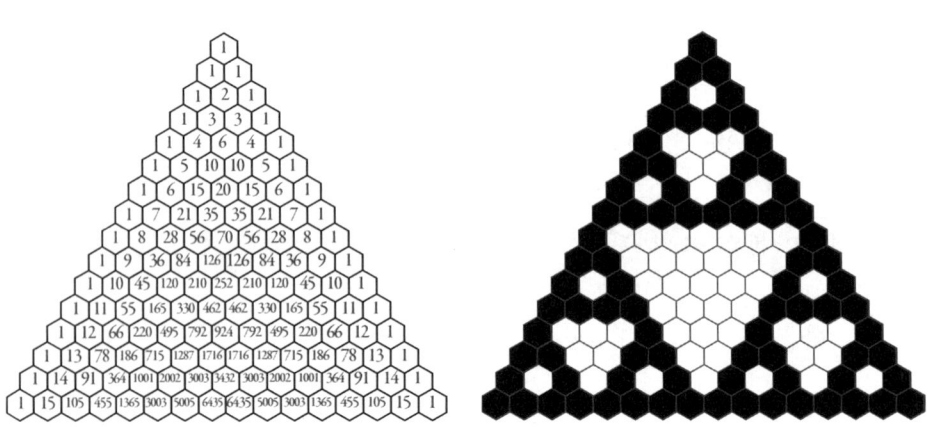

이번에는 색칠하는 규칙을 달리하여 파스칼의 삼각형을 이루고 있는 수를 3으로 나누고, 그 나머지가 1과 2일 때에는 검게 칠하고, 3으로 나누어떨어지면 흰색으로 남겨두자. 그러면 다음 모양을 얻게 된다.

 마지막으로 파스칼의 삼각형을 이루고 있는 수를 3으로 나누는 대신 9로 나누어 나머지가 있으면 흰색으로, 9로 나누어떨어지면 검은색으로 칠해보자. 이번에는 약간 변형된, 그러나 여전히 자기닮음 구조를 갖는 다음 모양을 얻을 수 있다.

### 파스칼의 삼각형과 조합

$n$개에서 $r$개를 선택하는 경우의 수를 조합 combination 이라고 하고, 기호로 $_nC_r$로 나타낸다. 파스칼의 삼각형은 다음과 같이 조합을 이용하여 수를 배열한 것으로, 각 수는 그 수의 왼쪽 위와 오른쪽 위에 있는 두 수의 합과 같다.

$$\begin{array}{c} 1 \\ _1C_0 \quad _1C_1 \\ _2C_0 \quad _2C_1 \quad _2C_2 \\ _3C_0 \quad _3C_1 \quad _3C_2 \quad _3C_3 \\ \cdots \end{array} \qquad \begin{array}{c} 1 \\ 1 \quad 1 \\ 1 \quad 2 \quad 1 \\ 1 \quad 3 \quad 3 \quad 1 \\ \cdots \end{array}$$

## 시어핀스키 카펫

'시어핀스키 카펫Sierpinski carpet'은 정사각형의 각 변을 삼등분하여 9개의 작은 정사각형으로 분할하고 가운데 정사각형을 지우는 과정을 무한히 반복하여 구성한다.

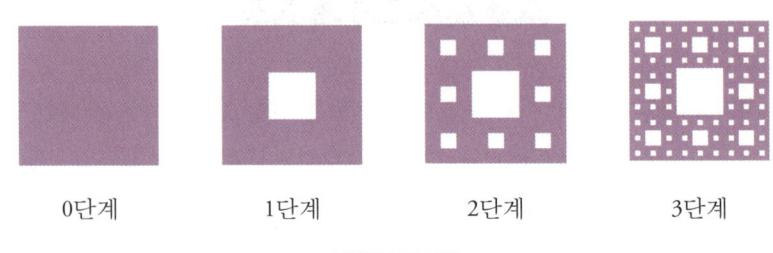

0단계　　　1단계　　　2단계　　　3단계

**시어핀스키 카펫**

시어핀스키 카펫의 0단계는 정사각형 1개로 시작한다. 한 단계 넘어갈 때마다 생성되는 정사각형의 한 변의 길이는 전 단계 정사각형의 한 변의 길이의 $\frac{1}{3}$배이고 넓이는 $\frac{1}{9}$배로 축소된다. 그러한 정사각형이 전 단계 정사각형 각각에 8개씩 생긴다. 따라서 0단계 정사각형의 넓이를 1이라 할 때, $n$단계의 시어핀스키 카펫의 넓이는 $\left(\frac{8}{9}\right)^n$이고, $\lim\limits_{n\to\infty}\left(\frac{8}{9}\right)^n=0$이다. 따라서 시어핀스키 카펫에도 무한히 많은 정사각형들이 있지만 그 넓이의 극한값은 0이다.

## 멩거 스펀지

시어핀스키 카펫을 3차원으로 확장한 것이 오스트리아의 수학자 칼 멩거Karl Menger, 1902~1985의 이름을 딴 '멩거 스펀지Menger sponge'이다. 우선 정육면체의 각 모서리를 3등분하는 점을 이어 가운데 부분만을 제거한다. 남겨진 부분에 대해서도 이 과정을 무한 반복하면 멩거 스펀지가 된다.

0단계 정육면체의 모서리의 길이를 1이라고 하자. 각 모서리를 3등분하면 동일한 크기의 작은 정육면체 27개로 분해된다. 이 중 7개를 제거하므로, 1단계에서는 모서리의 길이가 $\frac{1}{3}$인 정육면체가 20개 생긴다. 2단계에서는 20개의 정육면체들을 각각 20개의 더 작은 정육면체들로 나누므로, 모서리의 길이가 $(\frac{1}{3})^2$인 정육면체가 $20^2$개 생긴다. 따라서 $n$단계의 멩거 스펀지는 모서리의 길이가 $(\frac{1}{3})^n$인 정육면체 $20^n$개로 이루어지며, 부피는 $20^n\{(\frac{1}{3})^n\}^3=(\frac{20}{27})^n$이 된다. 멩거 스펀지는 무한히 많은 정육면체들로 이루어져 있지만, $\lim_{n \to \infty}(\frac{20}{27})^n=0$이므로 부피의 극한값은 0이 된다.

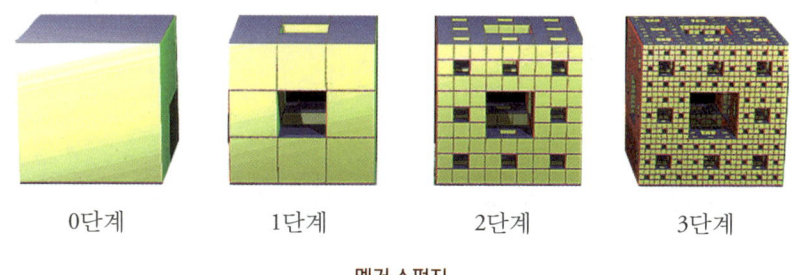

| 0단계 | 1단계 | 2단계 | 3단계 |

**멩거 스펀지**

### 프랙탈 차원은 소수

프랙탈 차원은 축소율을 $r$, 복사본의 개수를 $N$이라고 할 때 일반적으로 $d=\frac{\log N}{\log \frac{1}{r}}$으로 정의된다. 예를 들어서, 선분의 경우 길이를 반으로 줄이면 축소율 $r$은 $\frac{1}{2}$이고 복사본의 개수는 2개가 되므로, 선분의 차원은 1이다.

$$d=\frac{\log 2}{\log 2}=1$$

정사각형의 경우 변의 길이를 $\frac{1}{2}$로 축소시키면 복사본의 개수는 4개가 되므로, 정사각형평면의 차원은 2이다.

$$d = \frac{\log 2^2}{\log 2} = 2$$

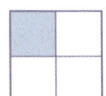

동일한 방식을 적용하여 정육면체의 모서리의 길이를 $\frac{1}{2}$로 축소시키면 복사본의 개수는 8개가 되므로, 정육면체입체의 차원은 3이다.

$$d = \frac{\log 2^3}{\log 2} = 3$$

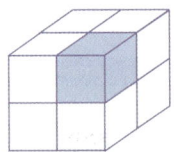

선은 1차원, 평면은 2차원, 입체는 3차원인 것처럼 우리에게 익숙한 도형의 차원은 자연수이다. 이번에는 지금까지 알아본 프랙탈의 차원을 구해보자. 코흐 곡선은 $\frac{1}{3}$로 축소되면서 4개의 복사본이 만들어지므로 차원은 $\frac{\log 4}{\log 3} \fallingdotseq$ 1.2619이고, 칸토어의 집합은 $\frac{1}{3}$로 축소되면서 2개의 복사본이 만들어지므로 차원은 $\frac{\log 2}{\log 3} \fallingdotseq 0.6309$이다. 시어핀스키 삼각형은 $\frac{1}{2}$로 축소되면서 3개의 복사본이 만들어지므로 차원은 $\frac{\log 3}{\log 2} \fallingdotseq 1.5849$이고, 시어핀스키 카펫은 $\frac{1}{3}$로 축소되면서 8개의 복사본이 만들어지므로 차원은 $\frac{\log 8}{\log 3} \fallingdotseq 1.8928$이다. 마지막으로 멩거 스펀지는 $\frac{1}{3}$로 축소되면서 20개의 복사본이 만들어지므로, 차원은 $\frac{\log 20}{\log 3} \fallingdotseq 2.7268$이 된다. 이처럼 프랙탈의 차원은 자연수가 아닌 소수가 된다.

코흐 곡선, 시어핀스키 삼각형, 시어핀스키 카펫의 차원은 모두 1과 2 사이의 값이 되며, 코흐 곡선에서 시어핀스키 삼각형과 시어핀스키 카펫으로 갈수록 차원이 높아지게 된다. 세 가지 프랙탈의 모양을 생각해보면 코흐 곡선 보다는 시어핀스키 삼각형이, 또 그보다는 시어핀스키 카펫이 면을 더 많이 채우기 때문에 차원이 높아지는 것을 직관적으로 이해할 수 있다. 마찬가지로 칸토어 집합은 선에서 출발하여 부분들을 제거한 모양이므로 그 차원은 1보다 작아지고, 멩거 스펀지는 정육면체에서 부분들을 제거한 모양이므로 그 차원은 2와 3 사이의 값이 된다.

### 해안선의 프랙탈 차원

앞서 언급한 바와 같이 망델브로는 영국 해안선의 길이 문제를 출발점으로 프랙탈에 대한 연구를 시작하였다. 이제 프랙탈 차원에 대해 살펴보았으니, 해안선의 프랙탈 차원을 알아보자. 영국 해안선의 프랙탈 차원은 1.25로 추정된다. 호주 해안선의 프랙탈 차원은 1.13으로 추정되므로 영국 해안선보다 단조롭고, 프랙탈 차원이 1.52로 추정되는 노르웨이 해안선은 영국의 해안선보다 복잡함을 알 수 있다.

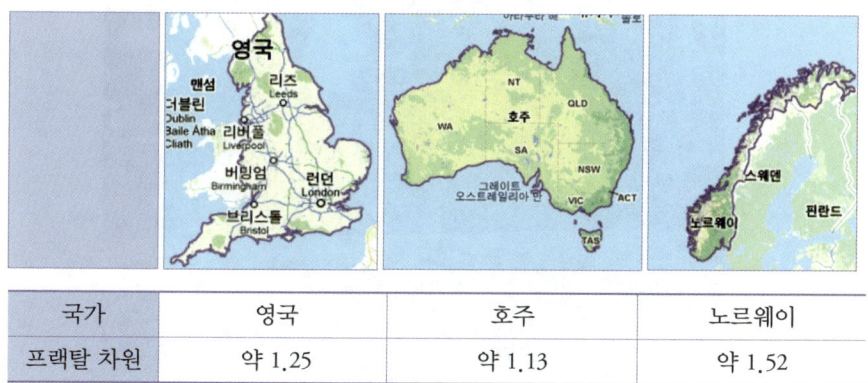

| 국가 | 영국 | 호주 | 노르웨이 |
|---|---|---|---|
| 프랙탈 차원 | 약 1.25 | 약 1.13 | 약 1.52 |

**해안선의 프랙탈 차원**

## 잭슨 폴락의 그림과 프랙탈

잭슨 폴락Jackson Pollock, 1912~1956은 추상표현주의를 개척한 미국의 화가이다. 캔버스에 물감을 뿌리는 드리핑 방식으로 작품을 만든 잭슨 폴락의 별명은 '흩뿌리는 잭Jack the Dripper'이다. 폴락은 1956년 차량 전복사고로 44년의 짧은 생애를 마감했다. 그러다 보니 사후에 그의 유작이 빈번하게 등장하여 진품 논쟁이 벌어지곤 했는데, 프랙탈은 그 진위를 가릴 때 중요한 역할을 한다.

오리건대학교의 물리학 교수인 리처드 테일러와 그 연구팀은 폴락의 작품을 분석하여 부분이 전체를 닮는 프랙탈의 특징을 발견했고, 1999년 이를《네이처》에 발표했다. 폴락의 그림으로부터 프랙탈 차원을 계산한 결과 1948년 작〈No. 14〉의 프랙탈 차원은 1.45이고, 드리핑 기법의 마지막 작품인 1952년

**드리핑 기법으로 작품을 그리는 폴락**

폴락의 〈No. 14〉(프랙탈 차원 1.45, 위의 그림)와 〈푸른 기둥〉(프랙탈 차원 1.72)

작 〈푸른 기둥Blue poles〉의 프랙탈 차원은 1.72이다. 즉, 시간의 흐름에 따라 프랙탈 차원이 높아짐을 알 수 있다. 2003년 뉴욕에서는 폴락의 작품으로 보이는 24점이 발견되었는데, 프랙탈을 이용하여 이 작품들을 조사한 결과 위작으로 판정받기도 했다.

### 몸속에도 프랙탈이 있다

생명체는 아메바처럼 아주 작은 단세포 동물부터 코끼리와 같이 거대한 동물까지 그 크기가 다양하다. 생명체가 생명을 유지하기 위해서는 에너지 대사를 해야 하는데, 이때 필요한 산소는 표피를 통해 공급되기 때문에 몸이 충

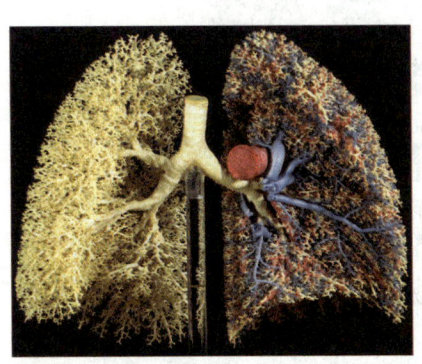

폐의 혈관

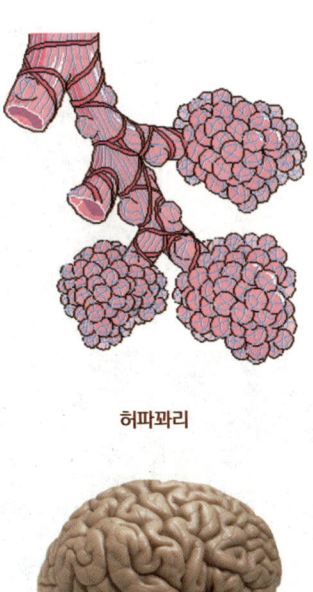

허파꽈리

뇌

분한 표면적을 확보하는 것이 중요하다.

생명체는 단순하지 않은 복잡한 모양의 입체이지만, 계산의 편의를 위해 정육면체라고 가정하고 부피와 겉넓이의 관계를 알아보자. 예를 들어 모서리의 길이가 1인 정육면체의 겉넓이는 $6 \times 1^2 = 6$이고, 부피는 $1^3 = 1$이므로, 겉넓이와 부피의 비는 $\frac{6}{1} = 6$이다. 모서리의 길이가 2가 되면 정육면체의 겉넓이는 $6 \times 2^2 = 24$이고, 부피는 $2^3 = 8$이므로, 겉넓이와 부피의 비는 $\frac{24}{8} = 3$이다. 모서리의 길이가 3인 경우 겉넓이는 $6 \times 3^2 = 54$, 부피는 $3^3 = 27$이므로, 그 비는 $\frac{54}{27} = 2$이다. 일반화하면 모서리의 길이가 $n$인 정육면체의 겉넓이는 $6n^2$이고, 부피는 $n^3$이므로 그 비는 $\frac{6n^2}{n^3} = \frac{6}{n}$이다. 즉, $n$이 커질수록 겉넓이와 부피의 비는 작아진다.

생명체에서도 몸집이 작을수록 겉넓이와 부피의 비가 크고, 몸집이 클수록 그 비는 작아진다. 몸집이 작은 생명체는 외부와 접촉하는 겉넓이가 상대적으로 크기 때문에 호흡기관이나 순환기관을 별도로 둘 필요가 없다. 그러나 생명체의 몸집이 커지면 겉넓이와 부피의 비가 작기 때문에 표피를 통해서는 에너지 대사에 필요한 산소를 충분히 공급할 수 없다. 따라서 생명체는 호흡기관이나 순환기관을 신체 내부로 집어넣어 표면적을 확보하는 방안을 택하게 된다. 이때 이러한 신체기관은 가능하다면 제한된 공간을 점유하면서 큰 겉넓이를 확보하는 것이 유리하다. 이에 대한 해법을 제공하는 것이 바로 프랙탈이다. 코흐 곡선이 유한한 넓이에 무한한 길이를 갖는 것처럼, 프랙탈은 유한한 부피에 무한한 겉넓이를 갖기 때문이다.

예컨대 인간의 폐는 산소 운반의 효율성을 높이기 위해서 수많은 혈관을 필요로 한다. 제한된 공간에 혈관을 배치하는 방법 중의 하나는 혈관이 갈라지고 미세하게 또 갈라지는 프랙탈 모양이다. 폐의 끝에 붙어 있는 허파꽈리 폐포는 이산화탄소와 산소의 교환이 이루어지는 기관이다. 이 허파꽈리는 브로콜리와 비슷한 프랙탈 모양이므로, 제한된 공간을 차지하면서 표면적을 크게 할 수 있다. 뇌의 표면은 수많은 주름들로 이루어져 있는데, 그 주름 안에 더 작은 주름들이 반복적으로 들어 있는 프랙탈 모양이다. 그 이유 역시 좁은 공간에서 넓은 표면적을 확보하여 가능한 한 많은 뇌세포를 배치하기 위해서이다.

수학적으로 정의된 프랙탈이 인간의 신체에서, 또 자연 현상에서 광범위하게 관찰되는 것을 보면 '신은 수학이라는 언어로 우주를 창조했다Mathematics is the language in which God wrote the universe'라는 갈릴레이의 말을 다시금 떠올리게 된다.

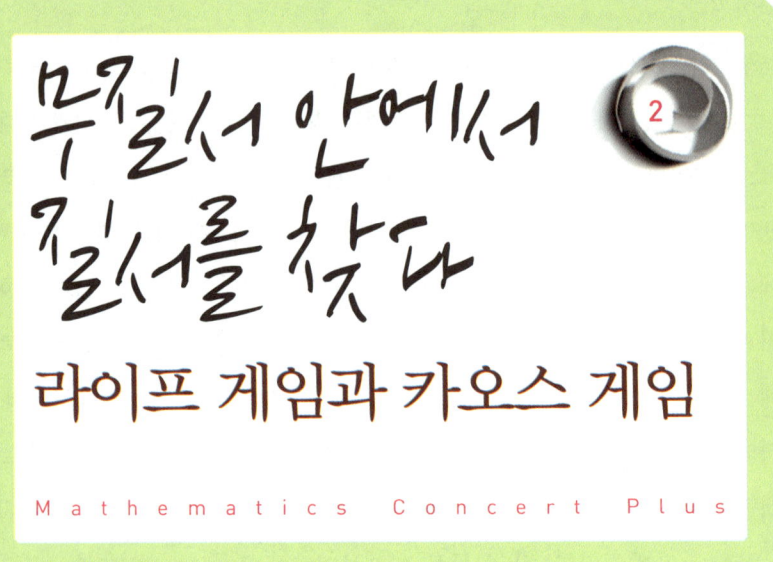

## 카오스 이론

카오스 이론을 한마디로 정의하기는 어렵지만, 단순화시켜 말하면 불안정하고 불규칙하게 보이는 현상에서 모종의 질서와 규칙성을 찾는 것이다. 원래 카오스chaos는 코스모스cosmos와 대비되는 개념으로 조화로운 자연이 창조되기 이전의 무질서한 상태를 가리킨다. 하지만 오늘날 과학 용어로서의 카오스는 외관상 무질서해 보이지만 그 배후에는 어떤 결정론적인 법칙이 지배하는 경우를 말한다. 그런 의미에서 카오스 이론의 핵심은 '결정론적 혼돈'이라고 할 수 있다. 예를 들어 물이 끓는 현상, 담배 연기가 공중으로 올라가다 소용돌이치며 흐트러지는 것, 회오리바람, 태풍, 급작스러운 전염병의 확산, 복잡한 대기와 해류, 특정한 생물의 개체수 등은 매우 복잡하고 불규칙적이고 불연속적으로 변화하는 카오스 현상들이다. 결정론적임에도 불구하고 예측이 불가능하고 초기 조건에 민감하다는 특징을 갖는 카오스 이론은 물리학 및 수학뿐만 아니라 생물학, 화학, 지질학, 공학, 생태학, 사회학, 경제학, 과학철학 등 다양한 분야에 폭넓은 영향력을 미치고 있다.

### 나비효과

'나비효과 butterfly effect'란 나비의 날갯짓처럼 작은 변화가 폭풍우와 같은 커다란 변화를 유발시킬 수 있다는 것이다. 브라질에서 나비의 날갯짓이 텍사스에서 토네이도를 일으킨다, 중국 북경에서 나비의 날갯짓이 뉴욕에서 폭풍을 일으킨다 등 지역을 달리하는 여러 버전이 있지만, 공통점은 '초기 조건에

미국 텍사스

브라질

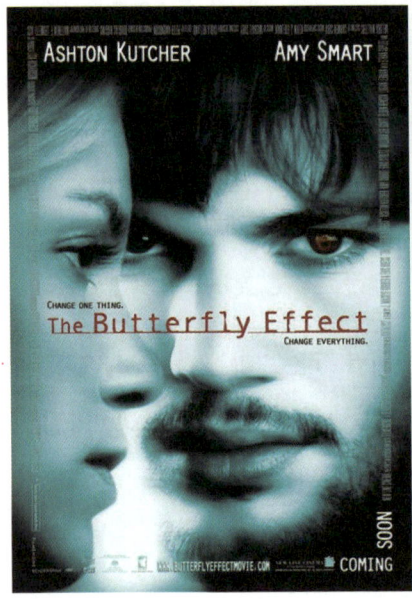

영화 〈나비효과〉　　　　　　　　　영화 〈쥬라기 공원〉

대한 민감성'이다. 성경 욥기 8장 7절에 나오는 '시작은 미약하였으나 끝은 창대하리라'라는 구절은, 맥락이 다소 다르기는 하지만 미미한 출발이 종국적으로는 거대해진다는 의미에서 나비효과와 상통한다고 볼 수 있다.

　나비의 날갯짓이 연쇄적으로 큰 파장을 일으키면서 결국 큰 변화를 가져오는 과정을 예시하면 다음과 같다. 나비 한 마리의 날갯짓은 바로 옆에 있는 작은 벌레를 나뭇잎에서 떨어뜨려 그 아래에서 놀고 있는 원숭이 털 속에 떨어지게 한다. 원숭이는 그 벌레로 인해 가려워 긁다가 옆의 열매를 떨어뜨리고, 열매는 돌에 부딪쳐 돌을 구르게 한다. 돌은 큰 바위를 지탱한 작은 돌을 쳐서 밀어내면서 작은 산사태를 일으킨다. 이런 변화는 물의 흐름을 바꾸어 화산의 구멍을 막고 약한 지반을 꺼지게 하면서 화산 폭발을 일으킨다. 화산재는 부분적으로 대기의 기류를 바꾸어 큰 대기압 차이를 일으키고, 급기야 대류 변화를 일으켜서 지구 반대편에 커다란 폭풍을 일으킨다. 특히 오늘날과 같은 세계화 시대에서는 '나비효과'가 더욱 강한 파급력을 가질 수 있다. 인터넷으로 연결되어 있는 지구촌 한구석의 미세한 변화가 순식간에 확산되기 때문이다.

나비효과는 대중문화에서도 자주 등장한다. 나비효과는 2012년 발표한 가수 신승훈의 〈라디오 웨이브Radio Wave〉 앨범에 수록된 노래 제목이기도 하다. 2004년 개봉된 〈나비효과〉는 카오스 이론을 소재로 한 영화이다. 주인공 에반은 어린 시절로 되돌아가 자신의 가슴 아픈 과거를 바꾸어보는데, 그럴 때마다 현실에서는 뜻하지 않은 엄청난 변화를 겪게 된다. 과거의 사소한 행동과 상황 변화는 바로 초기 조건의 변화에 해당하는데, 그에 따라 이후의 인생은 극적으로 달라지기 때문에 '나비효과'라는 제목이 잘 어울리는 영화이다.

스티븐 스필버그가 감독한 1993년 영화 〈쥬라기 공원〉에도 카오스 이론이 등장한다. 사업가 존은 화석에 갇힌 모기의 피에서 공룡의 DNA를 채취해, 개구리의 유전자와 결합시키는 방법으로 6,500만 년 전의 공룡을 재현시키고, 쥬라기 공원을 만들어 큰돈을 벌 계획을 세운다. 카오스 이론에 정통한 수학자 말콤은, 공룡을 복원하여 공원 속에 가두고 철저히 관리한다 해도 자연에 내포하는 예측 불가능성은 관리할 수 없다고 경고한다. 인간이 아무리 완벽을 기하려고 해도 사소한 오차는 생기기 마련이며, 자연 세계에서의 미세한 오차는 결국 엄청난 재앙을 가져올 것이라는 나비효과를 경고한 것이다.

### 박테리아의 번식

카오스는 복잡한 계system에서 주로 나타나지만 흥미로운 사실은 매우 단

|     | A     | B       | B−A      |
| --- | ----- | ------- | -------- |
| $x_0$ | 0.300 | 0.30001 | 0.00001 |
| $x_1$ | 0.840 | 0.840   | 0       |
| $x_2$ | 0.538 | 0.538   | 0       |
| $x_3$ | 0.994 | 0.994   | 0       |
| $x_4$ | 0.022 | 0.022   | 0       |
| $x_5$ | 0.088 | 0.088   | 0       |
| $x_6$ | 0.321 | 0.320   | −0.001  |
| $x_7$ | 0.872 | 0.871   | −0.001  |
| $x_8$ | 0.448 | 0.450   | 0.002   |
| $x_9$ | 0.989 | 0.990   | 0.001   |
| $x_{10}$ | 0.043 | 0.039 | −0.004 |
| $x_{11}$ | 0.166 | 0.150 | −0.016 |
| $x_{12}$ | 0.554 | 0.510 | −0.044 |
| $x_{13}$ | 0.988 | 1.000 | −0.012 |
| $x_{14}$ | 0.046 | 0.001 | −0.045 |
| $x_{15}$ | 0.177 | 0.006 | −0.171 |
| $x_{16}$ | 0.583 | 0.023 | −0.560 |
| $x_{17}$ | 0.973 | 0.091 | −0.882 |
| $x_{18}$ | 0.106 | 0.331 | 0.225  |
| $x_{19}$ | 0.379 | 0.886 | 0.507  |
| $x_{20}$ | 0.942 | 0.404 | −0.538 |

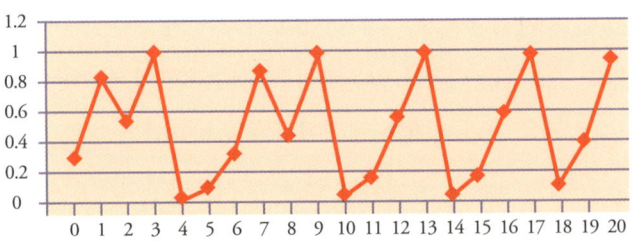

그래프 A: 초깃값이 0.3일 때

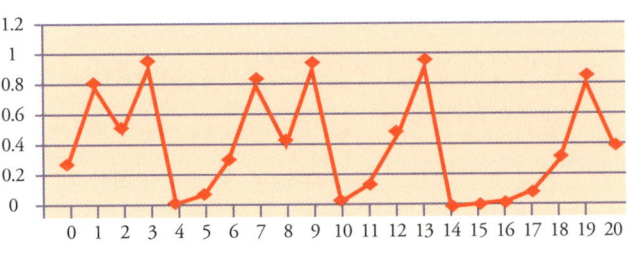

그래프 B: 초깃값이 0.30001일 때

순한 계도 카오스적일 수 있다는 점이다. 박테리아의 개체수의 변화를 그 예로 살펴보자. 한 마리의 박테리아가 단위 시간에 $a$마리씩 분열한다면 박테리아의 수에는 간단한 결정론적 법칙이 적용되어, $x_{n+1}=ax_n$의 식으로 나타낼 수 있다. 그런데 박테리아가 배양되고 있는 유리그릇의 영양분은 제한되어 있고 그 이외에도 여러 가지 제약이 있기에 박테리아의 증식은 어느 정도 억제된다. 개체수가 늘어나면 그에 대한 반향으로 그 수가 줄어드는 현상을 반영하여 앞의 식에 $(1-x_n)$을 곱해 개체수 변화의 방정식을 $x_{n+1}=ax_n(1-x_n)$이라고 하자.

예를 들어 번식률이 4일 때 $a=4$이므로 개체수의 방정식은 $x_{n+1}=4x_n(1-x_n)$이 된다. 이 경우 시간의 흐름에 따라 박테리아의 개체수는 급격하게 요동을 치며 변화하는 혼돈 상태가 된다. 높은 번식률로 인해 지나치게 빨리 한계에 도달하여 많은 박테리아가 죽어간다. 그래서 소수의 박테리아만 남아 영양분이 충분해지면 급격히 수가 늘어나게 되는 카오스 양상을 보인다. 또한 초깃값에 민감하게 반응하는 카오스의 특성도 갖는다. 한 예로 초깃값을 0.3 그래프 A과 0.30001 그래프 B로 놓고 $x_{n+1}=4x_n(1-x_n)$의 20항까지의 값을 소수점 아래 셋째자리까지 각각 계산하고 그래프를 그려보면 왼쪽과 같다. 1항부터 5항까지의 값은 거의 일치하지만 그 이후 항들의 값은 달라져, 초깃값에서의 0.00001 차이가 개체수에서는 큰 차이로 증폭됨을 알 수 있다.

### 로렌츠 끌개

2008년 타계한 미국의 기상학자 에드워드 로렌츠 Edward Lorenz는 기상 예측을 위한 방정식을 통해 카오스의 특성을 감지하였다. 로렌츠는 1961년 어느 날, 날씨를 예측하기 위해 미지수가 3개인 비선형 연립미분방정식을 풀고 있었다. 그 과정에서 얻은 결과를 검토하기 위해 전체를 처음부터 다시 계산하지 않고 지름길을 택해 중간부터 시작하였다. 이미 가지고 있는 일련의 데이터 중 중간부터 계산할 때 입력해야 하는 값은 소수점 아래 6자리인 0.506127이었는데, 간편하게 소수점 아래 3자리인 0.506까지만 입력하였다. 컴퓨터를 돌

**선형적이란?**

선형적 linear이란 한 양의 변화가 다른 양에 비례적인 변화를 가져오기 때문에 예측 가능한 경우를 말한다. 예를 들어 $y=ax$의 경우 $x$값의 변화에 따라 $y$값이 비례적으로 변화하므로 선형적이다. 비선형적 nonlinear이란 선형적이지 않은 경우를 말하며 대부분 예측하기가 어렵다.

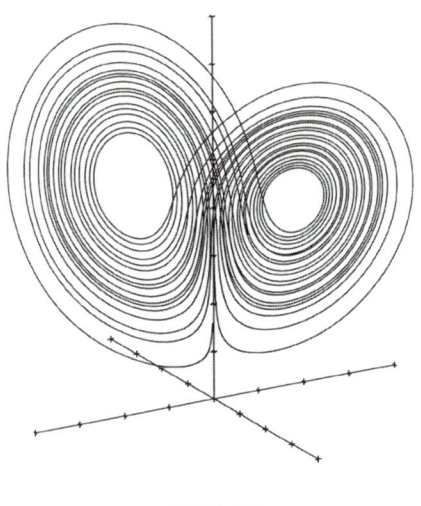

로렌츠 끌개

려놓고 잠시 후 돌아온 로렌츠는 원래의 계산 결과와 현저히 다른 결과가 나타남을 알게 되었다.

로렌츠는 이러한 기상 방정식을 통해 카오스의 중요한 성질인 초기 조건에 대한 민감성을 알아냈으며, 1963년 논문집 《대기과학 저널Journal of Atmospheric Science》에 발표한 논문 「결정론적이며 비주기적인 흐름Deterministic nonperiodic flow」에서 두 날개를 펼친 나비 형상의 '로렌츠 끌개Lorenz attractor'를 소개하였다. 대기의 변화 상태를 3차원 공간에 그리면, 그림에서 보듯이 한쪽 날개 위를 돌다가 불규칙적으로 다른 쪽 날개로 넘어가는 것을 반복한다. '이상한 끌개strange attractor'라고도 불리는 이 그림은 불규칙하고 복잡한 혼돈 속에 모종의 안정성이 들어 있는 카오스의 특징을 잘 보여준다.

### 로렌츠의 물레방아

카오스 현상을 구체적으로 표현해주는 모형이 '로렌츠의 물레방아Lorenzian waterwheel'이다. 밑바닥에 구멍이 뚫린 양동이가 여러 개 달린 물레방아가 있다. 위의 수도꼭지에서 양동이로 물이 공급되면 양동이 밑에 뚫린 구멍으로 물이 일부 새어 나가면서 양동이는 돌아간다. 물레방아는 과연 어떤 방향으로 돌아갈까?

❶ 물의 양이 적으면 물레방아는 돌아가지 않는다.

❷ 물의 양이 늘어나면 물레방아는 어느 한 방향으로 돌기 시작한다.

❸ 물의 양이 계속 늘어나면 물레방아는 더욱 빨리 돌고 양동이의 물이 미처 흘러버리기도 전에 반대편에 도달하게 된다. 이로 인해 회전 속도가 저하되면서 결국 회전의 방향이 바뀌게 된다. 처음에는 이런 방향 전환이 규칙적으로 나타난다. 하지만 물의 양을 더욱 증가시키면, 물레방아의 회전은 점점 복잡한 양상을 보이다가 결국은 제멋대로 도는 카오스 상태에 이르게 된다.

### 라이프 게임

라이프 게임은 생명체의 자기복제 알고리즘에 관한 게임으로, 1970년 영국의 수학자 존 콘웨이John Conway에 의해 처음 제안되었다. 바둑판 모양의 격자에서 이루어지는 라이프 게임에서 하나의 생명체는 자신을 둘러싸고 있는 8개의 생명체의 상태에 대한 몇 가지 규칙에 따라 살거나 죽는다.

**규칙 1** 살아 있는 생명체는 자신을 둘러싼 8개의 생명체 중 2개 혹은 3개가 살아 있으면, 다음 세대에서 살아남는다. [예1-1]에서 각각의 생명체는 모두 3개의 생명체로 둘러싸여 있으므로 다음 세대에서 모두 살아남는다. [예1-2]의 생명체 역시 다음 세대에서 모두 살아남는다. 1행과 3행의 생명체는 각각 2개의 생명체로 둘러싸여 있고, 2행 1열과 2열의 생명체는 각각 3개의 생명체로 둘러싸여 있기 때문이다.

[예1-1]        [예1-2]

**규칙 2** 죽은 생명체라도 자신을 둘러싸고 있는 8개의 생명체 중 정확히 3개가 살아 있으면 다음 세대에서 다시 살아날 수 있다. [예2-1]과 [예2-2]의 ○는 현재 죽어 있지만 3개의 생명체로 둘러싸여 있으므로 다음 세대에서 살아난다.

[예2-1]        [예2-2]

**규칙 3** 위의 경우를 제외한 나머지는 주변에 생명체가 적어서 죽거나 혹은 주위가 너무 복잡해져서 죽는다. [예3-1]에서 ×는 주위에 생명체가 1개밖에 없으므로 그 다음 세대에서 죽는다. 그와 반대로 [예3-2]에서 ×는 주위에 생명체가 많아서 그 다음 세대에서 죽는다.

[예3-1]                [예3-2]

라이프 게임에서 보이는 변화 양상은 생명체가 모두 소멸하는 멸종 패턴, 변화하지 않는 안정 패턴, 일정 주기로 반복되는 주기 패턴, 미래가 불확정인 무無 패턴으로 분류할 수 있다.

**멸종 패턴** 세대가 바뀜에 따라 생명체가 모두 소멸하는 경우이다.

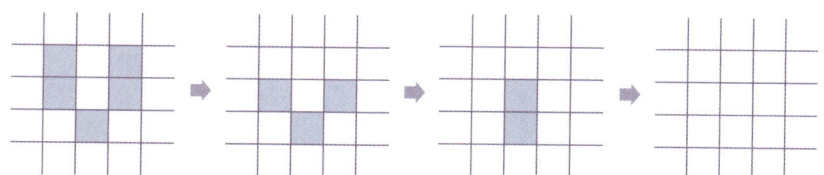

**안정 패턴** 그 다음 세대가 되어도 전혀 변화가 없는 경우이다.

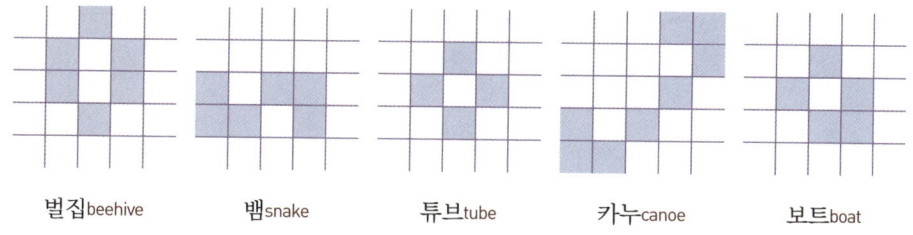

벌집 beehive      뱀 snake      튜브 tube      카누 canoe      보트 boat

**주기 패턴** 주기 패턴은 일정한 주기를 갖고 동일한 형태가 반복되는 경우이다.

◦ 주기가 2인 패턴

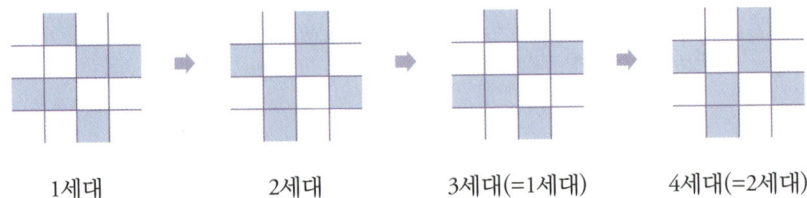

1세대　　　2세대　　　3세대(=1세대)　　　4세대(=2세대)

다음 예에서는 처음부터 주기가 나타나지 않고, 6세대까지는 다른 형태가 나타나다가 그 이후에는 7세대와 8세대의 두 형태가 반복된다. 따라서 7세대부터는 주기가 2인 패턴이다.

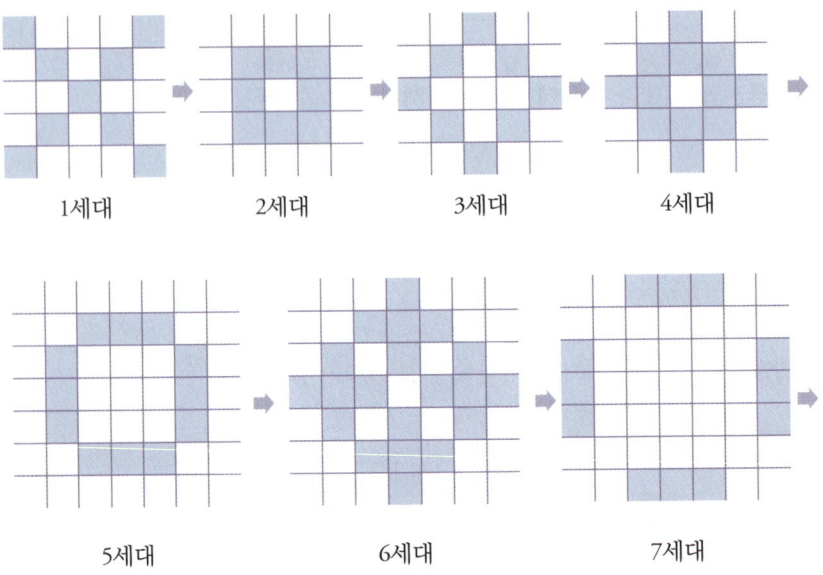

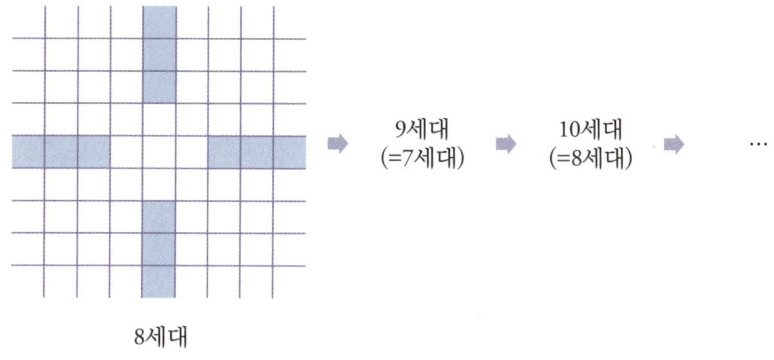

8세대

° 주기가 4인 패턴

다음 예에서는 1세대부터 4세대까지가 5세대 이후에 반복해서 나타나는, 주기가 4인 패턴이다. 그런데 5세대와 1세대를 비교해보면 위치가 오른쪽으로 1칸, 아래로 1칸 이동했다. 이런 경우를 글라이더glider라고 한다.

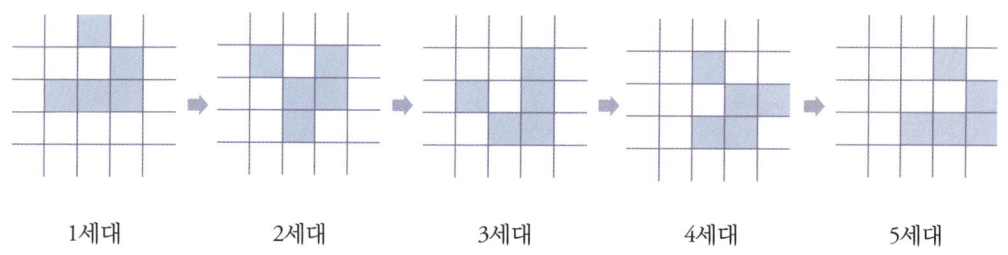

1세대    2세대    3세대    4세대    5세대

**무 패턴** 무 패턴은 다음 예와 같이 세대가 지나도 그 형태를 예측할 수 없는 경우를 말한다.

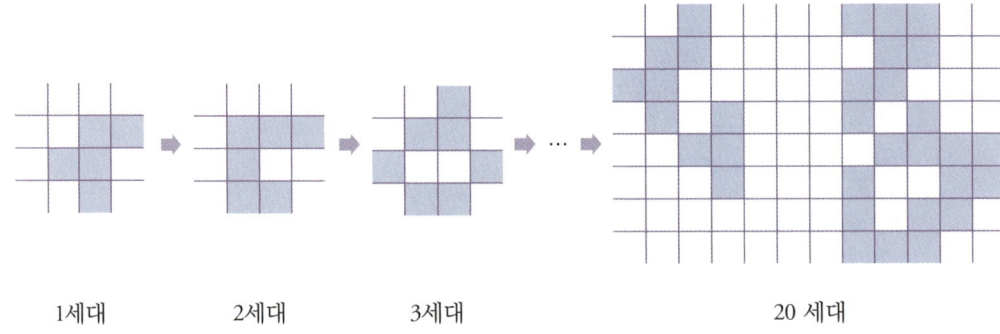

| 1세대 | 2세대 | 3세대 | 20 세대 |

라이프 게임을 카오스 이론과 관련짓는 이유는 초기의 미세한 차이가 추후 큰 차이를 가져오기 때문이다. 앞서 살펴본 바와 같이 [예1]에서는 생명체가 멸종하고, [예2]에서는 동일한 패턴이 계속된다. 초기 생명체의 배열에서 단 한 생명체가 추가되었을 뿐인데, 하나는 소멸하고 하나는 안정적인 형태를 계속 유지한다.

[예1]          [예2]

마찬가지로 [예3]과 [예4]는 모두 5개의 생명체로 이루어져 있으며, 이 두 가지를 회전시켜서 비교해보면 한 생명체의 위치만 다를 뿐이다. 그러나 [예3]은 주기를 4로 반복하는 주기 패턴이고, [예4]는 형태를 예측할 수 없이 변화하는 무 패턴이다.

[예3]　　　　　　　　[예4]

웹 사이트http://www.math.com/students/wonders/life/life.html에 가면 라이프 게임을 할 수 있는 자바 애플릿이 설치되어 있어 직접 실험해볼 수 있다. 라이프 게임은 생명 현상의 특성을 바탕으로 인위적으로 만들어낸 모형 게임이지만, 세포의 자기 복제 메커니즘을 모사한 것이므로 생명체의 증식

라이프 게임

과 번영, 쇠퇴와 멸망 과정을 모델링 하는 하나의 방법이 된다. 즉, 라이프 게임은 생명체의 변화 패턴을 연구하는 하나의 도구가 될 수 있다.

### 카오스 게임

카오스 게임은 주사위를 던지는 시행을 한 후 정해진 규칙에 따라 정다각형 위에 점을 찍는 것을 반복하는 게임이다. 주사위를 던질 때 나오는 눈의 값은 무작위이기 때문에 그 점의 분포를 예측하는 것이 불가능할 것 같지만, 그 분포는 궁극적으로 시어핀스키 삼각형 등 자기닮음 구조를 갖는 다양한 프랙탈 도형을 형성한다.

1988년 마이클 반슬리Michael Barnsley가 고안한 카오스 게임의 규칙은 다음과 같다.

❶ 삼각형의 세 꼭짓점을 L Left, T Top, R Right로 표시한다.

❷ 주사위의 눈이 1이나 2가 나오면 L, 3이나 4가 나오면 T, 5나 6이 나오면 R로 정해, 각 꼭짓점이 나올 확률이 각각 $\frac{1}{3}$이 되도록 한다.

❸ 삼각형 안에 임의의 점을 시작점으로 정한다.

❹ 주사위를 던져 나온 수에 따라 L, T, R 중의 하나로 꼭짓점이 정해지면, 시작점과 그 꼭짓점의 중점을 잡아 표시한다.

❺ 새로 찍은 점을 시작점으로 하여 ❹의 과정을 반복한다.

카오스 게임을 하는 과정을 구체적으로 살펴보자.

❶ 삼각형 내부에 시작점 $x_0$를 잡는다. 주사위를 던져 R에 해당하는 눈이 나오면 $x_0$와 R의 중점 $x_1$을 찍는다. 삼각형을 4개의 합동인 작은 삼각형으로 나누고, L, T, R을 포함하는 삼각형을 각각 1단계 삼각형 L, T, R이라고 하자. 점 $x_1$=R($x_0$)은 $x_0$의 위치에 상관없이 1단계 삼각형 R 내부에 있다.

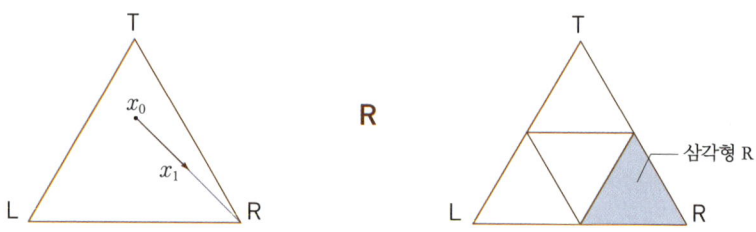

❷ 주사위를 던져 L에 해당하는 눈이 나오면, $x_1$과 L의 중점 $x_2$를 찍는다. 점 $x_2$=L(R($x_0$))은 2단계 삼각형 LR 내부에 있다.

❸ 세 번째 주사위를 던져 T가 나오면, $x_2$와 T의 중점 $x_3$를 찍는다. 점 $x_3$=T(L(R($x_0$)))는 3단계 삼각형 TLR 내부에 있다.

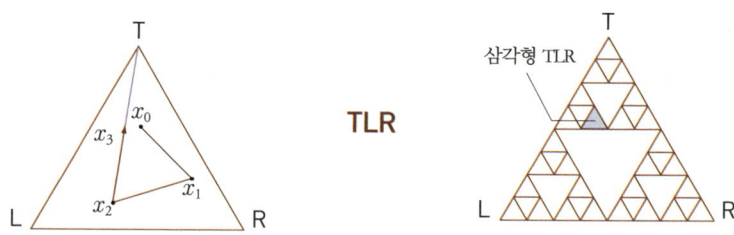

주사위를 던지고 위의 규칙을 따라 점을 찍어 나가게 되면 시어핀스키 삼각형을 얻게 된다. 이는 정$n$각형에서 $r=\frac{1}{m}$인 위치에 점을 찍는 것으로 일반화할 수 있다. 정삼각형에서 중점을 찍는 $n=3, r=\frac{1}{2}$의 경우는 다음 그림의 왼쪽의 시어핀스키 삼각형이 된다. 정오각형에서 주어진 점과 꼭짓점의 $\frac{1}{3}$ 지점에 점을 찍어 나가면 가운데의 프랙탈 도형을, 정육각형에서 주어진 점과 꼭짓점의 $\frac{1}{3}$ 지점에 점을 찍어 나가면 오른쪽의 프랙탈 도형을 얻게 된다.

$n=3,\ r=\dfrac{1}{2}$

$n=5,\ r=\dfrac{1}{3}$

$n=6,\ r=\dfrac{1}{3}$

웹 사이트 http://www.cut-the-knot.org/Curriculum/Geometry/SierpinskiChaosGame.shtml 에서 시어핀스키 삼각형을 얻게 되는 카오스 게임을 직접 해볼 수 있다. 카오스 이론은 간단히 말해 혼돈 속에서 질서를 찾는 것이다. 주사위를 던지는 무작위적인 시행을 통해 얻은 값을 카오스 게임의 규칙을 따라 점을 찍게 되면 모종의 질서를 갖는 프랙탈이 된다. 그런 측면에서 카오스 게임은 '무질서 속의 질서'라는 카오스의 본질을 잘 드러낸다.

**카오스 게임**

## 사막에 그려진 아폴로니우스 개스킷

**아폴로니우스 개스킷이란**

아폴로니우스Apollonius of Perga, BC 262~190는 페르가Perga 출신의 후기 그리스 수학자로, 유클리드, 아르키메데스와 더불어 기원전 3세기의 3대 수학자로 불린다. 아폴로니우스가 제기한 '아폴로니우스의 문제Apollonius' problem'는 주어진 3개의 원에 동시에 접하는 원을 그리는 것이다. 다음과 같이 크기가 다른 3개의 원보라색이 주어졌을 때 이 3개의 원에 모두 접하는 원이 그려지는 경우는 다음과 같이 8가지이다.

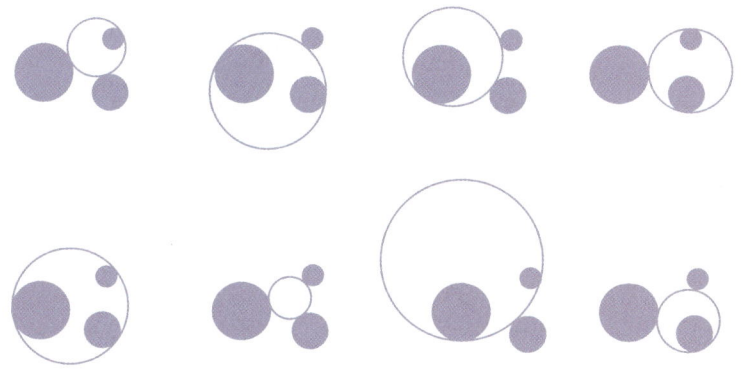

**주어진 3개의 원에 접하는 원**

제6악장 수학은 진화한다 | **319**

앞의 8가지 중 다섯 번째와 같은 방식으로 3개의 원과 접하는 경우를 생각해보자. 특히 주어진 3개의 원의 크기가 모두 동일할 때, 3개의 원에 접하는 원을 반복적으로 그려 가면 '아폴로니우스 개스킷Apollonian Gasket'이라는 프랙탈 도형이 만들어진다.

아폴로니우스 개스킷은 다음 단계를 따라 만든다.

**1단계** 반지름의 길이가 같은 3개의 원을 서로 접하게 그린다.
**2단계** 이 3개의 원에 동시에 접하는 2개의 원파란색을 그린다. 그러면 원은 5개가 된다.
**3단계** 이 5개의 원 중 3개의 원에 동시에 접하는 원초록색은 6개이다. 이제 원은 총 11개가 된다.
**$n$단계** 이와 같은 방법으로 계속하여 원을 그려 나가면 $n$단계에서는 모두 $(3^{n-1}+2)$개의 원이 그려진다.

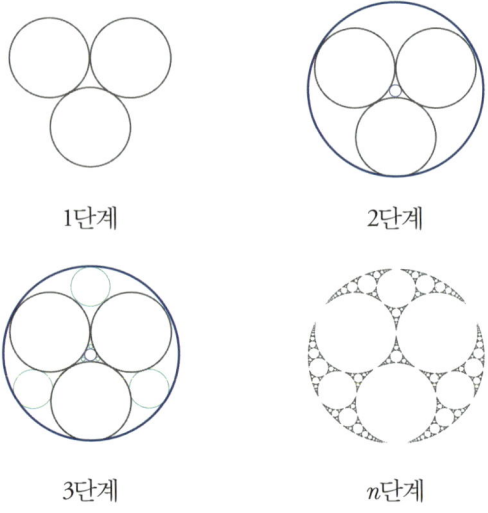

**아폴로니우스 개스킷**

### 사막에 그려진 아폴로니우스 개스킷

2009년 12월 미국 네바다 주의 블랙록 사막Black Rock Desert에는 아폴로니우스 개스킷이 만들어졌다. 이 작품은 지름이 약 4.83킬로미터인 큰 원과 그 원 안에 그려진 1,000개가 넘는 원으로 구성된다. 이 작품은 모래 예술가 짐 데네반Jim Denevan이 동료 3명과 함께 15일에 걸쳐 완성한 것으로, 전체를 감상하기 위해서는 4만 피트약 12킬로미터 상공에서 보아야 한다고 한다. 마지막 사진에 있는 사람의 크기를 보면 아폴로니우스 개스킷이 얼마나 큰 작품인지 짐작할 수 있다.

사막에 그려진 아폴로니우스 개스킷

# 제7악장

| 심포니 Symphony |

관현악으로 연주되는 다악장 형식의 심포니는 음악의 여러 장르 중 스케일이 가장 크고 웅장하다. 원주율 파이는 수학사와 그 궤적을 함께한다고 할 만큼 오랜 세월 동안 다양한 방법으로 탐구되어왔다.

한편 로그는 계산도구로 출발하여 함수로 발전해왔으므로 악곡의 형식 중 복합성이 높은 교향곡에 비유될 수 있을 것이다. 마지막에는 심포니의 출발점이 되는 음계를 살펴보면서 수학으로 연주된 콘서트를 마감하고자 한다.

# 수학은 조화롭다

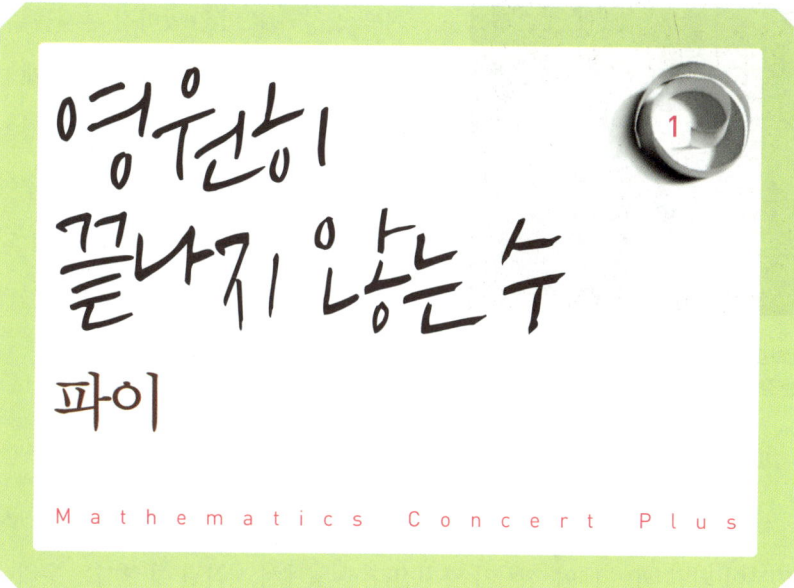

# 영원히 끝나지 않는 수
## 파이
Mathematics Concert Plus

## 〈스타트렉〉에서의 π

원주원의 둘레와 지름의 비를 나타내는 원주율은 파이π로 표현하는데, 이는 원주periphery에 해당하는 그리스어 단어 περιφέρεια에서 앞 글자를 딴 것이다. π는 3.1415926…과 같이 소수점 아래로 숫자가 무한히 계속되는데, 이때 특정한 숫자 배열이 반복되지 않는다. 즉, π는 순환하지 않는 무한소수이며 또 무리수이다. π의 이러한 특성은 미국 드라마 〈스타트렉Star Trek: 시즌 2〉의 에피소드 'Wolf in the Fold'에 이용되기도 하였다.

베를린 이공대학교 수학과 건물 앞의 보도블록

드라마 〈스타트렉〉에서 컴퓨터에게 π값을 계산하라고 명령하는 장면

커크 선장과 스팍은 악마적 존재를 우주선에서 몰아내기 위해 컴퓨터에게 π의 마지막 자릿값을 계산하라는 명령을 내린다. π는 순환하지 않는 무한소수이므로 컴퓨터는 무한루프에 빠지게 되고, 컴퓨터가 계산하는 동안 적을 물리치기 위해 이런 명령을 내린 것이다.

### 파이 데이

π값을 소수 다섯째 자리까지 나타내면 3.14159이기 때문에 매해 3월 14일 1시 59분이 되면 '파이 데이' 행사가 펼쳐진다. 서양에서 시작된 이 행사는 우리나라 중·고등학교와 대학교에서도 유행하고 있다.

파이 데이에는 π값을 소수점 아래 수십 자리까지 외우는 게임을 하고, 영화 〈파이Pi〉를 시청한다. 또한 원주율 파이와 발음이 같은 과자 파이pie와 알파벳 pi가 포함된 파인애플pineapple을 먹고, 음료수 피나콜라다pina colada를 마시기도 한다.

한편 7월 22일은 원주율과 관련된 또 다른 기념일로, 일명 '유사 파이 데이'라고 한다. π값에 근사近似하는 분수가 $\frac{22}{7}$이기 때문에, π와 유사한 값이라는 의미에서 7월 22일을 유사 파이 데이로 정한 것이다.

원주율 π와 특별한 관련이 없기는 하지만 파이 데이는 1879년 3월 14일에 태어난 아인슈타인의 생일이기도 하다.

### π값을 외우는 비법

π값을 외우는 비법은 여러 가지이다. 그중 1906년 《리터러리 다이제스트 Literary Digest》라는 잡지에 실린 오르Orr의 시는 다음과 같다.

| Now | I, | even | I, | would | celebrate | in | rhymes | inept, |
|---|---|---|---|---|---|---|---|---|
| 3 | 1 | 4 | 1 | 5 | 9 | 2 | 6 | 5 |

| the | great | immortal | Syracusan | rivaled | nevermore |
|---|---|---|---|---|---|
| 3 | 5 | 8 | 9 | 7 | 9 |

| who | in | his | wondrous | lore | passed | on | before |
|---|---|---|---|---|---|---|---|
| 3 | 2 | 3 | 8 | 4 | 6 | 2 | 6 |

| left | men | his | guidance | how | to | circles | mensurate. |
|---|---|---|---|---|---|---|---|
| 4 | 3 | 3 | 8 | 3 | 2 | 7 | 9 |

위의 시에서 각 단어를 이루고 있는 알파벳의 개수를 적으면 3.1415926535 8979323846264338327 9로 π의 소수 30자리까지의 값이 된다. 영어가 모국어가 아닌 입장에서는 이 문장을 외우느니 π값을 숫자로 외우는 것이 더 빠르겠다는 생각이 들지만, 영어권에서는 이 외에도 π값을 외우는 다양한 종류의 문장이 소개되어 있다.

### π를 시각적으로 표현해볼까?

π의 소수점 아래의 수들을 조사해보면 아무런 규칙성도 나타나지 않는다. 이처럼 π가 순환하지 않는 무한소수가 된다는 것은 π의 소수점 아래의 수가 짝수인지 홀수인지에 따라 흑백으로 표현함으로써 시각적으로 확인해볼 수 있다. π의 1,600개 자릿값 중 짝수는 흰색으로, 홀수는 검은색으로 표시하면

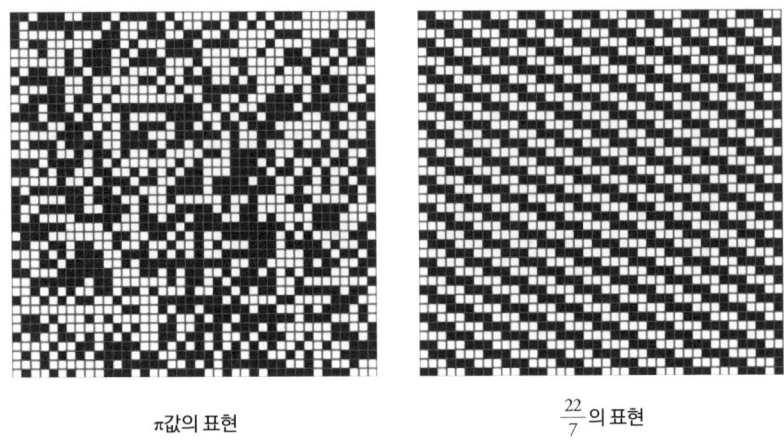

π값의 표현   $\frac{22}{7}$의 표현

위 그림의 왼쪽과 같은 모양이 된다. π의 처음 6개의 수는 3.14159이고 홀수-홀수-짝수-홀수-홀수-홀수이므로, 1행의 왼쪽 끝부터의 색깔은 검정-검정-흰색-검정-검정-검정이 된다. π의 근삿값으로 사용되는 $\frac{22}{7}$는 유리수이자 순환하는 무한소수이므로, 마찬가지 방법으로 표시하면 위의 오른쪽 모양과 같이 동일한 패턴이 반복되는 무늬가 나타난다.

π가 순환하지 않는 무한소수라는 사실을 안 후에 그 다음으로 수학자들이 관심을 가진 것은 소수점 아래의 무작위적인 수들이 출현하는 빈도이다. '정규수 normal number'란 자릿값에 0부터 9까지 10개 숫자가 동일한 빈도로 나타나는 경우를 말하는데, π가 정규수인지는 아직 증명되지 못했다. 슈퍼컴퓨터를 이용하여 π값을 구해보면 0부터 9까지의 수가 대략 10%씩 나오기 때문에 정규수일 것이라고 추측할 수 있으나 이에 대한 수학적 증명은 미해결인 상태로 남아 있다. π와 더불어 대표적인 무리수라고 할 수 있는 $\sqrt{2}$와 $e$가 정규수라는 것도 아직 증명되지 못하였다.

## 수천 년 전에는 π를 어떻게 구했을까?

원주율 하나로 수천 년 수학의 역사를 비추어볼 수 있을 정도로 원주율은 각 시대마다 다양한 방법으로 탐구되어왔다. 원주율을 더 정확하고 신속하게 계산하기 위한 시도와 노력으로 인해 수학이 발전하기도 했고, 또 새로운 수학 주제들이 등장하고 연구되면서 원주율을 계산하는 더욱 간편하고 정교한 방법이 등장하기도 했다.

π의 역사를 살펴보면 이미 수천 년 전에 상당히 정확한 수준까지 π값을 계산하였다는 사실에 경탄하게 된다. 측량에 의해 π값을 찾던 초기의 방법 중 하나는 '원주/지름'이라는 원주율의 정의에 따라 원의 지름이 원주에 몇 번 들어가는지 따져보는 것이다. 밧줄로 원과 지름을 만들고, A에서 시작하여 원주를 따라가며 지름 AB에 해당하는 길이마다 $B_1$, $B_2$, $B_3$를 표시하면 지름이 3번 들어가고 조금 남는다. 이번에는 남은 길이 $AB_3$가 AB에 몇 번 들어가는지 따져보면 7번 들어가기에는 조금 남고 8번 들어가기에는 모자란다. 따라서 원주는 지름 AB의 $3\frac{1}{8}$배와 $3\frac{1}{7}$배 사이임을 알 수 있다. 이때 지름을 1로 놓으면, π값의 범위 $3\frac{1}{8} < \pi < 3\frac{1}{7}$을 구할 수 있다.

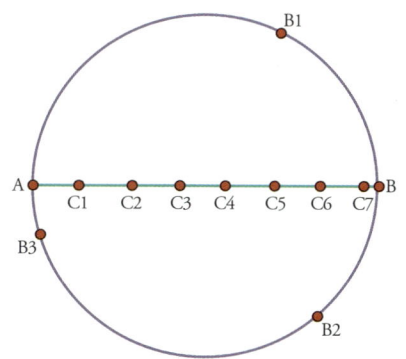

### 뷔퐁의 바늘 문제

π값을 구하는 유명한 방법 중의 하나는 프랑스의 수학자 조르주 루이 르클레르 콩트 드 뷔퐁Georges-Louis Leclerc, Comte de Buffon, 1707~1788의 이름을 딴 '뷔퐁의 바늘 문제 Buffon's needle problem'이다.

뷔퐁의 동상

간격이 $L$인 평행선이 그어져 있는 평면에 길이가 $l(l<L)$인 바늘을 던져보자. 어떤 경우는 바늘이 평행선 중의 하나와 만날 것이고 어떤 경우는 평행선과 만나지 않을 것이다. 이때 바늘이 평행선 중의 하나와 만나게 될 확률은 얼마일까?

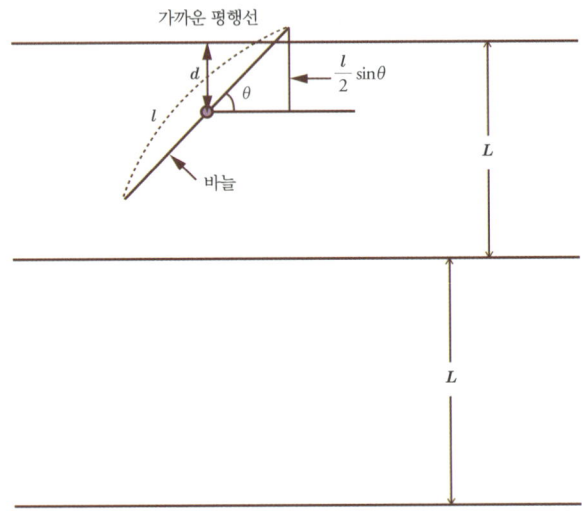

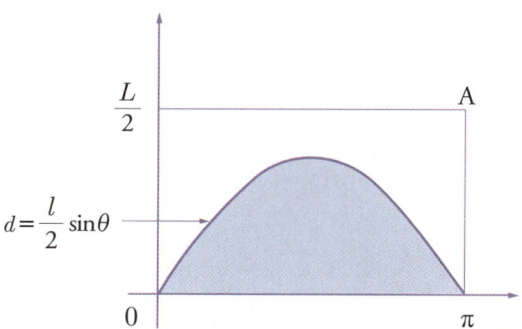

바늘을 떨어뜨리는 실험을 반복해보면 몇 번의 시행 중에 바늘이 평행선과 몇 번 만나는지 통계적 확률을 구할 수 있다. 그리고 이 확률은 삼각함수와 적분을 이용하여 수학적으로도 계산할 수 있다.

바늘의 중심으로부터 가장 가까운 평행선까지의 거리를 $d$라고 하면 $0<d<\dfrac{L}{2}$이고, 바늘과 평행선이 이루는 각 $\theta$는 0과 $180°$ π라디안 사이에 있다. 이때 바늘이 평행선과 만나려면, $d<\dfrac{l}{2}\sin\theta$를 만족해야 한다.

$x$축을 $\theta$, $y$축을 $d$로 놓고 그래프로 표현하면 위와 같으며, 바늘이 평행선과 만나기 위해서는 $d$가 그래프 아래에 위치해야 한다.

따라서 구하는 확률 P는 다음과 같다.

$$P = \frac{\text{곡선 아래 부분의 넓이}}{\text{직사각형의 넓이}}$$

$$= \frac{\int_0^\pi \dfrac{l}{2}\sin\theta\, d\theta}{\dfrac{\pi L}{2}} = \frac{2l}{\pi L}$$

위의 식에서 바늘의 길이 $l$, 평행선 사이의 간격 $L$은 모두 알려져 있고 확률

P는 π가 포함된 값이 된다. 한편 이 확률은 직접 시행을 통해서도 얻을 수 있으므로 수학적으로 구한 확률 P와 시행을 통해 얻은 확률 P를 등식으로 놓으면 π값을 구할 수 있다.

### 직접 시뮬레이션 해보자

뷔퐁의 바늘 문제를 시뮬레이션할 수 있는 웹 사이트 http://www.angelfire.com/wa/hurben/buff.html에서 직접 시행을 해보자. 이 웹 사이트를 열면 초기 화면은 다음과 같다.(이 사이트는 Java script를 설치해야 화면이 나타날 수 있다.)

뷔퐁의 바늘 문제

1

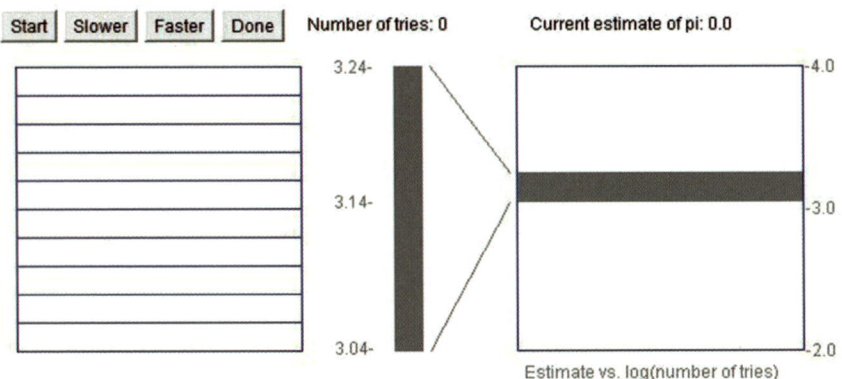

바늘이 떨어지는 속도를 Slower 또는 Faster 중에서 선택하고 Start를 누르면 바늘이 평행선 위에 떨어지면서 그에 따라 π값이 계산되어 오른쪽 그래프에 표시된다.

다음 화면은 바늘을 떨어뜨리는 시행을 203번 한 상태로, 계산된 π값은 3.05…이다.

2️⃣

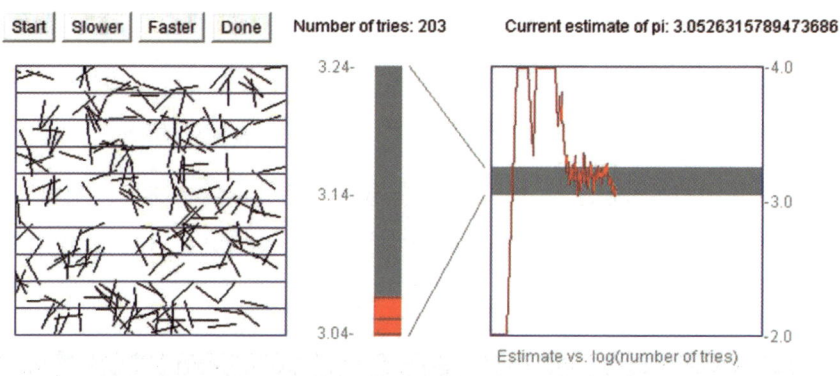

다음 화면은 1,457번 시행하여 계산된 π값이 3.14…인 상태이다. 시행을 계속해 나갈수록 계산된 π값은 정확한 π값에 점차 가까워진다.

3️⃣

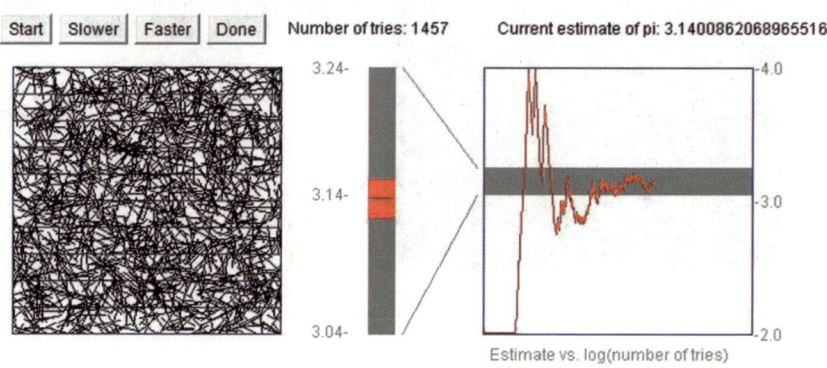

### 영화 〈파이〉

1998년 개봉된 〈파이π〉는 수학을 본격적인 모티브로 삼은 영화이다. 이 영화로 데뷔한 대런 아로노프스키Darren Aronofsky 감독은 1998년 선댄스 영화제 감독상을 받았고, 1999년 플로리다 비평가협회에서 올해의 신인감독으로 선정되었다.

영화 〈파이〉의 주인공 맥스 코헨은 수학을 통해 우주 만물을 이해할 수 있으며 세상만사를 수의 패턴으로 설명할 수 있다고 믿는 수학자이다. 맥스는 유클리드라는 이름의 개인용 컴퓨터로 주식시장의 수학적 패턴을 알아내고자 한다. 어느 날 맥스의 컴퓨터는 216자리 수를 출력하고는 다운되어버리는

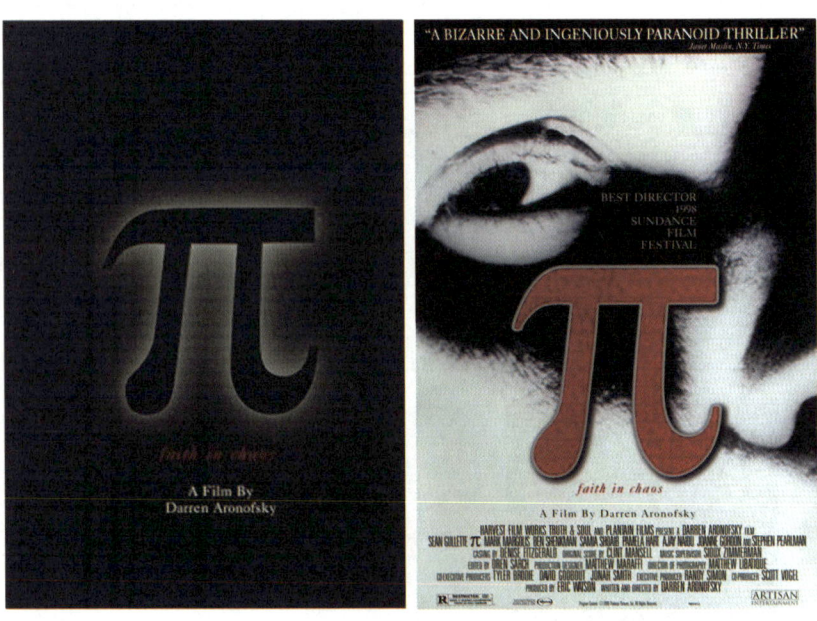

영화 〈파이〉의 포스터

데, 주식시장을 예측할 수 있는 이 수를 알아내려는 여러 세력들이 맥스를 노린다. 결국 맥스는 216자리 숫자가 기억되어 있는 자신의 뇌를 드릴로 파괴해버리는 자해 행위를 한다. 이 영화에는 피보나치수열, 황금나선, 카오스 이론 등이 등장하지만 원주율이 직접적으로 다루어지지는 않는다. 그런 면에서 영화 제목 '파이'가 다소 무색하기도 하지만, 파이는 신비로운 수의 세계를 대표하는 개념이라는 점에서 수학을 다루는 영화의 제목으로 적절하다고 볼 수 있다.

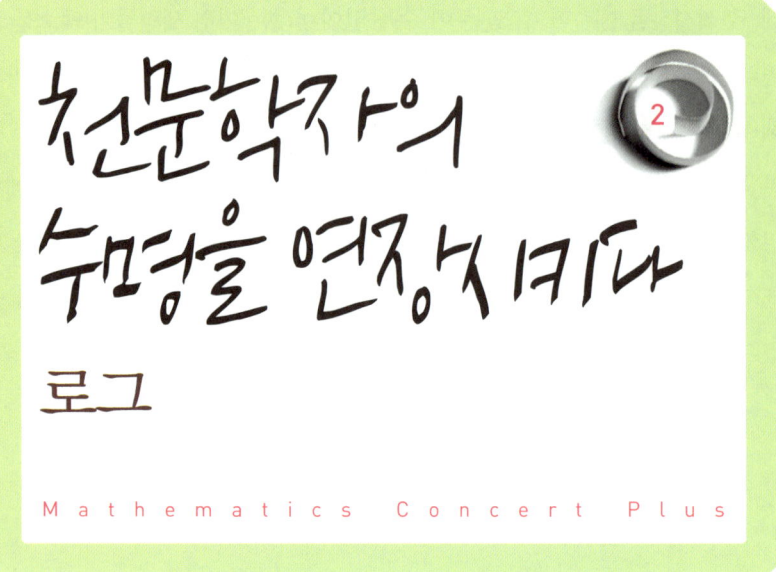

## 블로그

    네티즌들의 놀이터 블로그blog는 인터넷 웹web과 항해일지를 의미하는 로그 log를 합성한 웹로그web log를 줄인 용어이다. 한때 대세였던 싸이월드와 블로그 중 싸이월드는 소셜 네트워킹이 막강한 페이스북으로 대체되었고, 블로그는 페이스북과 연동되면서 여전히 그 영역을 지키고 있다.

    로그는 다양한 뜻을 가지고 있다. log를 사전에서 찾으면 제일 먼저 '통나무'라는 뜻이 나오며, '로그인'이나 '로그아웃'에서는 '기록'의 의미로 사용된다. 수학에도 로그가 있는데 이때의 로그는 로가리즘logarithm을 줄인 말로, 앞의 로그와는 어원이 다르다.

### 계산 도구로서의 로그

로그logarithm, log가 수학사에 등장한 것은 17세기 초반이다. 당시 유럽의 국가들은 바다 건너 저 멀리의 세계를 탐험하는 데 관심을 갖게 되면서 항해술이 발달하였다. 망망대해를 항해할 때 이정표로 삼을 만한 것은 하늘에 떠 있는 별이다. 천문학은 그 자체로도 발전하지만, 항해술과도 밀접하게 연관되어 발전한 것이다.

일상적인 표현에서 큰 수를 '천문학적인 수'라고 하는 것처럼 천문학을 연구하기 위해서는 아주 큰 수를 수반하는 복잡한 계산이 필요하다. 당시에는 계산기나 컴퓨터와 같은 공학적 도구가 발달하지 않았으므로 일일이 인간이 계산할 수밖에 없었다. 일반적으로 곱셈보다는 덧셈이 더 간단하기 때문에 다음 삼각함수 공식을 통해 곱셈을 덧셈으로 바꾸고, 삼각함수표를 이용하여 계산했다.

$$\cos x \, \cos y = \frac{1}{2}\cos(x+y) + \frac{1}{2}\cos(x-y)$$

두 수 A, B를 곱하려면, 우선 코사인 표에서 $\cos x$=A, $\cos y$=B를 만족하는 $x$, $y$를 찾는다. 이제 $x+y$, $x-y$를 구한 후, 코사인 표에서 $\cos(x+y)$, $\cos(x-y)$를 찾고, 이를 이용하여 최종적으로 AB를 구한다.

예를 들어 곱하고자 하는 두 수가 275.6과 69.47이라고 하자.

$275.6 \times 69.47 = 0.2756 \times 0.6947 \times 100000$이므로, 삼각함수표에서 $\cos 74°$=0.2756, $\cos 46°$=0.6947을 찾는다.

$$0.2756 \times 0.6947 = \cos 74° \times \cos 46°$$
$$= \frac{1}{2}\cos(74° + 46°) + \frac{1}{2}\cos(74° - 46°)$$

$$= \frac{1}{2}\cos(120°) + \frac{1}{2}\cos(28°)$$
$$= \left\{\frac{1}{2} \times (-0.5)\right\} + \left(\frac{1}{2} \times 0.8829\right) = 0.19145$$

이로부터 275.6×69.47=19145임을 알 수 있는데, 이는 실제 곱셈으로 계산한 19145.932에 근사한 값이다.

당시 삼각함수표가 알려져 있었으므로 이 방법을 이용하는 것이 효과적이기는 했지만, 중간에 여러 단계를 거쳐야 하기 때문에 보다 간편한 방법을 찾게 되었다. 이런 과정에서 탄생하게 된 것이 로그이다. 로그의 성질을 이용하면 곱셈을 덧셈으로, 또 나눗셈을 뺄셈으로 바꿔주기 때문에 큰 수를 계산할 때 편리해진다.

$$\log AB = \log A + \log B \qquad \log \frac{A}{B} = \log A - \log B$$

곱셈 → 덧셈 　　　　　　　　　나눗셈 → 뺄셈

스코틀랜드의 수학자 존 네이피어John Napier, 1550~1617가 로그를 처음 창안할 때에는 로그가 덧셈의 세계와 곱셈의 세계를 연결한다는 점에서 계산을 간편화하는 계산 도구로서의 의의가 강했다. 프랑스의 수학자 피에르 라플라스Pierre-Simon Laplace, 1749~1827는 '로그의 발명은 천문학자들의 계산을 덜어주어 그들의 수명을 2배로 연장시켰다'라고 했는데, 이는 천문학 계산에 있어서 로그의 가치를 말해준다. 현재 로그는 복잡한 계산을 간편하게 한다는 초기의 용도로는 거의 사용되지 않지만, 기하급수적으로 급격하게 증가하는 것을 산술급수적으로 완만하게 증가하도록 조정해주기 때문에 여전히 여러 단위에서 애용되고 있다.

### 로그를 이용하는 단위

우리 주변에서 로그가 이용되는 단위를 찾는 것은 그리 어렵지 않다. 대표적인 예가 지진의 강도를 나타내는 리히터 규모와 소리의 세기인 데시벨이다. 미국의 지질학자의 이름에서 유래한 리히터 규모 Richter magnitude는 지진파의 최대 진폭과 진원으로부터의 거리를 이용하여 계산한다. 최대 진폭은 지진에 따라 크게 차이가 나므로 진폭을 그대로 사용하면 큰 수를 동원해야 한다. 이때 로그를 이용하면, 예를 들어 100에서 1000으로 10배 증가할 때 로그는 $\log_{10}100=2$에서 $\log_{10}1000=3$으로 1만큼 증가하므로 간단하게 표현할 수 있다.

소리의 세기인 데시벨dB도 로그로 표현된다. 정상적인 청각을 지닌 사람이 겨우 들을 수 있는 소리의 세기는 $1m^2$당 $10^{-12}W$의 에너지를 내므로 이 표준음을 $I_0=10^{-12}(W/m^2)$라고 하자. 또 나타내고자 하는 소리의 세기를 I라고 할 때, 데시벨을 계산하는 식은 $dB=10\log\frac{I}{I_0}$이다.

| 소리의 종류 | I | $\frac{I}{I_0}$ | $10\log\frac{I}{I_0}$ |
|---|---|---|---|
| 표준음 | $10^{-12}$ | $\frac{10^{-12}}{10^{-12}}=1$ | 0 dB |
| 일상적인 대화의 소리 | $10^{-6}$ | $\frac{10^{-6}}{10^{-12}}=10^6$ | 60 dB |
| 번잡한 도시의 소음 | $10^{-5}$ | $\frac{10^{-5}}{10^{-12}}=10^7$ | 70 dB |
| 기차의 경적 소리 | $10^0$ | $\frac{10^0}{10^{-12}}=10^{12}$ | 120 dB |

일반적인 대화의 소리의 세기는 60데시벨로 표준음의 100만 배이고, 번잡한 도시의 소음은 70데시벨로 표준음의 1,000만 배이다. 기차의 경적 소리의

세기는 120데시벨로 표준음의 1조 배이며, 인간이 고통을 느끼기 시작하는 소리의 세기는 120~140데시벨로 알려져 있다.

### 1부터 9까지의 수가 동등하게 나타날까?

우리 주변에 널린 다양한 수치 자료에서 각 수를 이루고 있는 첫 자리 수어떤 수치에서 가장 처음으로 등장하는 수를 조사해서 분석해보면 어떻게 될까? 1부터 9까지의 수가 동등하게 나타날까? 아니면 첫 자리 수로 등장하는 숫자의 빈도가 다를까?

얼핏 생각하면 수치 자료에는 1부터 9가 11.1%씩 동등하게 분포하므로 그에 따라 첫 자리 수에서도 1부터 9가 동일한 비율로 나타날 것 같다. 하지만 예상과 달리 첫 자리 수로는 1이 가장 빈번하게 나타나고, 2에서 9로 갈수록 그 빈도는 현저하게 낮아진다.

미국의 천문학자 사이먼 뉴컴Simon Newcomb이 이러한 통찰을 하게 된 계기는 1881년으로 거슬러 올라간다. 뉴컴은 당시 로그표가 담긴 책을 보면서 앞쪽 페이지가 뒤쪽 페이지보다 더 닳아 있다는 것을 발견했다. 이는 로그표에서 1로 시작하는 값들을 더 자주 찾아보았음을 의미한다. 뉴컴의 이러한 발견은 1938년 물리학자 프랭크 벤포드Frank Benford, 1883~1948로 이어지면서 공식화된다. 벤포드는 335개 강의 넓이, 104가지 물리학 상수, 1800가지 분자의 중량 등 20개의 분야에서 자료를 수집하여 첫 자리 수들의 분포를 분석하면서 벤포드의 법칙을 내놓게 되었다.

### 벤포드의 법칙

벤포드의 법칙Benford's law에 따르면 어떤 분야의 수치들에서 1부터 9까지의 수 $n$이 첫 자리 수가 될 확률은 다음과 같다.

$$P(n) = \log_{10}(n+1) - \log_{10} n = \log_{10}\left(1+\frac{1}{n}\right)$$

첫 자리 수가 1일 확률은 $P(1) = \log_{10}\left(1+\frac{1}{1}\right) = \log_{10} 2 ≒ 0.301$, 즉 30.1%이고, 첫 자리 수가 2일 확률은 $P(2) = \log_{10}\left(1+\frac{1}{2}\right) = \log_{10} 1.5 ≒ 0.1761$, 약 17.6%가 된다. 이러한 방식으로 1부터 9까지의 수가 첫 자리 수가 될 확률을 계산하면 다음과 같다.

| $n$ | 1 | 2 | 3 | 4 | 5 | 6 | 7 | 8 | 9 |
|---|---|---|---|---|---|---|---|---|---|
| $n$이 첫 자리 수가 될 확률 $P(n)$ | 30.1% | 17.6% | 12.5% | 9.7% | 7.9% | 6.7% | 5.8% | 5.1% | 4.6% |

벤포드의 법칙은 자연과학의 법칙과 같이 항상 성립하는 절대적 진리가 아니라, 상당수의 자료에서 성립하는 경향이 있다는 것을 의미한다. 이제 벤포드의 법칙이 왜 성립하는지 그 이유를 생각해보자. 우리 주변의 자료 중에는 일정한 속도로 증가하는 것이 많다. 예를 들어 일정한 속도로 자라는 나무가 있다고 하자. 기준이 되는 시점의 나무의 높이를 1이라고 하면, 그 높이가 2배가 되어 2가 될 때까지 상당한 시간이 걸릴 것이다. 이제 나무의 높이가 2에서 3으로 늘어나려면 1.5배가 되어야 하므로 1에서 2로 2배가 될 때까지 걸리는 시간보다 짧아진다. 마찬가지로 3에서 4로 1.33배 늘어나는 데 걸리는 시간은 더 짧아진다. 결과적으로 볼 때 나무의 높이는 1에서 머무는 시간이 길고, 2에서 3으로 갈수록 머무는 시간이 짧아지게 된다. 이를 표현하는 것이 바로 벤포드의 법칙의 식에 포함된 상용로그라고 할 수 있다.

### 벤포드의 법칙의 예

다음은 전 세계의 마을이 위치하고 있는 높이의 순서로 12만 개의 마을을 선정하여 고도를 조사한 자료이다. 미터와 피트로 표현한 자료 모두 벤포드의 법칙에서 크게 벗어나지 않음을 알 수 있다.

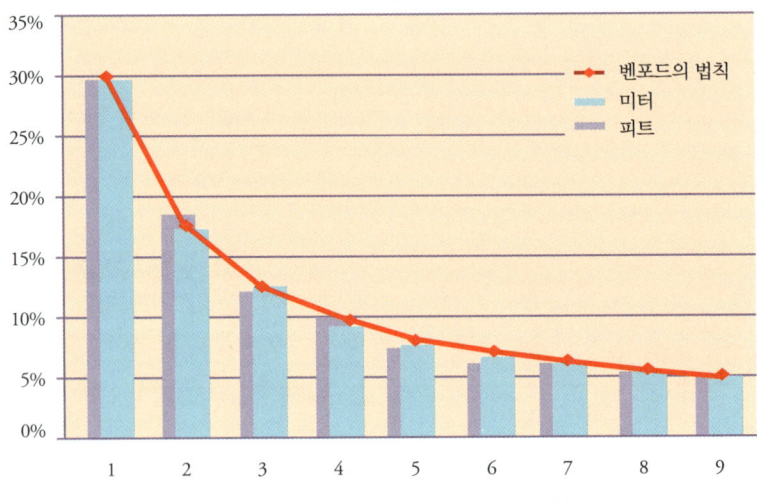

전 세계 12만 개 마을의 고도에서 첫 자리 수의 분포도

| 첫 자리 수 | 벤포드의 법칙 | 미터 | 피트 |
|---|---|---|---|
| 1 | 30.1% | 29.8% | 29.9% |
| 2 | 17.6% | 17.4% | 18.6% |
| 3 | 12.5% | 12.6% | 12.2% |
| 4 | 9.7% | 9.2% | 10.0% |
| 5 | 7.9% | 7.6% | 7.4% |
| 6 | 6.7% | 7.1% | 6.2% |
| 7 | 5.8% | 6.0% | 5.9% |
| 8 | 5.1% | 5.4% | 5.3% |
| 9 | 4.6% | 5.0% | 4.6% |

피보나치수열 역시 벤포드의 법칙과 관련이 있다. 피보나치수열이란 첫 번째 항과 두 번째 항을 1로 놓고 세 번째 항부터는 앞의 두 항을 더해서 만들어지는 수열이다. 피보나치수열은 1, 1, 2, 3, 5, 8, 13, 21, 34, 55, 89, … 으로 계속되는데, 100항까지 구하고 각 항의 첫 자리 수들의 분포를 조사하면 다음과 같다. 벤포드의 법칙과 거의 일치하는 경우도 있고, 어긋나는 경우도 있지만 대략적으로는 벤포드의 법칙을 따른다고 볼 수 있다.

| 피보나치 수의<br>첫 자리 수 | 1 | 2 | 3 | 4 | 5 | 6 | 7 | 8 | 9 |
|---|---|---|---|---|---|---|---|---|---|
| 빈도 | 30 | 18 | 13 | 9 | 8 | 6 | 5 | 7 | 4 |
| 퍼센트 | 30% | 18% | 13% | 9% | 8% | 6% | 5% | 7% | 4% |

벤포드의 법칙은 기업의 회계 부정이나 가격 담합 등을 적발하는 데 이용된다. 만약 어떤 기업에서 부정한 방식으로 수치를 조작한다면, 1부터 9까지의 수를 무작위로random 균등하게 분포시킬 가능성이 높다. 그렇게 되면 첫 자리 수의 빈도가 1에서 9로 갈수록 낮아지는 벤포드의 법칙에 위배된다. 이를 이용하여 미국의 국세청IRS나 금융감독기관은 분식회계부당한 방법으로 자산이나 이익을 부풀려 계산하는 것 등 기업이 조작한 단서를 잡는다고 한다.

### $e$는 자연로그의 밑

앞에서 예로 든 리히터 규모와 데시벨뿐 아니라 산성도 pH와 별의 밝기를 나타내는 등급은 모두 10을 밑으로 하는 '상용로그common logarithm'를 이용한다. 사실 우리가 사용하는 수는 십진법에 기초하고 있기 때문에 밑을 10으로 하는 상용로그가 자연스럽게 여겨진다. 그러나 용어상으로는 밑을 $e$로 하는 로

그를 '자연로그natural logarithm'라고 부른다. $e$는 순환하지 않는 무한소수인 무리수이다. $e=2.718281828\cdots$이므로 그처럼 부자연스러운 수 $e$를 밑으로 하는 로그를 자연로그라고 하는 것이 아이러니처럼 여겨질 수도 있다. 그러나 자연로그 $\log_e x=\ln x$를 미분하면 $\frac{1}{x}$이고, $e^x$을 미분하면 그대로 $e^x$이 되기 때문에 미분과 적분 계산이 편리하다는 의미에서 자연로그라는 명칭이 어울릴 수도 있다.

### 네이피어의 $e$

로그는 곱셈과 나눗셈을 각각 덧셈과 뺄셈으로 간편화하는 역할을 한다. 예를 들어 $8\times 32$는 그대로 계산해도 복잡하지 않지만, 로그의 성질과 다음 표를 이용하여 256을 알아낼 수 있다.

네이피어

$$\log_2 8\cdot 32 = \log_2 8 + \log_2 32 = 3+5 = 8 = \log_2 256$$

| $n$ | $-2$ | $-1$ | 0 | 1 | 2 | 3 | 4 | 5 | 6 | 7 | 8 | ← 등차수열 |
|---|---|---|---|---|---|---|---|---|---|---|---|---|
| $2^n$ | $\frac{1}{4}$ | $\frac{1}{2}$ | 1 | 2 | 4 | 8 | 16 | 32 | 64 | 128 | 256 | ← 등비수열 |

로그를 계산도구로 활용할 때 등비수열이 2, 4, 8, 16, 32, …와 같이 띄엄띄엄 있으면 계산하고자 하는 수가 등비수열에 존재하지 않아 불편할 수 있다. 이런 불편을 줄이기 위해서는 등비수열을 조밀하게 만들 필요가 있다. 초

항을 큰 수로 잡고 등비수열의 공비를 1에 가깝도록 하면 그런 문제가 해결된다. 다음 표에서는 초항을 $10^7$, 공비를 $(1+10^{-7})$으로 잡아 1씩 증가하는 정교한 등비수열 만들었다. 이 경우 $n$이 커지면 $(1+10^{-7})^n$은 $e$에 근접하는 수이다. 로그를 창안한 네이피어는 이와 유사한 과정을 거쳐 $e$의 아이디어를 얻었다.

| $n$ | 0 | 1 | 2 | 3 | … | ← 등차수열 |
|---|---|---|---|---|---|---|
| $10^7(1+10^{-7})^n$ | 10,000,000 | 10,000,001 | 10,000,002 | 10,000,003 | … | ← 등비수열 |

### 원리합계와 $e$

$e$는 이자 문제에서도 나타난다. 비현실적인 설정이기는 하지만 연이율 100%인 금융상품이 있다고 하자. 1원을 맡기면 1년 후 2원을 찾게 된다. 그런데 일부 은행에서는 이자를 1년에 한 번이 아니라 여러 번에 나누어 복리로 지급하기도 한다. 1년에 두 번 복리로 이자를 지급하면 $(1+\frac{1}{2})^2=2.25$원을 찾게 되고, 세 번 복리로 이자를 지급할 경우는 $(1+\frac{1}{3})^3=2.37$원을 찾게 된다. 이를 일반화하면, 1년에 $n$번 복리로 이자를 지급한다고 할 때 원리합계는 $(1+\frac{1}{n})^n$이 된다.

| $n$ | $(1+\frac{1}{n})^n$ |
|---|---|
| 1 | 2.00000 |
| 2 | 2.25000 |
| 3 | 2.37037… |
| … | … |
| 10 | 2.59374… |
| 100 | 2.71692… |
| 1000 | 2.71814… |
| 10000 | 2.71826… |
| … | … |
| ∞ | 2.71828… |

$n$이 커짐에 따라 원리합계는 무한정 늘어날 것 같지만, 사실은 특정한 값에 수렴한다. 그 값이 바로 $e=2.71828…$이다. 즉, 이자를 지급하는 횟수를 아무리 늘려도 원리합계는 2.71828…원을 넘지 않는다.

### 로그는 10대 공식의 하나

중앙아메리카에 위치한 니카라과공화국은 역사상 가장 중요한 10대 공식에 경의를 표하는 의미에서 우표 시리즈를 발간했다. 로그는 그중의 하나로 선정되었는데, 수학과 과학의 발전에서 로그가 기여한 바를 고려하면 충분히 그런 대접을 받을 만하다.

1+1=2

뉴턴의 만유인력의 법칙

아인슈타인의 $E=mc^2$

피타고라스의 정리

열역학 제3법칙과 볼츠만 상수

드브로이 방정식

치올코프스키 로켓방정식

아르키메데스 지레의 원리

맥스웰의 방정식

네이피어의 자연로그

1971년 니카라과공화국에서 발행한 '인류 역사를 바꾼 10가지 공식' 우표 중 로그 우표

### 오일러의 수 $e$

자연로그를 $e$로 표기한 최초의 수학자는 오일러이다. 그런 의미에서 $e$를 '오일러의 수'라고도 한다. 오일러는 표기법의 중요성을 인식하여 $e$ 이외에도 함수 $f(x)$, 삼각함수의 sin, cos, tan, 수열의 합 $\Sigma$, 허수의 단위 $i$ 등 현재 사용하고 있는 많은

**스위스 지폐의 '오일러'**

수학 기호를 고안해냈고, 이전부터 사용해온 원주율 $\pi$도 오일러에 이르러 확고한 표기로 자리 잡게 되었다.

오일러는 수학의 여러 분야에서 수많은 공식을 만들어냈는데, 그중에서도 대표적인 것은 지수함수와 삼각함수를 연결하는 '오일러의 공식'이다. 오일러의 공식 $e^{ix}=\cos x + i\sin x$에서 $x=\pi$로 놓으면, 수학에서 가장 아름다운 식으로 알려진 $e^{i\pi}+1=0$이 된다. 이 식에는 $e$, $i$, $\pi$와 기본적인 수 0, 1이 절묘하게 결합되어 있는데, 오일러는 이 식을 만들어내기도 했고 이 식에 포함된 표기들을 처음으로 만들어내기도 한 것이다.

### 오일러의 시력 상실과 베토벤의 청각 상실

오일러의 업적을 더욱 돋보이게 만드는 것은 실명失明이라는 악조건을 딛고 위와 같은 업적을 이룩했다는 점이다. 오일러는 20대에 오른쪽 눈의 시력을 잃었다. 그래서인지 그의 초상화들은 오른쪽 눈이 보이지 않도록 모두 왼쪽에서 그린 것들이다. 한쪽 눈을 잃었을 때 '한 눈으로 보니 모든 현상이 더욱 또렷이 보인다'라고 했다니, 오일러에게 있어 이런 시련은 큰 장애가 아니었던 모양이다. 오일러는 60대에 왼쪽 눈마저 실명했으나, 이에 굴하지 않고 비

오일러

상한 기억력을 바탕으로 연구를 계속했다. 실명 후에는 구술을 통해 저술 활동을 한 오일러는 수학의 역사상 가장 다작多作을 한 수학자로 알려져 있다.

오일러의 실명은 작곡가 베토벤이 청각을 잃은 것과 비교된다. 베토벤은 30대부터 음악가에게 생명과도 같은 청각 능력이 감퇴되어 40대 후반에 청각을 완전히 잃었다. 그러나 베토벤의 대표작 중의 하나인 제9번 〈합창 교향곡〉은 그가 청각을 상실한 후에 작곡된 것이다. 차라리 처지가 바뀌어 오일러가 청각을 잃고 베토벤이 시력을 잃는 편이 낫지 않았을까 하는 생각도 해보지만, 오일러는 시력을 잃은 암흑 속에서 오히려 수학의 진리를 꿰뚫는 혜안을 얻었으며, 베토벤은 청각을 잃은 덕에 정적 속에 울리는 더 깊은 내면의 선율을 들을 수 있었던 것이다.

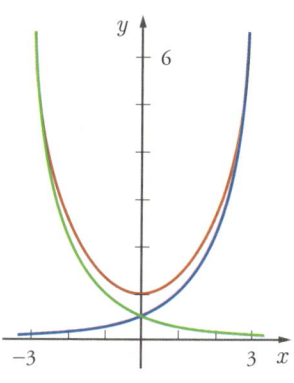

세인트루이스의 게이트웨이 아치

### 현수선의 $e$

현수선catenary은 굵기와 무게가 균일한 줄의 양끝을 같은 높이에 고정시켰을 때, 그 사이에서 줄이 처진 모양이 이루는 곡선이다. $e$는 현수선의 방정식 $y=\frac{a}{2}(e^{\frac{x}{a}}+e^{-\frac{x}{a}})$에도 등장한다. 이 방정식에서 $a=1$이면 $\frac{e^x+e^{-x}}{2}$가 된다. 위의 그래프에서 보듯이 $y=\frac{e^x}{2}$ 파란색 곡선과 $y=\frac{e^{-x}}{2}$ 연두색 곡선을 합성하면 현수선의 그래프빨간색곡선를 얻을 수 있는데, 얼핏 보면 포물선의 그래프와 모양이 비

#### $e$가 $\pi$보다 좋은 이유

2,000년이 넘는 탐구의 역사를 지닌 원주율 $\pi$에 대해서는 파이 클럽이 구성되기도 하고, 3월 14일에 파이 데이 행사가 열리는 등 $\pi$는 대중적인 지명도를 갖고 있다. $e$는 $\pi$보다 역사가 짧기는 하지만 그래도 400년의 역사를 지니는데, 일반인의 주목을 거의 받지 못한다. 그래도 $e$가 $\pi$보다 더 좋다고 강변하는 유머가 있다.
이에 따르면 첫째로 $\pi$는 초등학생도 알지만, $e$는 고등학교 이과생은 되어야 배우기 때문에 $e$를 통해 박식함을 드러낼 수 있다. 둘째로 $\pi$는 자판에 없지만 $e$는 자판에 있어 편리하다.

숫하다. 미국 미주리 주의 세인트루이스에 있는 게이트웨이 아치는 현수선을 뒤집어놓은 모양이다.

### Google의 IPO 규모는 $e$ billion

$e$는 구글Google과 관련해서도 관심을 받은 수이다. google은 검색한다는 일반적인 의미로 사전에 등재될 정도로 대표적인 검색엔진으로, 검색의 무한성을 나타내기 위해 $10^{100}$을 의미하는 googol을 어원으로 한다. 2004년에 공개한 구글의 기업 규모IPO는 27억 1,828만 1,828달러였는데, 이는 $e$ billion2.718281828×10억이다. 구글은 이름에서부터 수학적 배경을 가지고 있는 회사답게, 기업 공개 규모를 $e$ billion으로 산정한 것이다.

프랙탈 장식을 한 구글 로고

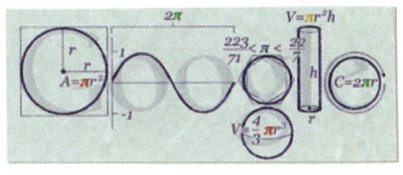
파이 데이를 기념하는 구글 로고(2010년 3월 14일)

다양한 수학적 근원을 가진 $e$를 현수선과 같은 실세계의 곡선이나 구글의 IPO 규모와 같은 경제 현상에서 만나는 것은 수학 공부가 주는 또 하나의 즐거움이라고 할 수 있다.

# 수학은 이성의 음악

## 음계 이론

Mathematics Concert Plus

**음악은 감성의 수학**

　제임스 실베스터 James Joseph Sylvester, 1814~1897 는 대수학 분야에 괄목할 만한 업적을 남긴 영국의 수학자이다. 실베스터는 수학과 음악의 관련성을 예리하게 포착하여, '수학은 이성의 음악, 음악은 감성의 수학'이라는 말을 남겼다. 대칭과 질서 속에 자유로운 상상력을 담아낸 음악과 유사하되 차가운 이성을 가미한 것이라는 면에서, 수학은 이성의 음악이다. 또한 수학적으로 고안된 음계와 화음을 근간으로 하되 예술적 감성을 불어넣은 것이라는 면에서, 음악은 감성의 수학이라고 할 수 있을 것이다.

### 순정률

소리는 물체의 진동에 의해 생긴 음파가 공기를 통해 전달된 것이다. 이러한 소리의 높낮이는 진동수에 의해 결정되며, 진동수는 현의 길이와 관련된다. 현이 길면 진동수가 적어지고 낮은 소리가 나며, 현이 짧으면 진동수가 많아지고 높은 소리가 난다.

피타고라스학파는 '만물은 수'라는 세계관을 가지고 있었기 때문에, 삼라만상에서 조화로운 정수의 비를 찾고자 했다. 음계 역시 예외는 아니어서 간단한 정수의 비를 이용하여 음계 이론을 구축하였는데, 이를 '순정률pure temperament'이라고 한다. 피타고라스학파의 순정률은 1과 $\frac{1}{2}$을 출발점으로 하

고, 1과 $\frac{1}{2}$의 산술평균인 $\frac{3}{4}$, 조화평균인 $\frac{2}{3}$를 기본으로 구성된다.

주어진 현에서 기준이 되는 도(C1)음이 난다고 할 때 현의 길이를 $\frac{1}{2}$로 줄이면 진동수는 2배가 되며 이때의 음은 1옥타브 높은 도(C2)가 된다. 옥타브 octave의 oct는 8을 나타내는 어간으로, 1옥타브의 두 음은 완전8도를 이룬다.

주어진 현의 길이를 $\frac{2}{3}$로 줄이면 완전5도 높은 솔(G1)음을 얻을 수 있다. 완전5도란 기준음으로부터 네 번째 음으로 3개의 온음과 1개의 반음을 포함한다. 한편 주어진 현의 길이를 $\frac{3}{4}$으로 줄이면, 완전4도 높은 파(F1)음을 얻는다. 완전4도란 기준 음으로부터 세 번째 음으로 2개의 온음과 1개의 반음을 포함한다.

도(C1)음을 기준으로 하여 현의 길이를 $\frac{2}{3}$로 줄이면 완전5도 높은 솔(G1)음이 되고, 이 현의 길이를 다시 $\frac{3}{4}$으로 줄이면 솔(G1)음에서 완전4도 높은 도(C2)음이 된다. 그런데 이 도(C2)음의 현의 길이는 출발점인 도(C1)음의 현의 길이의 $\frac{2}{3} \times \frac{3}{4} = \frac{1}{2}$이 되므로, 1옥타브 높은 음의 현의 길이가 $\frac{1}{2}$이라는 설정과 일치한다.

### 샤르트르 대성당의 피타고라스

12세기에 건축된 프랑스의 샤르트르 대성당에는 피타고라스가 조각되어 있다. 기원전 6세기 그리스인으로 기독교와 전혀 관련이 없던 그가 기독교의 권위가 절대적이었던 중세의 성당에 조각되어 있는 것이 이례적이라고 볼 수도 있지만, 피타고라스는 음계 이론의 창시자로 자리하고 있는 것이다.

샤르트르 대성당 오른쪽 문 위에는 권좌에 앉은 성모 마리아가 조각되어 있고, 피타고라스는 그 최하단에 위치하는데, 무릎에 책상을 얹어 놓고는 무언가에 열중하고 있다. 피타고라스는 대장장이가 철을 두드리는 소리를 들으

**샤르트르 대성당의 피타고라스**

면서 순정률의 아이디어를 얻은 것으로 알려져 있는데, 이를 반영하여 피타고라스의 바로 위에는 망치로 철금을 두드리는 여인의 모습이 조각되어 있다.

### 테트락티스

라파엘로의 프레스코 벽화 〈아테네 학당〉의 피타고라스 부분에 포함된 테트락티스tetractys는 피타고라스의 음계 이론을 상징하는 것이다. 테트락티스는 점을 삼각형 모양으로 배열한 삼각수이고, 점의 개수는 1+2+3+4=10인 4번째 삼각수가 된다.

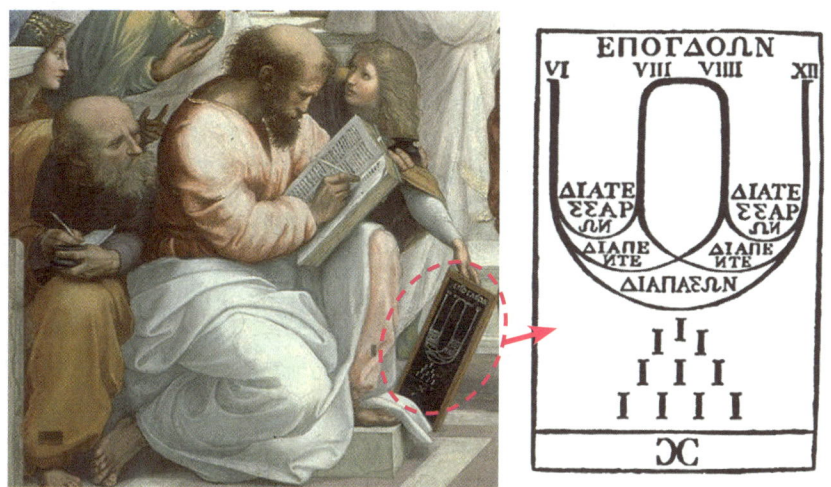

〈아테네 학당〉의 피타고라스와 테트락티스

피타고라스의 순정률에서 진동수의 비는 옥타브가 1:2, 완전5도가 2:3, 완전4도가 3:4이기 때문에 1, 2, 3, 4의 비로 되어 있다. 위의 그림에서 테트락티스 위에 적힌 로마숫자는 6, 8, 9, 12인데, 여기에서 6:12=1:2는 옥타브, 6:9=8:12=2:3은 완전5도, 6:8=9:12=3:4는 완전4도의 진동수의 비를 나타낸다.

### 피타고라스의 순정률

옥타브와 완전5도, 완전4도를 기본으로 하여 나머지 음들의 현의 길이를 계산해보자. 도(C1)음에서 현의 길이를 $\frac{2}{3}$배 하여 솔(G1)음을 얻고, 여기서 현의 길이를 다시 $\frac{2}{3}$배 하면 결과적으로 $\frac{4}{9}$배가 되는데, 이는 솔(G1)음에서 완전5도를 높인 레(D2)음에 해당한다. 이 레(D2)음을 1옥타브 내리려면 현의 길이를 2배 해야 하므로, 결과적으로 기준이 된 도(C1)음의 현의 길이를 $\frac{8}{9}$배

하면 원래 옥타브 내의 레(D1)음을 얻을 수 있다.

이제 레(D1)음에서 완전5도를 올리면 라(A1)음이 되는데, 현의 길이는 $\frac{8}{9}$에 $\frac{2}{3}$배를 한 $\frac{16}{27}$이 된다. 라(A1)음에 대한 현의 길이인 $\frac{16}{27}$에서 $\frac{2}{3}$배 하면 $\frac{32}{81}$가 되며, 이는 라(A4)음에서 완전5도를 올린 1옥타브 위의 미(E2)음이 된다. 따라서 1옥타브를 내린 미(E1)음의 현의 길이는 $\frac{32}{81}$에 2배를 한 $\frac{64}{81}$가 된다. 마지막으로 미(E1)음에서 완전5도를 올린 시(B1)음이 되려면 현의 길이는 $\frac{64}{81}$에 $\frac{2}{3}$배를 한 $\frac{128}{243}$이 되어야 한다.

이러한 과정을 거쳐 얻어진 1옥타브의 현의 길이의 비는 1, $\frac{8}{9}$, $\frac{64}{81}$, $\frac{3}{4}$, $\frac{2}{3}$, $\frac{16}{27}$, $\frac{128}{243}$, $\frac{1}{2}$이 된다.

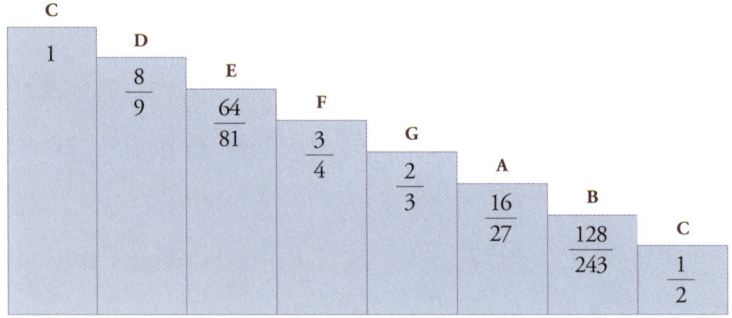

**피타고라스의 순정률에서 현의 길이의 비**

진동수는 현의 길이에 반비례하므로, 피타고라스의 순정률에서 진동수의 비는 1, $\frac{9}{8}$, $\frac{81}{64}$, $\frac{4}{3}$, $\frac{3}{2}$, $\frac{27}{16}$, $\frac{243}{128}$, 2가 된다. 이때 온음 사이의 진동수의 비는 $\frac{9}{8}$이고, 반음인 미(E)음과 파(F)음, 시(B)음과 도(C)음 사이의 진동수의 비는 $\frac{256}{243}$이다. 반음의 진동수의 비인 $\frac{256}{243}$을 2번 곱하면 $\frac{256}{243} \times \frac{256}{243} ≒ 1.1099$로 온음의 진동수의 비인 $\frac{9}{8} ≒ 1.125$보다 작기 때문에 피타고라스의 순정률에서는 조바꿈의 어려움이 발생할 수 있다.

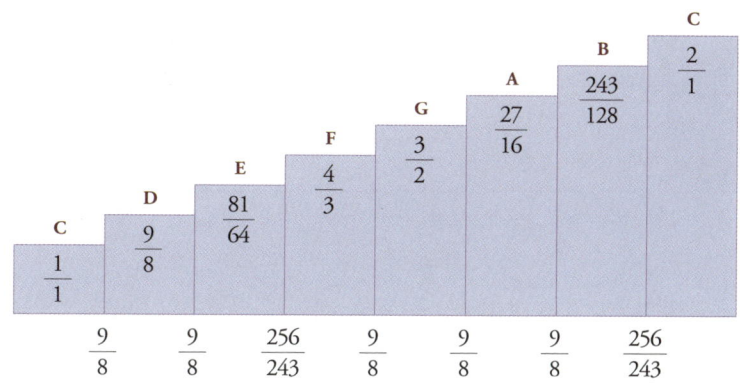

피타고라스의 순정률에서 진동수의 비

### 프톨레마이오스의 순정률

2세기 초반 그리스의 천문학자이자 수학자인 프톨레마이오스는 피타고라스의 순정률에서 출발하되, 진동수의 비를 나타내는 분수를 간단한 값으로 고친 순정률을 내놓았다. 분모나 분자가 2자리나 3자리 수인 경우는 다음과 같이 약분이 가능하도록 근접한 수로 대체하였다.

$$\frac{81}{64} \fallingdotseq \frac{80}{64} = \frac{5}{4}, \quad \frac{27}{16} \fallingdotseq \frac{25}{15} = \frac{5}{3}, \quad \frac{243}{128} \fallingdotseq \frac{240}{128} = \frac{15}{8}$$

결과적으로 프톨레마이오스의 순정률에서 진동수의 비는 1, $\frac{9}{8}$, $\frac{5}{4}$, $\frac{4}{3}$, $\frac{3}{2}$, $\frac{5}{3}$, $\frac{15}{8}$, 2이다. 으뜸화음인 도(C)-미(E)-솔(G)의 진동수의 비는 1:$\frac{5}{4}$:$\frac{3}{2}$인데, 이를 정수로 나타내면 4:5:6이 된다. 딸림화음 솔(G)-시(B)-레(D)의 진동수의 비 $\frac{3}{2}$:$\frac{15}{8}$:$\frac{9}{4}$와 버금딸림화음 파(F)-라(A)-도(C)의 진동수의 비 $\frac{4}{3}$:$\frac{5}{3}$:2를 계산하여도 역시 4:5:6이 된다.

프톨레마이오스 순정률은 여러 면에서 간단한 정수의 비로 표현된다.

| 음 | C1 도 | D1 레 | E1 미 | F1 파 | G1 솔 | A1 라 | B1 시 | C2 도 | D2 레 | E2 미 | F2 파 | G2 솔 | A2 라 | B2 시 | C3 도 | D3 레 | E3 미 | F3 파 | G3 솔 |
|---|---|---|---|---|---|---|---|---|---|---|---|---|---|---|---|---|---|---|---|
| 음정 | 옥타브 | | | | | | | | 완전5도 | | | | | 완전4도 | | | 장3도 | | 단3도 |
| 진동수의 비 | 1:2 | | | | | | | | 2:3 | | | | | 3:4 | | | 4:5 | | 5:6 |

프톨레마이오스의 순정률에서 두 온음 사이의 진동수의 비는 $\frac{9}{8}$ 또는 $\frac{10}{9}$이고, 반음 사이의 진동수의 비는 $\frac{16}{15}$이다. 프톨레마이오스의 순정률에서는 피타고라스의 순정률과 달리 반음의 진동수의 비를 두 번 곱하면 $\frac{16}{15} \times \frac{16}{15} ≒ 1.1378$로 온음의 진동수의 비인 $\frac{9}{8} ≒ 1.125$나 $\frac{10}{9} ≒ 1.1111$보다 커진다. 따라서 프톨레마이오스의 순정률에서도 조바꿈은 간편하지 않다.

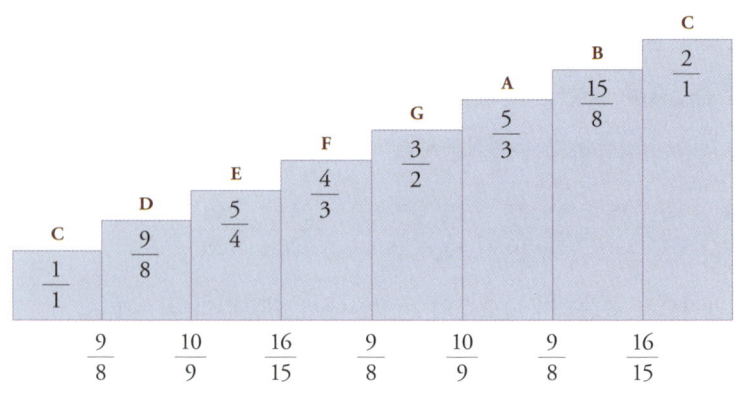

**프톨레마이오스의 순정률에서 진동수의 비**

## 피타고라스의 콤마

피아노는 88개의 건반으로 이루어진다. 피아노의 가장 낮은 도(C1)에서 출발하여 1옥타브씩 7번을 높여가면 가장 높은 도(C8)에 이른다. 가장 낮은 도의 진동수를 1이라고 할 때, 1옥타브를 올리려면 진동수를 2배 해야 하므로 가장 높은 도의 진동수는 $2^7$이 된다. 한편 피아노의 가장 낮은 도에서 출발하여 완전5도씩 12번을 높여가면 역시 가장 높은 도에 이른다. 가장 낮은 도의 진동수를 1이라고 할 때, 완전5도를 높이려면 진동수를 $\frac{3}{2}$배 해야 하므로 가장 높은 도의 진동수는 $(\frac{3}{2})^{12}$이 된다.

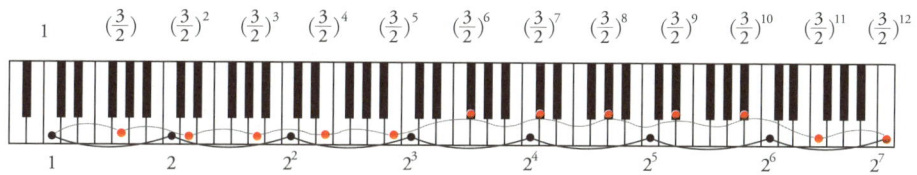

**피타고라스의 콤마**

그런데 이 두 진동수는 이론상 일치해야 하므로 $2^7=(\frac{3}{2})^{12}$이다. 양변에 $2^{12}$을 곱해주면, $2^{19}=3^{12}$이 된다. 그렇지만 실제로는 $2^{19}=524288<531441=3^{12}$이며, 그 비를 구하면 $\frac{531441}{524288}=1.013643264\cdots$이다.

이처럼 음정과 음정 사이에 생기는 미세한 차이를 '피타고라스의 콤마'라고 한다. 이는 반음씩 두 번 올려 하나의 온음이 되는 과정에서 나타나는 일종의 오차로, 예를 들어 솔(G)을 반음 올린 솔#(G#)과 라(A)를 반음 내린 라♭(A♭) 사이의 간격을 말한다. 즉, 솔#과 라♭은 이명동음異名同音이지만 진동수에서는 약간의 차이가 생기는 것이다.

## 평균율

조바꿈이 불편한 순정률의 문제점을 보완하여 진동수의 비가 일정하도록 정한 것이 건반악기에서 광범위하게 사용되는 '평균율equal temperament'이다. 평균율의 아이디어를 처음으로 낸 것은 갈릴레오 갈릴레이의 아버지인 빈센초 갈릴레이Vincenzo Galilei이다. 빈센초 갈릴레이는 1580년경 7개의 온음 사이에 반음을 넣은 12음계를 처음으로 생각해내고, 반음 사이의 진동수의 비를 $\frac{18}{17}$≒1.05882로 정하였다. 이어 17세기의 수학자이자 성직자 메르센은 1630년경 반음 사이의 진동수의 비를 약 1.059322034로 하는 평균율을 만들었으며, 이를 보다 정교한 이론으로 정립하여 보급한 음악가가 요한 제바스티안 바흐Johann Sebastian Bach이다. 바흐는 '피아노 음악의 구약성서'라고 비유되는 〈평균율 클라비어〉 1권을 1722년에 내놓았는데, 한 곡 내에서 여러 번의 자유로운 조바꿈을 함으로써 평균율의 진가를 보여주었다.

| 음 | 음정 | 진동수의 비 |
|---|---|---|
| 도(C) | 동음 | 1 |
| 도#(C#) | 단2도 | $2^{\frac{1}{12}}$ |
| 레(D) | 장2도 | $2^{\frac{1}{6}}$ |
| 레#(D#) | 단3도 | $2^{\frac{1}{4}}$ |
| 미(E) | 장3도 | $2^{\frac{1}{3}}$ |
| 파(F) | 완전4도 | $2^{\frac{5}{12}}$ |
| 파#(F#) | 증4도 | $2^{\frac{1}{2}}$ |
| 솔(G) | 완전5도 | $2^{\frac{7}{12}}$ |
| 솔#(G#) | 단6도 | $2^{\frac{2}{3}}$ |
| 라(A) | 장6도 | $2^{\frac{3}{4}}$ |
| 라#(A#) | 단7도 | $2^{\frac{10}{12}}$ |
| 시(B) | 장7도 | $2^{\frac{11}{12}}$ |
| 도(C) | 옥타브 | 2 |

평균율도 순정률과 마찬가지로 진동수를 2배 하면 1옥타브 높은 음이 된다. 기준이 되는 도(C)음에서부터 1옥타브 위의 도(C)음까지는 도(C)-도#(C#)-레(D)-레#(D#)-미(E)-파(F)-파#(F#)-솔(G)-솔#(G#)-라(A)-라#(A#)-시(B)-도(C)까지 12단계이다. 따라서 인접한 두 음 사이의 진동수의 비를 $x$라 할 때, $x$를 12번 곱하면 1옥타브 높은 음의 진동수 비인 2가 되어야 한다. 즉, $x$는 12제곱을 해서 2가 되는 무리수 $\sqrt[12]{2}$≒1.0595가 된다.

이처럼 평균율에서는 각 음들 사이의 진동수의 비가 동일하기 때문에 자유롭게 조바꿈을 할 수 있다.

평균율과 순정률의 진동수의 비를 비교하면 다음과 같다. 서로 다른 방식으로 설정된 음계이지만, 진동수의 비가 크게 차이나지 않음을 알 수 있다.

| 음 | 도(C) | 레(D) | 미(E) | 파(F) | 솔(G) | 라(A) | 시(B) | 도(C) |
|---|---|---|---|---|---|---|---|---|
| 순정률의 진동수 | 1 | $\frac{9}{8} \fallingdotseq$ 1.125 | $\frac{5}{4} =$ 1.125 | $\frac{4}{3} \fallingdotseq$ 1.3333 | $\frac{3}{2} =$ 1.5 | $\frac{5}{3} \fallingdotseq$ 1.6667 | $\frac{15}{8} \fallingdotseq$ 1.875 | 2 |
| 평균율의 진동수 | 1 | $2^{\frac{1}{6}} \fallingdotseq$ 1.1225 | $2^{\frac{1}{3}} \fallingdotseq$ 1.2599 | $2^{\frac{5}{12}} \fallingdotseq$ 1.3348 | $2^{\frac{7}{12}} \fallingdotseq$ 1.4983 | $2^{\frac{3}{4}} \fallingdotseq$ 1.6818 | $2^{\frac{11}{12}} \fallingdotseq$ 1.8878 | 2 |

악기를 튜닝할 때 기준음으로 삼는 것은 라(A)음으로 그 진동수가 440헤르츠이다. 라(A)음을 기준으로 순정률과 평균율의 진동수를 계산하면 다음과 같다.

| 음 | 도(C) | 레(D) | 미(E) | 파(F) | 솔(G) | 라(A) | 시(B) | 도(C) |
|---|---|---|---|---|---|---|---|---|
| 순정률의 진동수 | 264 | 297 | 330 | 352 | 396 | 440 | 495 | 528 |
| 평균율의 진동수 | 261.6 | 293.7 | 329.6 | 349.2 | 392.0 | 440 | 493.9 | 523.3 |

## GSP로 음정 확인하기

GSP<sub>Geometer's Sketchpad</sub>는 기하 작도를 비롯하여 다양한 기능을 갖춘 수학 소프트웨어이다. GSP의 데모 버전을 다운로드 받고 삼각함수 식을 입력하여 음을 직접 만들어보자.

GSP로 음정 확인하기

❶ Key Curriculum Press의 다음 사이트에서 데모 버전을 다운로드 받는다. http://www.keycurriculum.com/download-free-preview-of-sketchpad

❷ $\sin x$의 주기는 $2\pi$이므로 한 번 진동하는 데 $2\pi$초가 걸리고, $\sin 2\pi x$의 주기는 1이므로 한 번 진동하는 데 1초 걸린다. 1초에 440번 진동하는 440헤르츠의 주기는 $\dfrac{1}{440}$이고, 이를 만족시키는 함수는 $\sin(2\pi 440 x)$이다. 상단의 메뉴에서 [그래프-새 함수의 그래프]를 선택하고, 함수 입력 창에 sin(2*pi*440*x)를 입력하고(자판에서 'pi'를 입력하면 화면에는 'π'로 표시된다) Enter를 누르면, 주기가 $\dfrac{1}{440}$인 sin함수의 그래프가 그려진다.

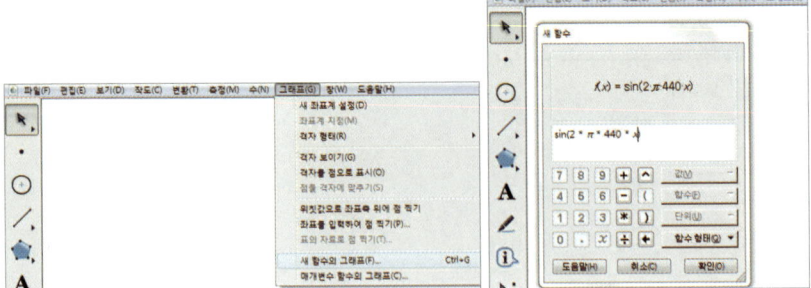

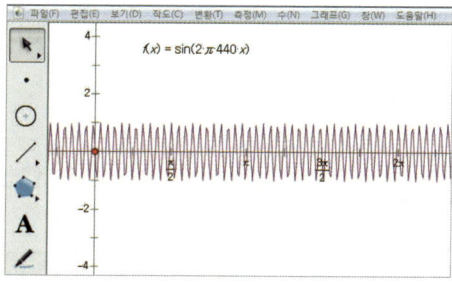

❸ 함수식을 선택한 후 메뉴에서 [편집-동작버튼-소리]를 선택하면 [함수f]라는 버튼이 생긴다.

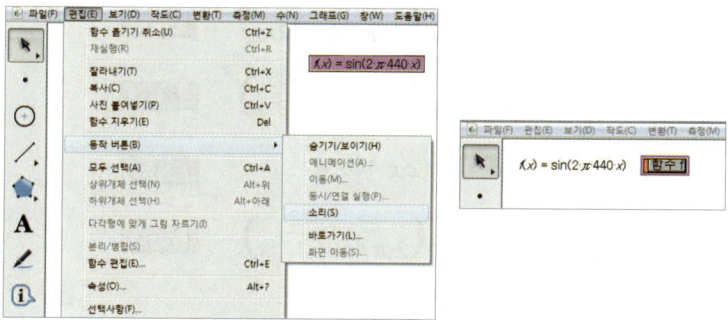

❹ 음을 알아보기 쉽게 하기 위해 [함수f]에서 마우스 오른쪽을 눌러 [동작버튼 이름 바꾸기]를 선택하여 [라(A)]로 바꾼다. 버튼을 누르면 라 음을 들을 수 있다.

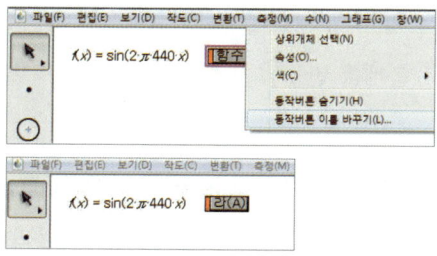

❺ 동일한 과정을 통해 나머지 도(C), 레(D), 미(E), 파(F), 솔(G), 시(B) 음을 만들고, 각 음들을 차례로 눌러 소리를 비교한다.

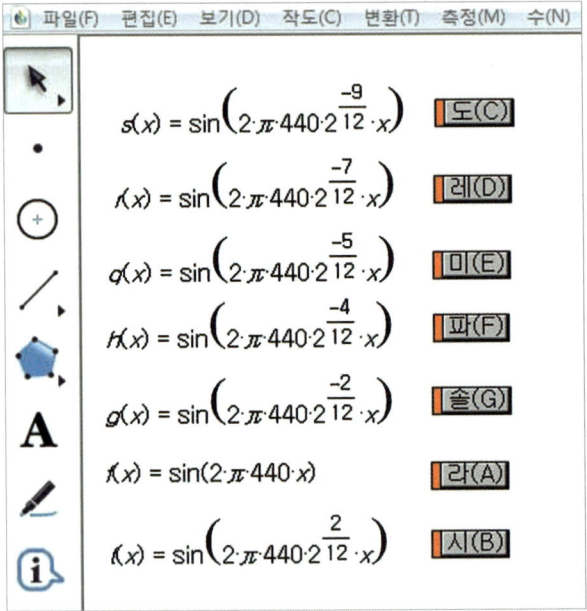

### 동양의 음계: 순정률

호모루덴스Homo Ludens란 인간의 본질을 유희遊戲로 보는 것으로, 유희의 대표적인 활동은 음악이다. 이처럼 인간은 동서양과 시대를 불문하고 음악을 즐겨왔는데, 그 출발점이 되는 것이 음계이다. 앞서 알아본 서양과 마찬가지로 동양에서도 나름의 방식으로 음계를 만들었는데, 그 대표적인 방법이 삼분손익법三分損益法이다.

삼분손익법에서는 삼분손일三分損一과 삼분익일三分益一을 교대로 적용하여 율관의 길이를 정한다. 삼분손일은 셋三으로 나눈分 후 하나一를 덜어내는損

것으로 $1-\frac{1}{3}=\frac{2}{3}$배 하는 것이 되고, 삼분익일은 셋三으로 나눈分 후 하나一를 더하는益 것으로 $1+\frac{1}{3}=\frac{4}{3}$배 하는 것이 된다. 삼분손익법을 적용하여 구한 12개의 음을 '12율'이라고 하는데, 12율에서 각 음에 해당하는 율관의 길이의 비가 정수이기 때문에 순정률이라고 할 수 있다.

12율은 중국 주나라 시대에 만들어진 것으로, 서양에서 처음 순정률을 만들어낸 피타고라스 시대보다 훨씬 앞선다. 12율에 대한 우리나라의 기록도 있는데, 15세기의 악서樂書인 《악학궤범樂學軌範》에 자세히 소개되어 있다.

### 삼분손익법에 의한 12율

삼분손익법에 의해 음계를 구성하는 방법은 다음과 같다. 기본음인 황종黃鍾의 율관의 길이를 1이라 할 때 삼분손일에 의해 $\frac{2}{3}$배 하면 율관의 길이는 $\frac{2}{3}$가 되며 5도 높은 임종林鍾이 된다. 임종의 율관을 삼분익일에 의해 $\frac{4}{3}$배 하면 율관의 길이는 $\frac{8}{9}$이 되며 4도 낮은 태주太簇가 된다. 다시 태주의 관을 삼분손일에 의해 $\frac{2}{3}$배 하면 율관의 길이는 $\frac{16}{27}$이 되고, 5도 높은 남려南呂가 된다. 여기에 삼분익일에 의해 $\frac{4}{3}$배 하면 율관의 길이인 $\frac{64}{81}$가 되며 4도 낮은 고선姑洗이 된다. 동일한 방식으로 삼분손일과 삼분익일을 반복하여 적용하면 응종應鍾 $\frac{128}{243}$, 유빈蕤賓 $\frac{514}{729}$, 대려大呂 $\frac{1024}{2187}$, 이칙夷則 $\frac{4096}{6561}$, 협종夾鍾 $\frac{8192}{19683}$, 무역無射 $\frac{32768}{59049}$, 중려仲呂 $\frac{65536}{177147}$에 해당하는 율관의 길이를 구할 수 있다. 어떤 음의 율관의 길이가 황종의 율관 길이의 $\frac{1}{2}$보다 작으면 기준이 되는 황종보다 1옥타브 이상 위의 음이 된다. 따라서 율관의 길이가 $\frac{1}{2}$보다 작아지는 대려, 협종, 중려의 경우 율관의 길이를 2배로 조정하여 같은 옥타브 내에 있도록 한다.

기준 길이 1에서 시작하여 삼분손익법을 적용하여 구한 12율의 율관의 길이는 다음과 같다.

| 12율 | 황종 | 임종 | 태주 | 남려 | 고선 | 응종 | 유빈 | 대려 | 이칙 | 협종 | 무역 | 중려 |
|---|---|---|---|---|---|---|---|---|---|---|---|---|
| 율관의 길이 | 1 | $\dfrac{2}{3}$ | $\dfrac{8}{9}$ | $\dfrac{16}{27}$ | $\dfrac{64}{81}$ | $\dfrac{128}{243}$ | $\dfrac{512}{729}$ | $\dfrac{1024}{2187} \Downarrow \dfrac{2048}{2187}$ | $\dfrac{4096}{6561}$ | $\dfrac{8192}{19683} \Downarrow \dfrac{16384}{19683}$ | $\dfrac{32768}{59049}$ | $\dfrac{65536}{177147} \Downarrow \dfrac{131072}{177147}$ |

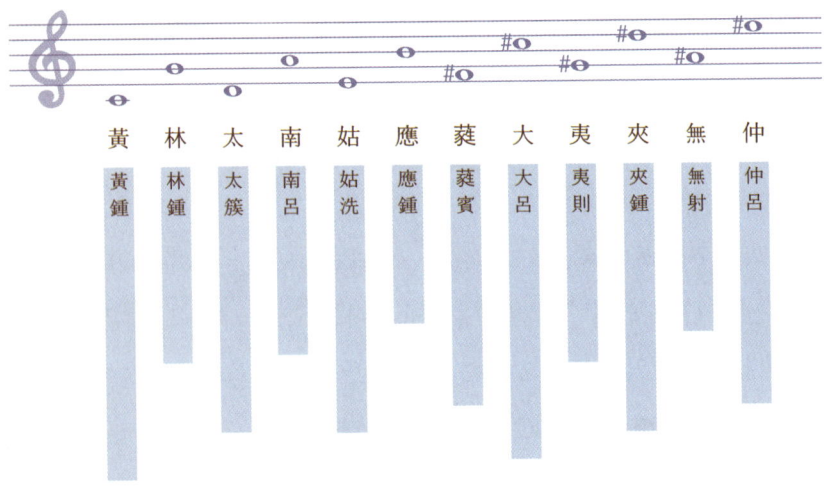

율관의 길이에 따라 12율을 재배열하면 황종-대려-태주-협종-고선-중려-유빈-임종-이칙-남려-무역-응종이 되며, 이는 각각 서양 12음계에서 C-C#-D-D#-E-F-F#-G-G#-A-A#-B에 대응된다.

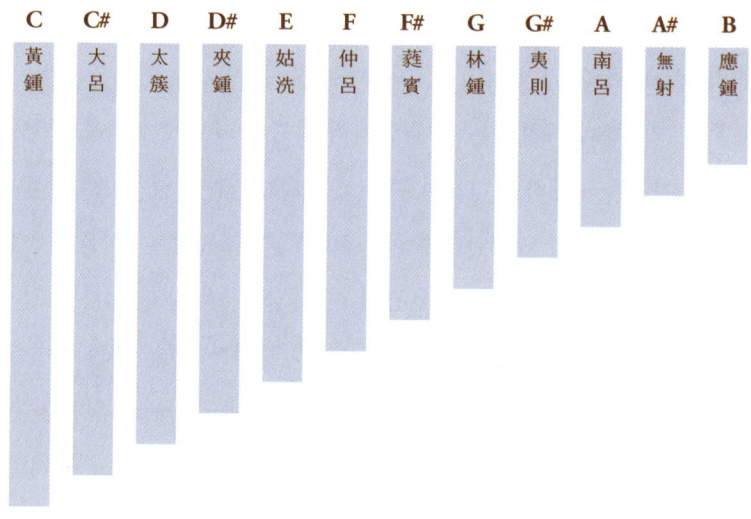

12율을 양陽과 음陰으로 나누어 6률六律, 6려六呂라고 하는데, 률은 양의 소리, 려는 음의 소리를 뜻하므로 양률陽律, 음려陰呂라고도 한다. 12율 중에서 홀수 번째 소리인 황종, 태주, 고선, 유빈, 이칙, 무역은 6률이고, 짝수 번째 소리인 임종, 남려, 응종, 대려, 협종, 중려는 6려가 된다.

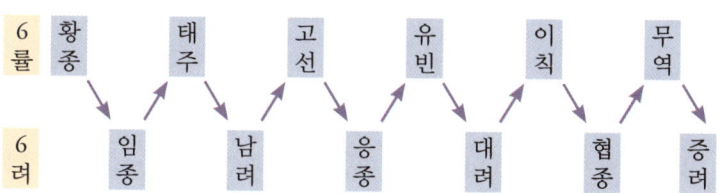

천자문의 첫 단에 나오는 율려조양律呂調陽은 '율려가 천지간의 양기를 고르게 한다'라는 뜻인데, 여기서의 율려는 6률과 6려를 말한다.

### 삼분손익법에 의한 5음

동양 음악의 기본은 5음 12율로, 이번에는 5음을 만드는 방법을 알아보자. 궁상각치우의 5음에 대해서는 시대에 따라 약간씩 다르게 설명하고 있는데 그중의 한 가지를 소개하면 다음과 같다. 5음도 12율과 마찬가지로 황종에서 출발한다. 황종의 길이 단위인 황종척은 9촌을 1척으로 하고 9척을 사용했으므로 81을 기본수로 한다. 궁宮의 율관의 길이를 81이라 할 때, 삼분손일하여 $\frac{2}{3}$를 곱하면 54가 되는데, 이는 상商의 율관의 길이가 된다. 상의 길이 54에서 삼분익일하여 $\frac{4}{3}$를 곱하면 72가 되는데 이는 각角의 율관의 길이가 된다. 각의 길이 72에서 삼분손일하여 $\frac{2}{3}$를 곱하면 48이 되는데, 이는 치徵의 율관의 길이가 된다. 마지막으로 치의 길이 48에서 삼분익일하여 $\frac{4}{3}$를 곱하면 64가 되는데 이는 우羽의 율관의 길이가 된다.

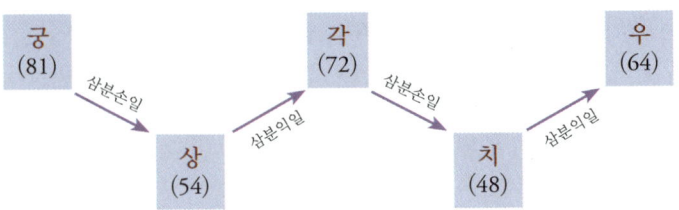

음악의 기본이 되는 음계 이론은 이처럼 수학적으로 정교하게 설계되어 있다. 이를 통해 수학과 음악의 유쾌한 조우를 확인할 수 있다. 또한 피타고라스에서 시작된 서양의 순정률과 삼분손익법을 근간으로 하는 동양 순정률이 동일한 원리를 따른다는 사실에서 보편적인 지성의 존재를 다시금 확인하게 된다.

## 엽기적인 수학 답안

수학을 제일 골칫덩어리 과목으로 여기는 것은 세계 어디에서나 공통적인 현상인 것 같다. 다음에 소개하는 엽기적인 답안을 보면서 한번 크게 웃고 나면 어떤 수학 문제도 풀 수 있을 것 같은 자신감이 생기지 않을까?

❶ $\frac{1}{n}\sin x$라는 식이 나오자 학생은 분모와 분자에 공통으로 들어 있는 $n$을 소거하여 six를 만들고 6이라고 답하였다.

$$\frac{1}{n}\sin x = ?$$
$$\frac{1}{\cancel{n}}\text{si}\cancel{n}\, x =$$
$$six = 6$$

❷ 수학 문제에서 무엇 무엇의 답을 '구하라'라는 표현을 할 때 대개 find를 쓴다. 한편 find의 사전적 의미는 '찾는다'이므로, 이 학생은 '$x$를 구하라'라는 문제에 대해 'Here it is'라고 답하였다.

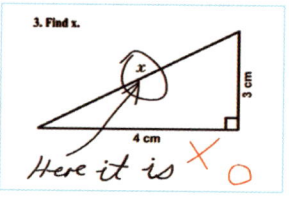

❸ 수학 용어로 '전개하라'라고 표현할 때 expand를 쓴다. 그런데 이 학생은 expand의 사전적 의미인 '확장하라'를 염두에 두고 전개해야 할 식의 괄호를 계속 옆으로 벌려 공간을 확보하고 있다.

❹ $\lim\limits_{x \to 8} \dfrac{1}{x-8}$ 은 $\dfrac{1}{0}$ 꼴이 되므로 극한값은 무한인 ∞가 된다. 그런데 이 학생은 ∞가 8을 90° 회전시켜 적은 것이라고 보아 $\lim\limits_{x \to 5} \dfrac{1}{x-5}$ 의 결과가 5를 90° 회전시킨 ⌒라고 적었다.

❺ 복잡한 적분식을 계산하면서 문제와의 고투를 벌이던 학생…. 급기야 제곱근 기호에 목을 매단 사람의 모습을 그렸다.

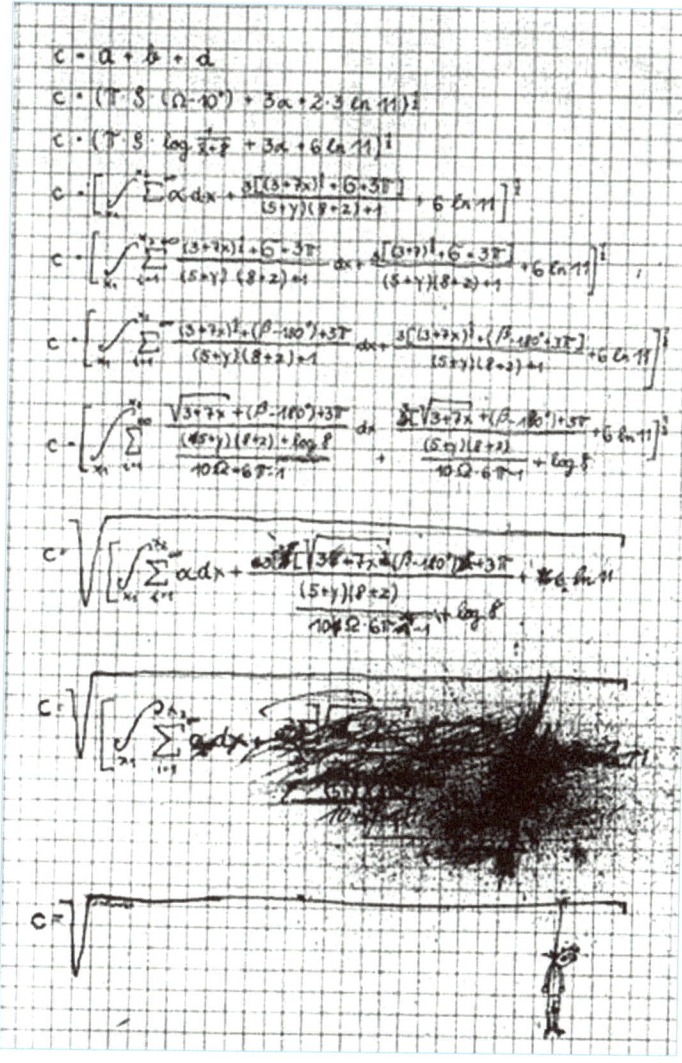